中国农业系列研究生教材
Series of postgraduate textbooks for Chinese agriculture

普通高等教育“十四五”规划教材

农业生物安全

Agricultural Biosafety

马占鸿　主编

中国农业大学出版社
·北京·

内 容 简 介

本书旨在向读者介绍农业生物安全的基本概念、原理、技术和实践应用，以增进读者对农业生物安全领域的认识和了解，提升农业生物安全管理水平，保障农业生产的可持续发展。

本书可作为农学、生物学、林学、园艺、植物保护、草学等相关专业研究生和高年级本科生教材，也可作为农业院校、科研机构、农业技术推广部门等从事农业生物安全研究和管理的专业人员的参考书。

图书在版编目(CIP)数据

农业生物安全 / 马占鸿主编 . --北京：中国农业大学出版社，2024. 6.
ISBN 978-7-5655-3236-8

Ⅰ. S188

中国国家版本馆 CIP 数据核字第 2024ND3205 号

书　　名　农业生物安全
　　　　　Nongye Shengwu Anquan
作　　者　马占鸿　主编

策划编辑　张秀环　　**责任编辑**　赵　艳　李　想
封面设计　中通世奥图文设计
出版发行　中国农业大学出版社
社　　址　北京市海淀区圆明园西路 2 号　　**邮政编码**　100193
电　　话　发行部 010-62733489，1190　　读者服务部 010-62732336
　　　　　编辑部 010-62732617，2618　　出　版　部 010-62733440
网　　址　http://www. caupress. cn　　**E-mail** cbsszs@cau. edu. cn
经　　销　新华书店
印　　刷　河北朗祥印刷有限公司
版　　次　2025 年 1 月第 1 版　　2025 年 1 月第 1 次印刷
规　　格　170 mm×228 mm　　16 开本　　14. 75 印张　　268 千字
定　　价　55. 00 元

编审人员

主　编　马占鸿

编　者　（按姓氏拼音排序）

陈　晶（新疆农业大学）

陈　倩（中国农业大学）

初炳瑶（江苏农牧科技职业学院）

巩文峰（西藏农牧学院）

况卫刚（江西农业大学）

刘　琦（新疆农业大学）

马占鸿（中国农业大学）

秦誉嘉（中国农业大学）

孙秋玉（中国农业大学）

王翠翠（潍坊科技学院）

王明红（湖北民族大学）

王树和（河南科技大学）

徐　宁（中国农业大学）

徐光远（中国农业大学）

张　燕（中国农业大学）

赵紫华（中国农业大学）

主　审　黄大昉（中国农业科学院生物技术研究所）

谢家建（中国农业科学院植物保护研究所）

前　言

2007 年，应当时农业推广硕士专业学位研究生培养要求，本人编写了《农业生物安全概论》，出版至今已有 17 年，生物安全也已成为当今世界关注的焦点之一，是国家安全的重要组成部分。2020 年 10 月 17 日，十三届全国人大常委会第二十二次会议表决通过了《中华人民共和国生物安全法》，标志着我国的生物安全走向法治化。党的二十大报告提出，要加强生物安全管理。作为生物安全中的农业生物安全，必须与时俱进，适应国家发展形势。为加快培养我国农业生物安全领域的专门人才，适应国家安全观的总体需求，更新生物安全领域相关知识内容势在必行，我们再次组织编写了本书。

本书依据《中华人民共和国生物安全法》，力求反映生物安全领域教学研究的最新成果，适应教学改革的需要，注重生物安全领域人才所必需的基本理论、基本知识和基本技能的传授，注重体现素质教育和创新、实践能力的培养，以利于学生的知识、能力、素质协调发展。特别是重视对认知能力、创新能力、实践能力和专业基本技能的培养与训练。全书共十三章，各章编写分工如下：第一章由马占鸿、巩文峰编写、刘琦校阅，第二章由徐光远编写、马占鸿校阅，第三章由张燕、徐宁编写、马占鸿校阅，第四章由陈倩编写、徐宁校阅，第五章由陈晶编写、王树和校阅，第六章由王树和编写、秦誉嘉校阅，第七章由秦誉嘉编写、况卫刚校阅，第八章由况卫刚编写、孙秋玉校阅，第九章由孙秋玉编写、王翠翠校阅，第十章由王翠翠编写、王明红校阅，第十一章由王明红编写、徐光远校阅，第十二章由赵紫华编写、张燕校阅，第十三章由初炳瑶编写、赵紫华校阅。全书由马占鸿统稿、定稿，由中国农业科学院生物技术研究所黄大昉研究员和中国农业科学院植物保护研究所谢家建研究员主审。

本书具有如下特色：①全面性。全书涵盖了农业生物安全的各个方面，包括农业转基因生物安全、外来有害生物生物安全、农业生态安全、农业遗传资源安全等，为读者提供全面的农业生物安全知识体系。②系统性。本书按照农业生物安全领域的知识体系进行编排，从基本概念、原理到技术应用，逐步深入，帮助读者逐步掌握农业生物安全的核心内容。③权威性。本书的编写团队由多位农业生物安全领域的专家学者组成，他们具有丰富的实践经验和深厚的学术造诣，为本书的编写提供了有力的支持和保障。④实用性。本书结合农业生物安全的实际案例，介绍农业生物安全的管理措施和技术应用，为读者提供实用的参考和指导。

本书可作为农学、生物、林学、园艺、植物保护、草学等专业研究生和高年级本科生的教材，也可供相关领域教学、科研人员参考。

在本书编写出版过程中，自始至终得到中国农业大学出版社的指导与帮助，同时得到国家重点研发计划项目(2023YFD1400800)和2022年中国农业大学研究生教材建设项目(JC202201)的支持，一并致谢。

限于编者水平，书中疏漏和不足仍恐难免，敬请读者批评指正。

马占鸿

2024年3月

目　录

第一章

绪　论

提要：生物安全是国家安全的重要组成部分。本章重点介绍生物安全的基本概念、历史背景及其未来发展，阐述农业生物安全的主要内容和要点。农业生物安全是生物安全的重要内容。农业生物安全是指保护农业生产中的生物多样性，保护作物、畜禽和水产免受有害生物的侵害，并预防和控制有害生物在农业生产中的传播和扩散，从而保障农业生产的安全和可持续发展。农业生物安全工作包括防治病虫草害、保障种子安全、预防转基因生物对环境和人类健康的影响等方面。

当今世界，人类面临着前所未有的诸多危机，如人口危机、粮食危机、环境危机、能源危机、战争危机、恐怖危机、艾滋病危机等。这些危机对人类的生存造成巨大的威胁，如何加以防范已成为各国政府和人民考虑的重要问题。生物技术的应用，如从异地或异国引入优良动植物新品种以改良和提高动植物品质和产量，也可能带来一定的潜在风险。我们要想方设法趋利避害，让科技健康发展，造福人类。

1973 年，第一次基因重组实验取得成功是人类改造自然的一次创举，增强了人类按照自己的意愿去改变生物遗传物质和特性的能力，标志着以基因工程（一种 DNA 重组技术）技术为核心的现代生物技术的诞生。它被公认为是未来工业革命的主流技术之一，在提高人类生活质量、刺激经济增长、解决人类社会食物和能源危机以及保障人类社会的可持续发展方面具有无穷的潜力。近 30 多年来，生物技术的发展方兴未艾，其产品日趋商品化，并在医药和农业领域取得了许多重大成果，给人类社会和经济的发展带来了深远的影响。任何事物都有其两面性，生物技术的发展也不例外。基于生物技术发展存在的潜在风险，人们提出了生物安全的概念。生物安全就是指由现代生物技术开发和应用对生态环境和人体健康造成的潜在威胁，及对其所采取的一系列有效预防和控制措施。2020 年 10 月 17 日，十三届全国人民代表大会常务委员会第二十二次会议表决通过了《中华人民共和国生物安全法》(附录 3，以下简称《生物安全法》)，这部法律自 2021 年 4 月 15 日起施行。2022 年 5 月，国家又把加快建设生物安全保障体系列入《"十四五"生物经济发展规划》。

《生物安全法》第一章第二条就明确指出，本法所称生物安全，是指国家有效防范和应对危险生物因子及相关因素威胁，生物技术能够稳定健康发展，人民生命健康和生态系统相对处于没有危险和不受威胁的状态，生物领域具备维护国家安全和持续发展的能力。这是对生物安全最好的诠释。

生物安全是国家安全的重要组成部分。2021 年 9 月 29 日，习近平总书记在中央政治局第三十三次集体学习时发表重要讲话强调，生物安全关乎人民生命健康，关乎国家长治久安，关乎中华民族永续发展，是国家总体安全的重要组成部分，也是影响乃至重塑世界格局的重要力量。要深刻认识新形势下加强生物安全建设的重要性和紧迫性，贯彻总体国家安全观，贯彻落实生物安全法，统筹发展和安全，按照以人为本、风险预防、分类管理、协同配合的原则，加强国家生物安全风险防控和治理体系建设，提高国家生物安全治理能力，切实筑牢国家生物安全屏障。

第一节　生物安全概况

生物安全引起国际上的广泛关注是在 20 世纪 80 年代中期，1985 年由联合国环境规划署(UNEP)、世界卫生组织(WHO)、联合国工业发展组织(UNIDO)及联合国粮食及农业组织(FAO)联合组成了一个非正式的关于生物技术安全的特设工作小组，开始关注生物安全。国际上对生物安全立法工作给予特别重视是在 1992 年召开联合国环境与发展大会后，此次大会签署的两个纲领性文件《21 世纪议程》和《生物多样性公约》均专门提到了生物技术安全问题。从 1994 年开始，联合国环境规划署(UNEP)和《生物多样性公约》(CBD)秘书处共组织了 10 轮工作会议和政府间谈判，为制定一个全面的《生物安全议定书》做准备，为了尽快拟定议定书初稿，还召开了 4 次关于《生物安全议定书》的"特设专家工作组"会议。1999 年 2 月和 2000 年 1 月先后召开了《生物多样性公约》缔约国大会特别会议及其"续会"，130 多个国家派代表团参加会议讨论有关问题。经过多次讨论和修改，《〈生物多样性公约〉卡塔赫纳生物安全议定书》(附录 2-2)在 2000 年 5 月 15 日至 26 日在内罗毕开放签署，其后从 2000 年 6 月 5 日至 2001 年 6 月 4 日在纽约联合国总部开放签署。

第二节 生物安全的由来、产生与发展

一、生物安全的由来和产生

有关基因工程改造过的生物产品的生物安全性，截至目前，基因工程改造过的生物及产品是安全的，这当然是与各国政府制定相关法规、加强监管以及各国科学家的共同努力分不开的。

生物安全的由来和产生，是由现代生物技术可作为非常规育种方法的特点所带来的。第一个重组 DNA 实验成功之后，有关生物技术的安全性就引起了国际社会的关注。目前的焦点是转基因活生物体（也称遗传工程体或基因修饰生物体：GMO）的释放。原因很简单，因为人们担心 GMO 的试验、释放和商业化生产很可能对生态环境、人类健康等产生不利影响，而这些影响在短期内不一定能被监测和确定。如果处理不当，生物技术的发展势必受到严重的阻碍，其作用势将难以充分发挥。比如著名的英国 Pusztai 事件、康奈尔大学斑蝶事件、加拿大“超级杂草”事件、墨西哥玉米事件和中国苏云金芽孢杆菌抗虫棉事件等，这些事件最后都被证明不存在环境和食品安全性问题，而且至今并未发现转基因食品对人体健康构成任何危害，因为这些业已面世的转基因食品，都经过了政府部门严格的生物安全审查。

二、生物安全的发展

生物安全问题的防范主要依赖于各国和国际生物安全管理法规的建立。美国 1976 年颁布了《重组 DNA 分子研究准则》，这是世界上第一个有关生物技术的安全管理规定。随着生物技术迅速从实验室走向工业化，有关的争论日益激烈，许多国家在公众的强烈要求下，纷纷以美国生物技术管理条例的核心内容为基础和范本，制定了各自的生物安全法规，逐渐形成了各自的生物安全政策法规和管理体系，客观上使得生物技术在一定的条例下规范发展。

我国在 1975 年前后开展基因工程工作。1990 年 7 月，国家科学技术委员会立足我国国情和重组 DNA 技术的研究发展趋势，借鉴国外已有准则或条例，制定了我国的重组 DNA 工作安全管理条例。1993 年 12 月 24 日，我国第一部生物技术管理法规《基因工程安全管理办法》正式颁布实施。该办法根据“安全研究、安全生产、安全使用”的生物安全三原则，按潜在的危险程度，将基因工程工作分为 4 个安全等级，同时阐明了基因工程从实验室研究、中试到工业化生产和 GMO 向环境中释放4种不同工作阶段的安全性评价要点，从事基因工程工作的单位应根据安全性评价结果，确定相应的生物控制和物理控制等；规定由农业部（现农业农村部）、卫生部（现国家卫生健康委员会）和轻工总会（现中国轻工业联合会）负责各部门对口产品的实验、生产的审批和安全管理。农业部负责我国农业生物技术的安全管理，根据我国相关法律、法规和准则，于1996年颁布了《农业生物技术基因工程安全管理实施办法》，2001年5月又发布了《农业转基因生物安全管理条例》（附录4-1）。该条例从实验室到田间试验，到商品化生产、加工和经营，甚至到进出口，每一个环节都加以严格、科学的安全评价和把关。条例发布后，农业部和质检总局制定了5个配套规章，即《农业转基因生物安全评价管理办法》《农业转基因生物进口安全管理办法》《农业转基因生物标识管理办法》（附录4-3）《农业转基因生物加工审批办法》和《进出境转基因产品检验检疫管理办法》。此外，卫生部也于1990年颁布了《人用重组DNA制品质量控制要点》。遵照国家《基因工程安全管理办法》，又制定了《新生物制品审批办法》，使得卫生部管理医药生物技术产品有了法规依据。2022年，国家市场监督管理总局组织制定了《食品相关产品质量安全监督管理暂行办法》。此外《中华人民共和国种子法》（附录4-11）《中华人民共和国农产品质量安全法》（附录4-12）、《中华人民共和国食品安全法》（附录4-13）等法律对农业转基因生物管理均作出了相应规定。这样我国生物安全的管理体系已初步形成，今后将在保护我国的生态环境和人体健康方面起到重要作用。我国还根据需要同期组建了生物安全管理机构，科研单位也大力开展生物安全的基础性研究工作。此外，《中华人民共和国生物安全法》也已颁布实施。我国还积极参与国际社会组织制定《生物安全议定书》的历次会议和谈判。2000年，在全球环境基金和联合国环境规划署的支持下，国家环境保护总局和农业部等单位完成了《中国国家生物安全框架》的编制，确定了我国生物安全政策体系、法规体系和能力建设的国家框架，还提出了具体的风险评估和管理指南及措施。2000年8月，经国务院批准，我国签署了《卡塔赫纳生物安全议定书》，成为签署议定书的第70个国家，并于2001年4月在杭州举办了“生命伦理与生物技术及生物安全”国际研讨会。

现代生物技术商业化的迅速发展，使世界各国或组织更注重于为生物技术产品创造自身的内部市场，从而使得生物安全的国际协调管理显得更加复杂和困难。因为生物安全发展到现在，不仅是全球的科学及环境问题，实质上更是国与国之间的贸易和利益之争。

2000年1月在加拿大蒙特利尔通过了《卡塔赫纳生物安全议定书》，截至2016年5月全球已有166个国家签署了该议定书。根据《生物安全议定书》的规定，缔约国在向他国出口转基因产品时，进口国有知情权。

由于现代生物技术的发展及公众的呼吁，欧盟早在 2001 年 2 月通过了关于转基因作物进入市场的一项法令。该法令要求，转基因作物在进入批准程序前，应对其可能带来的危险进行监测和评估。

2023 年 7 月 5 日，欧盟委员会公布了一项新提案，初步提议对含有、包含或由新基因组技术（NGT）植物生产的食品、饲料和其他产品进行规范。该提案主要包含 3 项内容：①将 NGT 植物分为两类，第一类 NGT 植物可自然产生或通过常规育种获得，第二类 NGT 植物不可自然产生或通过常规育种获得；②第一类 NGT 植物不受转基因法规监管（产品不需要标签），并遵守适用于常规植物的规定，但仍被禁止用于有机生产。申请人需要向成员国的主管部门或欧洲食品安全局提交申请以确定是否符合第一类 NGT 植物的标准，并由欧盟委员会建立公开数据库以记录相关信息，用于育种的第一类 NGT 植物需要标明“cat 1 NGT”标签（种子需要标签）；③第二类 NGT 植物仍受转基因法规监管，在上市前需要接受风险评估和授权，并需要遵守转基因法规的可追溯性和标签要求，但在不影响其他法规要求的前提下，可以增加标签以说明具体性状功能。如果此类 NGT 植物不具有耐除草剂的特性，但具有增产、生物胁迫耐受性、非生物胁迫耐受性、高效利用资源、增强可持续性、改善营养或品质和减少生产投入中的一个或多个特性，则可提出降低经济和时间成本的申请。此外，成员国需要采取共存措施以避免第二类 NGT 植物与有机作物或常规作物混杂。目前，该提案还需要欧洲理事会和议会审议通过。

我国从 2002 年 3 月开始正式实施一系列农业转基因生物管理办法，包括《农业转基因生物安全评价管理办法》（附录 4-2）《农业转基因生物进口安全管理办法》（附录 4-4）《中华人民共和国生物两用品及相关设备和技术出口管制条例》等。其中详细规定境外公司对我国出口转基因农产品必须向中方申请安全证书，农业农村部按有关规定作出批准或不批准的决定。此后，我国加强了对农产品的检验检疫工作，并促进了有关标准与国际通行的标准统一。

生物安全的发展目前越来越复杂，一方面，各国都在制定自己的管理方法，并在宏观上取得了一定的管理效果；另一方面，各国又都为着自身的利益在实施“内紧外松”的政策，这在一定程度上阻碍了生物技术和全球相关贸易的发展。

生物技术或基因工程产品已经进入了我们的日常生活，如吃的转基因食品、氨基酸、维生素、药物，穿的转基因棉花，用的各种各样的基因工程酶制剂、增稠剂、有机酸、乳化剂、表面活化剂、食用色素、食用香精及调味料、合成靛蓝、限制性内切酶等，无不渗透着基因工程的作用。基因工程有着巨大的应用前景，如今世界各国对基因工程研究及其产品的应用已有了高度的重视，实际上就是涉及“生物安全性”问题。生物安全性，简单说，就是生物体对人体及生态系统是否安全，一般特指生物体经过基因工程改造后对人和生态系统是否还依然安全。

外来入侵生物同样具有生物安全性问题。随着经济全球化时代众多要素的多向流动，加速了世界人民的融合，也加快了生物圈群落成员的迁移。气候变暖与生物物候期变化，使得外来物种入侵成为随处可见的非传统安全威胁。《2020中国生态环境状态公报》显示，全国已发现660多种外来入侵物种，其中71种对自然生态系统已造成威胁或具有潜在威胁并被列入《中国外来入侵物种名单》，219种已入侵国家级自然保护区。2022年上半年，全国海关共截获检疫性有害生物173种，3.1万种次；境外预检淘汰不合格动物4.2万头，淘汰率21.16%；并首次从进境种苗中截获光滑拟毛刺线虫、波斯茎线虫。值得一提的是，异类宠物市场兴起，使得许多不可能进行远距离迁移的生物物种，通过邮寄、携带甚至非法入境等方式，离开栖息地，穿越数万里，横跨大洋与洲际大陆，成为异国他乡的“异宠”，如巴西所罗门蜘蛛、欧洲野蛮收获蚁、亚洲雨林蝎子、非洲发声蟑螂、剧毒澳洲红背蜘蛛等，而随着被盲目放生弃养现象频频出现，非法交易也日益增多，引发了众多新的生物安全、公共卫生安全、健康安全与社会安全问题。

外来有害生物入侵是构成生物领域非传统安全威胁的重要原因，不仅导致生物多样性与生态系统的破坏，还不断引发新的生物疫情出现，对农业、畜牧业产生不同程度的损害，对人的生命健康与社会稳定形成负面效应，其破坏力会跨国家、跨区域甚至波及全球性。

第三节　生物安全面临的问题

近年世界政治格局的剧烈变化，成为恐怖主义产生并迅速蔓延的温床，世界范围“暴恐活动”的多发、频发正替代战争演变成威胁人类和平发展的主要形式。不久前，德国警方破获的恐怖组织“生化武器事件”，使各国政府一直担心的生物技术与恐怖主义合流，暴恐手段升级成为现实。联合国《禁止生物武器公约》有令难行，由生物因素引发的各类安全威胁逐步甚嚣尘上，并以其复杂性、多样化等特点，开始超越传统安全成为人类发展面临的新型安全问题，除传统的空天、海洋、网络外，生物安全已成为未来国防安全新的疆域，对这类新型危害进行有效防范已不可回避地成为全球最为紧迫的任务。

第四节 生物安全发展趋势

生物技术的主要内容包括基因工程、细胞工程、微生物工程、酶工程或蛋白质工程和生化工程(将生物技术的实验室成果经工艺及工程开发,成为可供工业生产的工艺过程)等,其中基因工程为核心技术。随着生命科学和生物技术的不断发展,不断有一些新的内容出现,特别是基因组学(1986 年由美国遗传学家 Thomas H. Roderick 提出,是对生物体所有基因进行集体表征、定量研究及不同基因组比较研究的一门交叉生物学学科。主要研究基因组结构、功能、进化、定位和编辑等,以及它们对生物体的影响)、蛋白质组学(1994 年,由 Marc Wilkins 首先提出的,是以蛋白质组为研究对象,研究细胞、组织或生物体蛋白质组成及其变化规律的学科)、生物芯片(将大量探针分子固定于支持物上后与带荧光标记的 DNA 或其他样品分子进行杂交,通过检测每个探针分子的杂交信息强度进而获取样品分子的数量和序列信息)、生物信息(反映生物运动状态和方式的信息)等重大技术的出现,已经大大扩展了生物技术的涵盖范围。现代生物技术被公认为是最有发展远景的前沿科学,并且被列为影响未来国计民生的四大科学技术支柱之一,被认为是 21 世纪世界知识经济的核心。其应用范围迅速遍及医药卫生、农林牧渔、环境保护、轻工食品、化工能源和冶金采矿等各个领域。现代生物技术及其产业的兴起和发展,是 20 世纪人类科技史上的重大进步,并成为解决人类社会面临的人口、健康、食品和环境等重大挑战的最有潜力的技术手段。

我国生物技术相关研究在新中国成立后迅速起步,随着我国社会经济的发展而不断壮大。生物技术已经对我国经济建设和社会进步起到非常重要的作用。1965 年,我国科学家首次人工合成胰岛素并确定了其晶体结构。这一成果领先于后来获得诺贝尔奖的国外同类工作,展示了当时我国生物技术研究的水平。党中央、国务院在 20 世纪 80 年代后期启动了“国家高技术研究发展计划”(863 计划),大大加快了我国生物技术的发展速度。在起步阶段,我国以“跟踪、模仿”为主要发展战略,相继开展了分子遗传学、基因工程、细胞融合、酶工程等新学科和新技术的研究,现代生物技术获得了快速发展,并开始在农业和医药等领域获得广泛应用,使我国生物技术的总体水平处于发展中国家的领先地位,在较短的时间内拉近了与国际先进水平的差距。经过“八五”“九五”和“十五”科技攻关计划、863 计划、973 计划的实施,以及国家自然科学基金的支持,我国的生物技术及产业有了很大的发展,已建立了一批高水平的重点实验室和研究开发基地,培养了一支上万人的研究开发队伍,掌握了现代生物技术所涉及的全部关键技术,包括转基因植物、基因工程药物等一批现代生物技术产品已投放市场，销售额逐年增加。我国的农业生物技术和医药生物技术发展较快，传统的发酵工业正在得到改造，海洋和环保生物技术也已起步。我国在生物技术研发和应用领域总体上接近国际水平，在发展中国家中处于先进地位。

随着《生物安全法》的颁布实施，我国生物安全风险的防范和管理已步入法制化和正规化。未来随着生物技术的发展、贸易全球化及生物安全基本问题的研究和阐明，生物安全在不久的将来必然要达到一定程度的多边和国际协定，以及统一的生物安全技术准则和管理标准。到那时，各国的生物安全除自己控制和管理以外，更有相关的国际生物安全组织来监督和评估，现代生物技术将能更规范、更安全地造福全人类，从而实现“山水林田湖草沙共治，人与自然和谐共生”的美好愿景。

思考题

1. 总体国家安全观包括哪些方面的内容？
2. 什么是生物安全？其产生的背景如何？
3. 生物安全包括哪些方面？

第二章

生物安全与农业

提要：农业领域的生物安全问题会影响农业的健康发展，给国家的粮食、环境以及整个经济社会带来不利影响。本章重点介绍农业生产中面临的诸多生物安全风险，以及如何防范农业生产中的这些生物安全风险。

第一节　农业生产中面临的生物安全风险

党的十八大以来，国家对生物安全高度重视，生物安全顶层设计和制度建设实现新突破，我国的生物安全治理能力迈上新台阶，生物安全建设取得历史性成就。同时看到，生物安全风险呈现出许多新特点，风险挑战依然严峻，2018 年非洲猪瘟的出现严重损害了我国畜牧业的健康发展，禽流感的持续蔓延以及外来入侵生物（如草地贪夜蛾），危及我们的粮食安全。一系列的现象表明，当前农业中的生物安全问题，严重影响农业的健康发展。它不仅威胁到人类的健康，而且还会给国家的粮食、环境以及整个的经济社会带来不利影响。总体来说，农业生产中面临的生物安全风险主要来自以下几个方面。

一、动植物重大病虫鼠害

控制病虫鼠害对于维护国家的安全至关重要，它不仅能够确保农业生产的安全，还能够提高农产品的质量，并且对于维护农业和森林的生态平衡也至关重要。在农业生产过程中，动植物都会面临外界病虫鼠的侵害，严重时造成绝收或绝产，严重威胁粮食安全和农业生产。重大病虫害包括国内发生和外来入侵生物两大类群，包含了各种各样的有害生物，如细菌、真菌、病毒、线虫、昆虫以及老鼠。这些灾害通常会在短时间内暴发，并造成巨大的破坏。

重大病虫害频繁暴发、连年发生，灾害持续不断，在多个方面造成了巨大的经济损失。首先，重大病虫害的发生严重危害了粮食安全。例如，草地贪夜蛾于2019年入侵我国并不断扩散，已蔓延到27个省(自治区、直辖市)，危害玉米、高粱等20余种作物。小麦赤霉病在我国年均发生面积已超过567万hm^2，占全国小麦总面积的1/4，大流行年份重病区发病率超过50%，减产20%以上。柑橘黄龙病等检疫性病虫害不断蔓延，对果树产业构成威胁。农作物病虫害除造成产量损失外，还可以直接造成农产品品质下降，出现腐烂、霉变等，营养、口感也会下降，甚至导致产生有毒和有害物质。例如，黄曲霉、镰刀菌等部分农业病原物产生的毒素危害人身健康和生命安全。据不完全统计，真菌毒素污染导致的农产品损失每年高达3 100万t。其次，林业病虫害已成为威胁森林资源安全和经济林产业持续发展的重大灾害。近年来，林业有害生物发生面积持续保持高位，造成巨大经济损失。林业有害生物年均发生面积达1 187万hm^2，每年造成4 000多万株林木死亡，直接经济损失和生态服务价值损失高达1 100亿余元，威胁森林、湿地、荒漠三大生态系统安全。最后，近年来，全国草原生物灾害的发生频率不断增加，严重影响了草原的生态安全，使得草地植被的退化和恶化更加明显，其中蝗虫、鼠害等草原生物灾害的年均发生量达到7 760万hm^2，而这些灾害也导致牧草减产超过5 200万t，危及人们的生产安全。

二、农药的过量使用

目前，病虫鼠害防控主要还是依赖于大量农药使用，过量的农药使用严重威胁食品安全和人类健康。尽管近年来，国内的化学农药使用量出现了下降，但由于前期造成的污染，绿色防控产品供给不足等，导致部分地区的蔬菜、鲜食水果、茶叶等农作物仍会出现农药残留过多的问题。不仅如此，化学农药过多使用对土壤和水源都非常不利，会严重影响农业生物多样性。当生物多样性遭受损害时，将对生态平衡产生威胁。化学农药的过度滥用，不仅会破坏种群多样化、基因多样化、生态多样化，还会危害天敌和有益生物，让害虫更加肆无忌惮，削弱自然的控制能力，进而威胁农业安全生产，影响生态系统稳定性。

三、微生物耐药性

当细菌、病毒、真菌等病原微生物(引起动植物生病的微生物统称)随着时间的推移发生变化，不再对药物产生反应，使动植物的感染更难治疗，疾病传播、严重疾病和死亡的风险增加时，就会出现微生物药物耐药性。由于微生物的耐药性日益增强，抗生素的效果正变得日益减弱，使得动植物的症状变得越发复杂，它们对人类的健康构成了巨大的挑战。如果感染变得无法治疗或治疗耐药性疾病的成本增加，牲畜损失或投入成本将更高，生产力也会降低。据世界银行估计，到2050年，微生物耐药性引发的全球畜牧业产量的下降幅度可能从每年2.6%的低点到7.5%的高点。另外，微生物耐药性的问题可能导致低收入国家损失超过5%的国内生产总值，并在2050年之前使多达2 800万人陷入极端贫困。总之，微生物耐药性的问题给人类健康、发展和安全造成了严重威胁。

四、农业科研过程中的病原微生物

在生物安全实验室内进行特定病原微生物操作，或者进行普通动植物实验，甚至现场采集部分生物材料、代谢物、环境样本等都可能会带来生物安全问题，原因是参与生物安全风险管控的人员暴露在相对复杂的环境中，生物安全风险既可能由内源产生，也可能由外源输入，因此，贯穿于从实验室到生产性试验的始终。另外，在进行病原微生物等操作时，如果某个关键环节违反标准操作规程，就可能导致生物安全事件的发生。而农业科研领域的生物安全事件一旦发生，不仅会对科研单位本身产生负面影响，还可能在未被察觉的情况下对周围环境产生级联放大影响。

五、生物技术研究、开发与应用

随着科学技术的不断发展进步，生物技术已经成为推动农业发展的关键因素。近年来，以基因工程为代表的相关生物技术取得了显著发展，如转基因、基因工程、合成生物学、基因编辑等现代技术在农业生产领域的应用逐步加深，实现了更高效的农业生产。目前，相关技术所涉及的动植物种类纷繁复杂，部分研究成果已经进入商业生产阶段，在培育高产作物、提升作物抗逆和抗病虫害能力等方面成就显著。例如，马铃薯作为世界范围内的主要农作物，生物技术可以促进其快速繁殖，一株马铃薯经过技术应用，能在一年时间内繁殖超过100万株。另外，生物技术对动植物的研究可以帮助人类寻找更加有效的疾病治疗药物。生物技术在为农业生产带来发展的同时，其在实验室研究、中间试验、环境释放和生产性试验等多个过程中可能会带来潜在的生物安全风险，因此，应当对其加强监管和管理。

第二节　农业生产中生物安全风险的防范

农业中的生物安全与人类、经济、社会和生态环境密切相关，对农业和经济的发展有着重要的影响。因此，生物安全风险的解决在农业中的重要性也就凸显出来。前文概述了农业生产中面临的生物安全风险，那么如何防范及应对这些风险？

一、进一步完善国家生物安全相关法律法规和治理体系建设

近年来，国家非常重视生物安全的顶层规划和制度建设。2020 年 5 月，我国颁布了《农作物病虫害防治条例》（附录 4-5），明确要加强病虫害监测与防治的科技支撑，这也将植物疫情监测防控科技支撑提升到了国家安全的高度。同年 10 月，《生物安全法》的出台为生物安全建设提供了法律保障。未来要在国家生物安全治理体系中，进一步完善国家生物安全战略、法律、政策等制度框架。一是要按照《生物安全法》相关要求，完善动植物疫病防治体系、农业种质资源保护体系和外来物种入侵防范体系，健全部门协调机制，提升农业领域生物安全治理能力，防范化解生物安全风险，促进农业可持续发展。二是加快推进进出境动植物检疫法等农业领域生物安全相关法律与配套法规的制修订工作，形成协调规范、布局合理、系统全面的农业领域生物安全风险防范法律法规体系。例如，加快制定外来入侵物种管理办法、管理名录，细化外来入侵物种防范和应对措施。三是加强政策研究，研究制定加强农业领域生物安全的指导意见，制定专项规划和实施方案，出台配套法律法规，统筹修订传染病防治法、突发事件应对法、野生动物保护法、种子法等，确保生物安全建设规范、健康发展。四是积极推进《生物安全法》贯彻和宣传，普及生物安全科学知识，增强生物安全意识，提高发现、识别和应对生物安全风险能力。

二、增强科技创新能力

为了更好地提升国家的生物安全水平，增强我们的科技创新能力成为核心关键。我们要按照党和国家的要求，加快推进生物科技创新和产业化应用，推进生物安全领域科技自立自强，打造国家生物安全战略科技力量，提升我们的科研创新水平，以便更好地解决生物安全问题。我们要构建一个具有前瞻性的、可持续发展的科学体系，建立一个可以实现对重大病虫鼠害、重要外来物种的快速识别和及时发现的生物安全保障体系。由于病虫鼠害的复杂性、高危险性以及传播速度快等特点，我们必须采取有效的措施来应对这些威胁。我们必须不断推进科技创新，深入研究其区域性灾害机制，探索其变化规律，需要不断深入地探索和开展前沿的科学技术研究，包括分子生物学、大数据和人工智能（AI），并通过高通量蛋白质-蛋白质互作网络来理解和探索病原物与动植物抗病能力之间的关联。同时，还需要运用信息技术来精确地描述昆虫的生态环境和生物学行为。通过先进的基因编辑和分子标记选择育种等方法，建立可持续的绿色防控技术体系。为了更好地提升生物

安全能力，开发新型的病虫害防控核心技术及相关产品，包括对动植物疾病的快速检测、检验、检疫，重要的入侵生物的扩散规律以及有效的防治措施。此外，还应继续深入研究禽流感、口蹄疫等重大疫病的流行病学特征及其发展趋势，并开发出具有国际领先水平的高效动物疫苗。未来还要继续加大研发投入，提高我国的基础科研能力，力争在更多、范围更广的重大动植物病虫害防控等领域取得更大突破，我们可以将这些理论成果结合到实际应用中，如利用微生物发酵、RNA 干扰、昆虫信息素等方法，开发植物免疫诱导等新型植保产品。另外，我们要开发出具有智能化监测和预警功能的关键技术。利用生物学、信息学、互联网等前沿科技的成果，可以有效地识别、诊断出突然出现的、流行性的生物灾害，并且可以对其进行准确的预测、预警，以此来增强我们对抗生物灾害的能力。我们还应建立完善的技术储备，投入大量的资源进行仪器装备的研制和管理信息化智能化部署，以此来构建完整的生物安全科技项目体系，通过改进硬件和软件，提高基础设施的安全性。通过对监测预警和应急保障方面的共性技术进行集成、示范和推广，以及对可能存在的疾病进行及时的监控与防控，更好地满足我国生物安全的需求，提升我国的生物安全条件保障能力。

三、控制化学农药的使用

在农业生产中，应该严格控制化学农药的使用，避免滥用化肥、杀虫剂或其他有害的植保手段，尽量减少它们对环境和生物多样性的影响。为了更好地实施“减抗”的养殖模式战略，我们将对可能存在的有害(耐)药性进行全面的风险评估，并采取相关的措施来改善这种情况。此外，进一步完善防控治理体系。通过推进信息化、智能化、机械化等技术进步，完善绿色植保的农林病虫害防控理论。

四、加强生物资源的收集、保存和合理利用

生物资源是国家重要战略资源，有巨大的研究价值和广阔的产业前景，在保障生物安全过程中发挥着重要的作用。为了更好地保护我们的生物资源，我们必须加强对这些资源的收集和保存，并全面推进农业种质资源的普查和建设。加强对动植物种质资源、基因资料的保护，防范生物多样性丧失和生物资源流失，同时对生物资源进行深度开发和科学利用。通过基础研究和质量监管，确保农作物品质的可靠性和安全性，同时也可以加强牲畜的养殖管理，保证食品安全和环境绿化。为了确保生物安全，政府必须建立一个集监控、预警、评估、调查等机制为一体的生物资源管理机制，还要建立一个完善的转化应用平台，使研发的成果得到及时、准确的推广示范，从而为突发生物安全事件的处置带来实质性的帮助。通过不断改

善现有的生物资源，细致探索其中的遗传多样性以及综合评估其中的重要特征，实现我国在原位保护、异位保存等方面的国际领先地位。同时，还需要利用科学的方法，把这些资源的优势变成可持续发展的动力。另外，我们还需要将传统的预警措施与先进的生物科学技术相融合，并采取更多的环保措施，以促进生态保护，同时将其融入各个行业的产品中。我们将继续遵循以科学为基础，实施严谨的监督，遵守相关法律和政策，以便更好地促进生物育种的产业化发展。

五、积极开展外来入侵物种的普查，建立完善的入侵生物学理论体系

为了确保国家生物安全，我们必须建立完善的入侵生物学理论体系，积极开展外来入侵物种的普查，及时了解相关情况，并采取“一种一策”精准治理、有效消除措施。此外，还要加强对入侵生物疆域的普查和定点排查，制定“中国外来入侵生物数据库”，全面开展风险评估、监测预警、应急防除以及长期防控工作。为了更好地防控外来入侵生物的危害，需要加强对其成灾机理的研究，并提高疫情快速诊断和风险分析能力。此外，还需要加强迁飞雷达监测技术和站点建设，以阻止重大病虫害的传播，并尽早发现、预警和应对。例如，为了有效抑制草地贪夜蛾以及来自我国南方甚至东南亚国家的长途迁徙害虫，应当采取有效措施，包括构筑完善的拦截机制、严格的监测机制，积极采用先进的生物防治、绿色防控技术与模型，以及有效的预警机制，以有效遏制这些危险害虫的传播。

通过完善重大动物疫情和农业生产中的病虫害监测和预报系统，以及改善相关的基础设施，可以更好地保护和管理生态环境。同时，还要努力增强完善抗风险能力和措施，以便更好地保护生态系统。要把握好疾病的传播趋势，并采取更多的措施来减少其对我们的威胁。应当积极采取有效的措施，通过提高科学研究水平来切断病虫鼠害的传播途径，以减少养殖环境等原因导致的重大动物疫病的发病率、死亡率以及传播速度的增长，从而有效保护人类的健康。另外，要推进人畜共患病防治净化。为了有效防止人畜共患疾病，应该遵循“同一健康”理念，加强宣传和干预，全面禁止食用野生动物，对易受感染的动物进行免疫预防，并将受到感染的动物及时淘汰和消灭。同时，还需要建立高效的应急处置机制，落实属地责任，加强联防联控，配备必要的应急物资和装备，以提高应急处理能力。

六、培养风险意识、建立监管机制

为应对生物技术引发的生物安全问题，应当从培养风险意识、建立监管机制、完善法律法规等方面采取措施。社会各方面应相互配合，政府、高校和科研院所、企业以及所有的公众都有责任提高自身的生物安全意识。政府要大幅度提高宣传

能力，把各种可能的生物技术的风险区别开来，向大众公开这些风险，以便让更多的人了解这些风险。研究机构应当本着对自然环境和人类生存负责的态度，谨慎对待生物技术研究。对存在风险的技术需要拿出更多的时间展开科学论证。生物技术企业在研发和生产过程中需要将生物安全威胁至于商业利益之上。为了有效地控制生物技术的风险，政府需要采取有效措施，包括设立严格的审核程序，以便更好地控制风险，邀请行业专家与企业代表参与，共同制定完整的监督规范，从立项到投产，从研发到使用，都要进行严格的把关，以便更好地满足各个环节的要求。最后，面对生物技术的快速发展，我国应尽快完善相关法律法规，在法律层面对从业组织和人员形成约束。对明知技术存在生物安全威胁而研发的机构或个人给予严厉处罚，对因生物技术引发的生物安全问题追责到底，对研发、审批、监管等各环节责任人形成有效约束。

七、加强生物安全实验室的建设

为了更好地保障生物安全，应该大力推进生物安全实验室的建设，以及有效地开发利用微生物资源。生物安全实验室是能够提供烈性病原体研究的重要平台；微生物资源是开展生物技术研究的重要对象，二者同等重要。要致力于打造一个具备高度可靠性和可操控性的生物安全实验室，以满足紧急需求和统筹兼顾的需要，并且确保其地点的合理性、功能的平衡性和可靠性以及高度的协同性。通过建立和改进国家级的微生物资源库和共享机制，以及发展针对不同微生物的特性的检测和筛查技术，可以建立起一个涵盖平台、基础研究、技术产品研发、产业临床应用为一体的生物安全平台能力体系。其中，抗击烈性传染病仍然是当前的重中之重，而发展前瞻性的新型生物技术则将带来前所未有的革命性变革。必须把技术创新放在首位，把“可溯、可诊、可防、可治、可控”作为研究方向，把提高监控预警能力作为建设目标，利用互联网、人工智能、云计算等先进的信息科学技术，提前发现并处理各种潜在的危机。把提高应对紧急情况的能力作为重要任务，加强防护装备、物资、疫苗的生产、传递和储存能力。除了加强对生物技术的研究，应该大力发展高素质的人才、优秀的企业、完善的功能性平台以及充足的资金保障生物安全的顺利实现。同时，还应该重视对病毒、细菌、真菌等环境影响因素的监测，并制定严格的监测流程，以确保实验室的安全性，同时不断完善实验室安全防护措施。

八、完善卫生检查体系和生命健康体系

完善动植物屠宰、加工和运输环节的卫生检查体系，按照食品安全相关管理规定制定标准，加强农业行业的卫生安全等方面的管理和监督。此外，建立生命健康

保障体系，确保从生产到消费的生命安全问题得到妥善解决。

九、加强国际合作交流

为了进一步提高我们的生物安全能力，应该打破国界，加强国际合作，因为生物安全是一个全球性问题，不单单是某一个国家的问题。为此，应该秉承人类命运共同体的思想，广泛开展生物安全国际合作与交流，积极参与全球生物安全治理。参与引导国际规则、标准、协议的制定，推动与国际生物安全领域研究机构协作互认，提升我国全球生物安全治理参与度和影响力。应该加强对国际生物安全相关的支持，并且不断完善相关法律法规，以促进生物安全的发展。为了保障生物安全，应该大力推进国际科技合作，并在传染病、动植物疾病防治方面进行对外援助。还应该大力推广疫苗、农业用药等产品的出口。应该着力于狂犬病等病原的研究，分析这些高危病原的生物学特征及其在人类健康中的影响。建立实时监测预警技术、生物安全阻断技术，研发疫苗、检测试剂等精准防控技术和产品。

十、结论

农业是人类社会发展的重要产业之一。农业生产中的生物安全问题对人类、动植物、经济、社会和环境的生态系统都会产生深远的影响。因此，加强农业生产中的生物安全措施是非常重要的。要加强动植物检疫病虫害的防控，科学合理使用农药，加强动植物种质资源的保护，完善卫生检查体系和生命安全保障体系等方面的管理。只有通过不断提高农业生产中的生物安全措施，才能更好地保障人们的生命健康和农业的可持续发展。

思考题

1. 农业生产中面临的生物安全风险体现在哪些方面？
2. 如何防范农业生产中生物安全风险？

第三章

转基因生物概述

提要：转基因生物是指利用基因工程技术对目的基因组进行修饰，改进现有特性或引入新特性（在特定生物种类中不会自然出现的特性）的生物。转基因可能来自不相关的植物、动物、细菌、真菌或病毒。因此，基因改造的出现克服了传统生物育种的局限性，即打破了物种之间兼容性的杂交先决条件。转基因技术已经成为快速改良生物和叠加多种有利性状的方法。转基因技术的发展自20世纪80年代以来，极大地促进了基础和应用研究；其产品从20世纪90年代中期开始商业化，过去30年内，转基因生物的广泛应用明显提高了世界农业、工业和医药等领域的生产力。本章内容将简述转基因植物、转基因动物技术的历史，介绍目前全球转基因生物的应用现状，综述通过生物技术的创新获得的批准或上市产品，让读者了解生物技术如何成为解决全球农业、工业及医药等领域问题的工具。此外，还介绍了同源/异源基因转移及基因编辑的新特性及这些编辑工具开发新产品的未来前景。

基因是携带遗传信息的DNA（deoxyribonucleic acid）序列，是染色体上具有遗传效应的DNA片段，它能编码特定功能的产物，是控制生物性状的基本遗传单位。DNA是脱氧核糖核酸的英文缩写，它携带各种遗传信息，表达产生不同的蛋白质。

转基因技术主要是指利用基因工程技术以及物理、化学和生物学等方法把特定的外源基因（如具有高产、抗逆、抗病虫、提高营养品质等已知功能性状的基因）转移到受体生物的基因组，以改善受体生物的现有性状或引入特定生物物种不会自然出现的新性状的技术。插入的基因，也被称为转基因，可能来自无关的植物、细菌、病毒、真菌或动物物种。用于改良生物的基因工程技术包括转基因技术、同源/异源基因转移技术和基因组编辑技术。其中，转基因技术是现代农业生物技术的核心，可用于引入新基因、删除基因或用不同的基因替代原有的基因等。通过转基因技术改变基因组创建的生物称为转基因生物，包括转基因植物、转基因动物和转基因微生物，含有转基因生物成分的食品被称为转基因食品。转基因生物又称为“基因修饰生物”，英文是 genetically modified organism(GMO)。转基因生物还称为基因工程生物、现代生物技术生物、遗传改良生物体、遗传工程生物体、具有新性状的生物体、改性活生物体等。转基因的出现克服了传统植物育种的主要局限性，即物种间性相容的杂交先决条件。农业转基因技术在增加作物产量、减少病虫草害损失、减少化学杀虫剂使用、节省人工成本等方面发挥了不可替代的作用。

第一节　转基因植物

一、转基因植物

转基因(transgenosis)是用来自不同植物的一个或多个基因，或来自与受体植物性不相容的供体植物的基因对受体植物进行遗传改造。这包括任何来源的反义方向基因序列和任何编码序列、调节序列的人工组合，如来自另一个基因的启动子，或是合成的基因。

转基因植物是拥有来自其他物种基因的植物。该基因变化过程可以来自不同物种之间的杂交，也可以是那些在实验室里通过 DNA 重组技术人工插入其他物种基因所创造出的具有新性状的植物。

(一)转基因植物的历史回顾

从植物转基因技术的诞生到现在，世界转基因作物种植面积从 1996 年的 170 万 hm^2，增至 2.063 亿 hm^2，植物转基因技术近 30 年的时间内取得了巨大发展，创造了巨大经济效益。

1983 年，美国华盛顿大学宣布成功将卡那霉素抗性基因导入烟草细胞，世界上首例转基因植物——抗除草剂烟草问世；同年 4 月，美国威斯康星大学也宣布成功将大豆基因转入向日葵，标志着植物转基因技术的诞生，并对生物工程技术和世界农业都产生了巨大震动。随后，转基因技术开始飞速发展起来，大量转基因植物开始陆续研制成功。

1986 年，美国专利局宣布遗传工程植物受专利保护，美国环保署允许世界第一例转基因作物——抗除草剂烟草进行环境释放(即将转基因烟草引入开放环境的行为)。1990 年，我国研制的转基因抗病毒烟草一度成为世界上面积最大的转基因作物群落，由此拉开了转基因作物大面积推广的序幕。

1992年，首例转基因棉花与番茄批准商业化种植。1994年，美国的转基因延熟保鲜番茄“Flavr Savr”获得美国食品药品监督管理局的批准进入市场销售。1996年，美国最早开始商业化生产和销售转基因作物（包括大豆、玉米、油菜和番茄）。之后，转基因技术迅速普及，转基因作物成倍增长。

目前，全球有71个国家在应用转基因技术，其中29个国家批准种植转基因作物，42个国家批准转基因产品的利用。商业化种植面积已经从1996年的170万 hm^2 增加到2023年的2.063亿 hm^2，主要分布在27个国家和地区，种植了11种不同的转基因作物，其中种植面积前4位的作物依次为大豆（10 089万 hm^2）、玉米（6 628万 hm^2）、棉花（2 408万 hm^2）和油菜（992万 hm^2），约占全球面积的99%。据统计，2022年全球80.4%的棉花、73.7%的大豆、32.9%的玉米和23.8%的油菜是转基因作物。仅印度和中国这两个世界上最大的棉花生产国，就种植了95%的转 *Bt* 基因抗虫棉花。

2023年统计数据显示，转基因作物种植面积前5位的国家是美国、巴西、阿根廷、印度和加拿大，总计1.851亿 hm^2，占全球总面积的89.7%，美国以7 440万 hm^2 的种植面积排名第一，其次是巴西（6 690万 hm^2）、阿根廷（2 313万 hm^2）、印度（1 207万 hm^2）、加拿大（1 149万 hm^2）、巴拉圭（429万 hm^2）和南非（331万 hm^2）。亚太地区印度、中国、巴基斯坦、澳大利亚、菲律宾、缅甸、越南、孟加拉国和印度尼西亚等9个国家的转基因作物面积占总面积的10.2%，其中印度种植面积最大，我国为276万 hm^2，占全球1.4%，居世界第8位，主要种植的是转基因棉花和番木瓜。

在区域层面上，北美地区2022年种植面积总计8 600万 hm^2，玉米是最重要的转基因作物。亚太地区的转基因种植面积总量明显小于美洲地区，仅为1 940万 hm^2，棉花是主导的转基因作物。欧洲仅有71 112 hm^2 的转基因种植面积，是世界上最小的。该地区大部分转基因种植面积位于西班牙，以转基因玉米为主。历史上，许多欧洲国家种植过转基因玉米，但现在只有西班牙和葡萄牙保留了转基因作物的种植。其余地区种植了340万 hm^2 的转基因作物。非洲现在成为一个具有转基因种植潜力的地区，南非是该地区转基因种植的主要驱动力。

我国的转基因作物发展经历了以下5个阶段。

第一阶段（1986—2000年），整体处于实验探索阶段。1994年，我国成功研制出转基因棉花，并且开始进行种植生产，大豆等粮食作物还处于实验研发阶段。

第二阶段（2001—2009年），开始走向全面创新阶段，注重自主研发，转基因主粮产业化日渐推进。2008年，启动转基因生物新品种培育重大专项，农业转基因研发进入快速发展期。转基因研发技术不断提高，获得抗病虫、耐除草剂、耐寒、耐盐碱、高产等重大育种价值基因300多个，获得发明专利近3 000项。

第三阶段(2010—2013 年),转基因产品安全性受到争议,转基因产品研发、审定、生产经营等相关政策非常严格,转基因种植发展缓慢。

第四阶段(2014—2018 年),本着确保安全、自主创新、大胆研究、慎重推广的原则,我国转基因农作物已经进入有序发展状态。2016 年,重提转基因商业化,虽未见明显成效,却明确了路线政策,即优先考虑非食用转基因作物(如棉花),继而是间接食用的转基因作物(如大豆和玉米),最后是直接食用的转基因作物(如水稻和小麦)。

第五阶段(2019 年至今),实现了从局部创新到自主基因、自主技术、自主品种的整体跨越,转基因生物商业化应用顺利推进。2019 年,农业农村部发布《2019 年农业转基因生物安全证书批准清单》,首次颁发抗虫和耐除草剂转基因玉米、大豆的国内生产应用安全证书;2020 年,中央经济工作会议首次强调种子问题;2021 年,《种业振兴行动方案》出台;2022 年,《农业转基因生物安全评价管理办法》《主要农作物品种审定办法》《农作物种子生产经营许可管理办法》《农业植物品种命名规定》4 项规章的修改审议通过;2022 年 3 月 1 日起,实行新修订的《中华人民共和国种子法》。我国转基因产品种类不断丰富,至 2021 年,我国国产抗虫棉市场份额提高到 99%以上;3 个耐除草剂大豆和 4 个抗虫耐除草剂玉米获得生产应用安全证书;抗虫大豆、耐旱玉米、抗虫水稻、耐旱小麦、抗蓝耳病猪等已形成梯次储备。截至 2021 年 12 月,我国批准进口的转基因作物共计 60 种。

目前,我国除常年发放转基因抗虫棉生产应用安全证书外,还陆续多次发放农作物转基因生物安全证书,前 5 次分别在 1997 年、1999 年、2006 年、2009 年和 2019 年,具体内容参见表 3-1。自从 2009 年颁发了 2 个转基因水稻和 1 个转基因

表 3-1　我国多次发放农作物的转基因生物安全证书

年份	详情
1997	发放耐储存番茄和抗虫棉转基因生物安全证书
1999	发放改变花色矮牵牛和抗病辣椒(甜椒、线辣椒)转基因生物安全证书
2006	发放抗病番木瓜转基因生物安全证书(2010 年进行商业推广)
2009	发放抗虫水稻华恢 1 号、抗虫水稻 Bt 汕优 63、转植酸酶基因玉米 BVLA430101 转基因生物安全证书
	发放抗虫耐除草剂玉米 DBN9936、抗虫耐除草剂玉米瑞丰 125(原“双抗 12-5”)、耐除草剂大豆 SHZD3201 转基因安全证书
	发放耐除草剂玉米 DBN9858、耐除草剂大豆中黄 6106 转基因安全证书
	发放抗虫耐除草剂玉米 DBN9501、耐除草剂大豆 DBN9004 基因安全证书

玉米安全证书，10 年间，我国转基因种子的研发如火如荼地进行，但这期间都没有新的转基因农作物品种获批生物安全证书。自 2019 年至今，我国陆续发放了很多抗虫棉、大豆、玉米的安全证书，具体情况参见农业农村部的网站（http://www.moa.gov.cn/ztzl/zjyqwgz/）。

（二）转基因植物研究的应用

外源基因的异源表达、内源基因的过量表达和抑制不良基因的表达是作物改良的 3 种转基因操作策略。第一种策略是用来自遗传距离远的物种的外源基因转化作物。第二种策略是同源基因转移和内源基因转移，通过体外诱变或其他途径，如果没有选择性标记基因和载体骨架序列等外来 DNA 引入同源基因或内源基因，则转移的基因分别来自相同物种的内源基因或性状相容物种的同源基因。第三种策略是通过引入转录反义或双链 RNA 的合成序列，抑制不良内源性基因、病原性基因和害虫基因的表达，或者通过簇状规则间隔短回文重复序列（CRISPR）/Cas 技术以及其他一些更复杂的基因组编辑技术，如锌指核酸酶（ZFN）、转录激活子样效应核酸酶（TALEN）和巨型核酸酶（MN）来进行敲除。

通过转基因改良作物性状，外源基因的异源表达以及通过 RNA 干扰和簇状规则间隔短回文重复/Cas（CRISPR/Cas）抑制不良基因的表达都优于内源基因的过表达。截至 2021 年，全球获准商业化的作物转基因案例（440 个）中，大部分（227 个）是通过第一种策略开发的。其中 38 个是通过转录反义或双链 RNA 的合成序列转化的，3 个是通过突变的拷贝来抑制不良基因的表达（第三种策略）的。然而，几乎所有过量表达内源基因的案例都停留在测试阶段，除了一个用于育性恢复能力和一个用于基因叠加除草剂耐受性的案例。

转化案例利用数量近年来有所降低。转基因转化体用于商业化生产或原料加工的过程需要经过各国政府审批，前期，欧美等国家对转化体商业化进程的推进较为迅速。由于转化体开发速度较长，目前可用转化体数量有限，涉及特定转化体的转基因作物商业化数量趋于减少（图 3-1）。

1. 耐除草剂转基因植物（resistance to herbicides）

杂草是引起作物减产的重要农业有害生物之一。据报道，不除草对作物的产量损失可高达 100%。我国田园杂草有 1 400 多种，其中造成危害的有 130 种。因此，有效控制农作物田间的杂草可促进增产增收，是农田管理的重要措施之一。

大部分绿色植物对草甘膦不能降解或代谢较慢，草甘膦几乎能杀死所有一年生和多年生杂草，其主要作用靶标为莽草酸合成途径中的 5-烯醇丙酮草酸-3-磷酸合成酶（EPSPS）。1990 年，孟山都公司成功将土壤农杆菌的 *epsps* 基因导入大豆，获得抗草甘膦的 *cp4-epsps* 转基因大豆。1996 年，美国第一个实现抗草甘膦

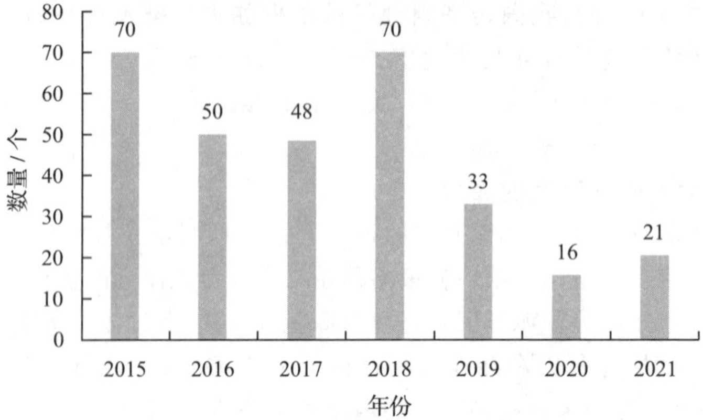

图 3-1　2015—2021 年全球转化案例商业化情况

转基因大豆“GTS40-3-2”的商业化种植，随后，加拿大、阿根廷和巴西等国家也开始广泛种植。2007 年，该公司提高了 *epsps* 的表达量，研发了农艺性状和产量更优异的第二代抗草甘膦大豆“MON 89788”。草甘膦杀草迅速、防治谱宽、使用方便、成本低廉，草甘膦抗性至今仍是最有效且应用最为广泛的转基因作物抗除草剂特性，全球 14 种耐除草剂植物中有 9 种具有抗草甘膦性状。

草甘膦非常容易带来杂草抗性问题，因此，开启了新的转基因杂草控制系统的研发。例如，对草甘膦产生不同抗性机制的 *gat* 基因（编码草甘膦-N-乙酰转移酶）和 *gox* 基因（编码草甘膦氧化酶）；抗草铵膦的 *PAT*（*bar*）基因、抗麦草畏的单加氧酶基因 *dmo*、抗 2,4-D 的 *aad12* 基因、抗溴苯腈的水解酶基因 *bxn* 等。除了这些品种单一类型的除草剂抗性转基因农作物，多个基因叠加耐受不同类别除草剂以及耐除草剂与抗虫、品质改良等基因复合性状的转基因农作物也相继商业化。

根据国际农业生物技术应用服务组织（ISAAA）2019 年数据，全球共批准 351 个耐除草剂（herbicide tolerant，HT）异源转基因案例用于种植。其中，玉米商业化的 HT 案例最多（210 个），其次是阿根廷油菜（34 个）、大豆（33 个）、马铃薯（4 个）、康乃馨（4 个）、水稻（3 个）、甜菜（3 个）、小麦（1 个）和其他。在商业化的转基因作物中，抗除草剂转基因作物种植面积从 1996 年的 65 万 hm^2，发展到 2019 年的 8 150 万 hm^2，占转基因作物种植面积的 88%，主要涉及大豆、玉米、棉花、油菜和苜蓿等农作物。抗除草剂作物的普及为世界农业生产力的提高和粮食安全的稳定作出了突出贡献。

关于抗除草剂基因的挖掘，我国有 48 项专利，涉及对草甘膦、咪唑啉酮类、磺酰脲类和草丁膦 4 类除草剂的抗性，其中有 40 项是属于抗草甘膦基因。但是，抗除草剂转基因作物的商业化生产在我国仍面临诸多挑战。目前，我国发放了 17 个转基因生物生产应用安全证书（玉米 13 个、大豆 4 个），其中 14 个转化体（玉米 11 个、大豆 3 个）含有抗除草剂基因。转基因耐除草剂大豆、抗虫/耐除草剂玉米生产应用安全证书的发放，标志着我国转基因产业化应用条件已经成熟。

2. 抗虫转基因植物（resistance to insects）

约有 67 000 种害虫吸食树液或咀嚼植物的叶子、茎和根，这将损害重要经济作物，造成巨大的经济损失。此外，昆虫还充当各种植物病原物的载体，在进食时将病原物转移至植物。

2017 年，抗虫转基因作物的种植面积为 2 330 万 hm^2，位居转基因作物种植面积第二。截至目前，已经有 10 种抗虫转基因作物开展了商业化种植。这些商业化种植的作物中，大多数转化了杀虫基因（最常见的是 *cry* 基因的不同变体，其次是 *vip*（vegetative insecticide protein）基因，这些基因可以攻击对作物有害的昆虫。

苏云金芽孢杆菌（*Bacillus thuringiensis*，*Bt*）*cry* 基因的许多突变体对鳞翅目、鞘翅目和双翅目等多种害虫都具有抗性，高频用于开发抗虫转基因作物，或用于基因堆叠以赋予植物稳定的昆虫抗性。使用 *cry* 基因的优势是该基因编码的 Cry 蛋白对哺乳动物没有毒性。棉花是第一个成功商业化的作物，其中转入了抗鳞翅目害虫的 *cry* 基因。转基因棉花成功后，*cry* 基因又被分别转入许多作物中，如马铃薯、水稻、油菜、大豆、鹰嘴豆、紫花苜蓿和番茄。

除了 *cry* 基因，其他杀虫基因，如来源于芽孢杆菌（*B. thuringiensis* 和 *B. cereus*）的编码营养期杀虫蛋白的 *vip* 基因也已应用于商业化作物。目前，*vip3A*（*a*）和 *vip3Aa20* 基因已经分别在棉花和玉米中进行了异源表达，大大提高了植物的抗虫性。

除了 *cry* 和 *vip* 基因外，植物、细菌和真菌等的蛋白酶抑制剂（proteinase inhibitor，PI）编码基因也用来改造植物的抗虫性。蛋白酶抑制剂是植物中天然存在的、与防御有关的蛋白质，其在应对物理伤害或昆虫攻击时释放。蛋白酶抑制剂通过抑制昆虫及其幼虫肠道中的蛋白分解酶而发挥作用，使昆虫无法获得生长和发育所需的营养（氨基酸）而最终死亡。目前，只有 3 个批准商业化的案例是利用蛋白酶抑制剂的编码基因获得对昆虫的广泛抗性，分别是在棉花中引入豇豆（*Vigna unguiculata*）的 *CpTI* 基因（编码丝氨酸蛋白酶抑制剂 cowpea trypsin inhibitor，而丝氨酸蛋白酶是鳞翅目和部分鞘翅目害虫的主要蛋白消化酶），杨树中引入慈姑（*Sagittaria trifolia*）的 *API* 基因（编码箭头蛋白酶抑制剂 arrowhead proteinase inhibitor，可抑制多种蛋白酶，抗虫广谱性更强）和玉米中引入马铃薯（*Solanum tuberosum*）的 *PIN* Ⅱ 基因（编码产物可同时抑制胰蛋白酶和胰凝乳蛋白酶）。

(1)抗虫转基因棉花

我国抗虫基因的挖掘研究始于20世纪90年代初，主要包括两类：一类是来源于苏云金芽孢杆菌的抗虫基因 *cry1Ac*、*cry1Ab*，另一类是来源于植物的昆虫蛋白酶抑制剂编码基因 *PI*。当前，大规模生产应用的国产转基因抗虫棉主要为单价抗虫棉（GEM *cry1A*）和双价抗虫棉（GFM *cry1A*+*CpTI*）。

中国农业科学院将改造合成的 *cry1A* 基因导入棉花，1994年成功选育出GK1、GK12、GK19、GKZ1和晋棉26单价转基因抗虫棉品种，并大面积推广使用。田间抗性效率表明，GK12在整个生育期对棉铃虫皆保持很高的抗性，对棉铃虫的控制效果为88.8%～97.7%。这使中国成为继美国之后世界上第二个研制成功转基因抗虫棉的国家。

为了延缓棉铃虫对单价抗虫棉产生抗性，并提高抗虫棉的杀虫效率，利用GEM *cry1A* 杀虫基因和豇豆胰蛋白酶抑制剂编码基因 *CpTI* 创制了同时表达两种杀虫蛋白的双价转基因棉花新种质，1996年成功选育出SGK321、中棉所41和中棉所45等双价转基因抗虫棉新品种。田间抗虫结果表明，2代、3代和4代棉铃虫平均双价抗虫棉百株幼虫数量分别比单价抗虫棉减少11.1%、33.3%和57.1%。目前，SGK321已经通过了农业转基因生物安全性评价，并获准在晋、冀、鲁、豫、皖进行商品化生产。双价转基因抗虫棉的研制成功，丰富了抗虫棉种质资源，加速了抗虫棉新品种的培育和推广使用。

新型抗虫棉的研制也取得了重要进展。例如，利用豌豆外源凝集素基因 *P-Lec* 和大豆Kunitz型胰蛋白酶抑制剂基因 *SKTI* 创制的双价转基因棉花，对蚜虫表现出高效抗性；将 *cry1A* 和雪花莲凝集素基因 *GNA* 导入棉花，选育获得的双价抗虫棉株系TBG对棉铃虫和棉蚜表现出较高的抑制效果；将人工设计合成的 *cry1Ac*、*Bt29K* 和慈姑蛋白酶抑制剂基因 *API-B* 导入棉花，培育出了9个抗虫性好、农艺性状优良的转基因品系，对棉铃虫的抗性均达90%以上。

1997年，我国审定的第一个转基因抗虫棉品种是美国岱字棉公司的新棉33B。1998年，我国审定了第一批国产单价转基因抗虫棉品种，如GK12、晋棉26和GKZ1(国抗杂一号)。1999年，审定了第一个国审抗虫棉品种中棉所38，从此迈开了中国转基因棉花品种培育和生产推广的步伐。截至2021年，我国共批准3 188个转基因抗虫棉生产应用安全证书（图3-2），已选育具有自主知识产权的单价、双价和融合转基因抗虫棉品种2 500余个，成功摆脱了国外品种对我国抗虫棉品种市场的控制。

1997年，我国开始大面积种植转基因抗虫棉，主要以美国的品种为主，当时占国内抗虫棉市场份额的95%以上，国产抗虫棉份额不到5%。随着我国自主研发

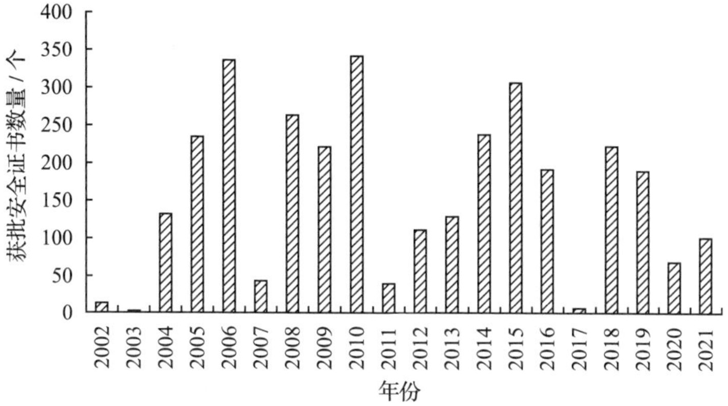

图 3-2 2002—2021 年我国转基因抗虫棉生产应用安全证书获批数量

的转基因抗虫棉逐渐成熟，国产抗虫棉的品种数量和种植面积逐年提高，到 2007 年，国产抗虫棉面积已占 96.1%，打破了美国抗虫棉的垄断，成功保护了我国棉花产业，提升了我国农业高新技术的国际竞争力。

(2)抗虫转基因玉米

自 1995 年美国批准转基因抗虫玉米 *Bt*176 商业化种植以来，转基因玉米在全球得到了广泛推广和应用。目前，抗虫基因家族主要集中在苏云金芽孢杆菌 Bt 蛋白及其重组蛋白，已发现 798 个 *cry* 家族基因，40 个 *cyt* 家族基因，177 个 *vip* 家族抗虫基因。根据 ISAAA GM Approval Database 统计，目前商业化的转基因抗虫玉米包含 208 个转化案例，22 个为单一转化案例，57 个为 2 种转化案例通过常规育种途径复合到一起，68 个为 3 种转化案例复合到一起，61 个为 4 种以上转化案例复合到一起，其中，*cry1Ab*、*cry1Fa2* 和 *cry35Ab1* 基因应用最广泛，分别在 84 个、82 个和 59 个转化案例中表达。商业化应用中 *cry* 类基因比 *vip* 类基因应用较多，已商业化的转化案例尚无表达 *cyt* 类杀虫晶体蛋白编码基因的 *Bt* 玉米。

208 个抗虫转化案例中，抗鳞翅目的转化案例 80 个，抗鞘翅目的转化案例 29 个，同时抗鳞翅目和鞘翅目的转化案例 99 个。目前，商业化的绝大多数携带抗虫基因的转化案例是复合性状产品(204 个)，占抗虫转基因玉米的 98%，其中大多数是通过不同转化案例之间的杂交后代筛选获得的。

1993 年，我国成功将 *Bt* 基因转入玉米，完全掌握了转基因玉米研发关键技术。2008 年，转基因生物新品种培育科技重大专项启动。目前，我国的在研 *Bt* 玉米转化案例主要表达 *cry1* 及其变体和 *cry2*，另外，也有一些转化案例表达了叠加基因。

截至2021年3月，我国批准了15个转化案例的抗虫转基因玉米进口（10个为抗虫性状，5个为抗虫耐除草剂性状）。这15个抗虫玉米表达了*cry3Bb1*、*dvsnf7*、*ecry3.1Ab*、*mcry3A*、*cry1F*、*cry34Ab1*、*cry35Ab1*、*cry1Ab*、*vip3Aa20*、*cry1A.105*、*cry2Ab2*等基因，具有抗鳞翅目和鞘翅目害虫的特性。另外，抗虫玉米MON 810、TC1507在27个国家均获得安全证书，其中，分别在14个和12个国家获得种植安全证书，22个和25个国家获得食用安全证书、19个和18个国家获得饲用安全证书。

近两年来，抗虫耐除草剂玉米DBN9501、DBN9936和瑞丰125等3个国产转化案例先后获得农业转基因生物安全证书（生产应用），将我国转基因玉米的研发应用向前推进了一大步。3个转基因玉米表达了*vip3Aa19*、*cry1Ab*、*cry1Ab*/*cry2Aj*等基因，由北京大北农生物技术有限公司、杭州瑞丰生物科技有限公司和浙江大学研发。DBN9501、瑞丰125获得的是在北方春玉米区生产应用的安全证书。DBN9936获得的是在北方春玉米区、南方玉米区、西南玉米区、西北玉米区、黄淮海夏玉米区等玉米所有适宜生态区的生产应用安全证书。2009年，由中国农业科学院生物技术研究所研发的转植酸酶基因玉米BVLA430101获得在山东省生产应用的安全证书，但未获得商业化种植许可。

（3）抗虫转基因水稻

华中农业大学将*cry1Ab*/*cry1Ac*两种抗虫基因共同转化水稻，培育出抗虫水稻华恢1号及其杂交种Bt汕优63，2009年，获得了在湖北省的生产应用安全证书，这是我国首例批准商业化生产的转基因粮食作物。这两种转基因水稻对稻纵卷叶螟、二化螟、三化螟和大螟等鳞翅目主要害虫的抗虫效果稳定在80%以上。2018年，华恢1号获得美国食品药品监督管理局（Food and Drug Administration，FDA）的商业化许可，华恢1号稻米在美国上市无须审批。这表明我国严格而全面的转基因农作物安全评价体系在世界范围内赢得了认可。

关于双价转基因水稻的研究，采用的转基因分别是修饰的*CpTI*基因和*Bt*杀虫蛋白基因，目前已获得了无选择标记的高抗鳞翅目害虫的转基因水稻株系，其中多项已获准进入生产性试验阶段。这将是另一个商业化前景的研究成果。

（4）抗虫转基因甘蔗

巴西是全球最大的蔗糖生产和出口国，为了控制对甘蔗危害最大的甘蔗螟虫，巴西甘蔗技术中心（Centro de Tecnologia Canavieira，CTC）将苏云金芽孢杆菌的*cry1Ab*转基因转入了甘蔗。2017年6月，转基因甘蔗获巴西国家生物安全技术委员会批准种植。2018年，巴西种植了全球第一批转基因甘蔗，种植面积约为400 hm^2。2022—2023年作物季，抗蛀茎螟虫转基因甘蔗种植面积高达7万 hm^2。

转基因甘蔗不仅能够对甘蔗螟虫产生有效的抵抗力，且不会对土壤组成、昆虫种群等造成不利影响。

3. 抵抗其他生物胁迫的转基因植物(resistance to biotic stresses)

抗病毒转基因作物种植面积在1996年占较大的比例(40%)，1997年就迅速下降到14%，随后一直保持在不到1%。目前，全球范围内有29个抗病转基因案例实现了商业化，其中25个是抗病毒转基因案例。大多数抗病性状的案例发生在马铃薯的19个案例，其次是番木瓜的4个案例，南瓜的2个案例，豆类、李子、甜椒和番茄各1个案例。大多数抗病毒转基因作物是通过基因沉默技术开发的，如针对病毒基因的共抑制/RNAi和反义RNA。

(1)转基因马铃薯

马铃薯卷叶病毒(potato leaf-roll virus，PLRV)是马铃薯第二个重要病毒性病害，在马铃薯种植区普遍发生，易感品种损失高达90%以上。孟山都公司开发了7种抗卷叶病毒的转基因马铃薯，且复合了抗除草剂草甘膦性状及抗马铃薯甲虫性状。1994年，美国获得了第一例转基因马铃薯商业化种植许可证，是孟山都的抗卷叶病毒品种new leaf系列马铃薯。1996年，开始种植；1999年，种植面积达到近40万亩(1亩≈667 m^2)。然而，美国最大的马铃薯用户麦当劳要求供应商不用这种转基因马铃薯，2001年之后，这个马铃薯品种黯然退出了市场。

致病疫霉(*Phytophthora infestans*)引起的晚疫病是马铃薯种植的第一大病害，因为致病疫霉小种变异极快，一般主效基因的抗性会很快被克服。为了提高植物对致病疫霉的抗性，科学家尝试叠加多个抗性基因和利用非小种专化抗性的广谱抗性基因来实现马铃薯对致病疫霉的持久抗性。例如，“Desiree”和“Victoria”两个栽培种通过叠加引入野生种马铃薯的3个广谱抗病基因*Rpi*(*RB*、*Rpi-blb2*和*Rpi-vnt1.1*)，连续3个种植季的田间试验均实现了对致病疫霉的完全抗性。近年来，英国科学家还从野生茄科植物光果龙葵中克隆了疫霉的抗性基因*Rpi-arm1*和*Rpi-arm3*，*Rpi-arm1*的转基因马铃薯对19个致病疫霉小种均表现抗性，而*Rpi-arm3*的转基因植株在田间和实验室条件下则赋予植株对13种疫霉的抗性。这些研究结果为将植物抗病基因应用到不同作物中提供了新思路。

(2)转基因番木瓜

番木瓜广泛种植于热带、亚热带地区，果实中富含维生素A和维生素C。目前，市面上大约有90%的番木瓜都是转基因栽培。因为番木瓜环斑病毒(papaya ring spot virus，PRSV)曾给番木瓜带来了灭顶之灾，但转基因却挽救了番木瓜。

1929年，作物学家Kinney首次发现“相同植物病毒之间存在干扰现象”。之后，科学家证明了用弱毒系感染植株，可以防治植株病毒病。弱毒株的外壳蛋白自身也会阻碍强毒株侵染细胞，提高作物的病毒抗性，这种抗病机理称作“交叉保护”。研究人员尝试将PRSV的衣壳蛋白编码基因*CP*转入番木瓜，病毒感染实验证明转基因番木瓜对PRSV表现抗性，该品种命名为Sunup；随后又通过杂交，培育了兼具高产和抗病性的新品种Rainbow。1998年，美国批准转基因番木瓜商业化种植。5年后，美国转基因番木瓜分别被加拿大和日本等多个国家批准进口和种植，直接挽救了美国的番木瓜产业。

由于PRSV种类的不同，美国的转基因番木瓜不能抵抗我国的PRSV，我国凭借自己的技术克服了PRSV的威胁问题。历经6年，华南农业大学利用有缺陷的PRSV复制酶基因*RP*创制了转基因番木瓜品种“华农1号”，在2006年通过了严格的安全性评价试验，不仅在田间种植表现出了对番木瓜环斑病毒的高抗性状，而且食用和生态环境、种植都非常安全，因此得到了可商业化种植的批准，也是中国如今唯一被允许商业化种植的转基因食用作物。

(3)转基因甜橙

拟南芥的*NPR1*基因在植物中调节水杨酸(SA)介导的系统获得性抗性(systemic acquired resistance，SAR)。Dutt等在甜橙栽培品种“Hamlin”和“Valencia”中，过量表达拟南芥*NPR1*基因(由组成型启动子CaMV35S和拟南芥韧皮部特异性AtSUC2启动子驱动)，获得的转基因植物表现病害减弱，一些品系在田间高病情的压力下种植了3年，仍没有病害发生，表现出持久性抗性。

(4)转基因谷类作物

稻黄单胞菌(*Xanthomonas oryzae* pv. *oryzae*，*Xoo*)引起水稻重要细菌性病害白叶枯病。携带显性基因*Xa21*的长药野生稻(*Oryza longistaminata*)对该病原菌的所有已知生理小种表现抗性，将*Xa21*转化高产优质水稻，得到的转基因株系对19个不同的白叶枯病原菌株均呈高度抗性，田间试验显示出优异的农艺性状。这表明在不同的遗传背景下，*Xa21*仍保留了对白叶枯病的高度抗性和广谱抗性。

由大麦黄矮病毒引起的小麦黄矮病，是小麦最重要的病毒病害。中国农业科学院将人工合成的黄矮病毒外壳蛋白基因导入普通小麦，在世界上首次成功培育出抗病毒转基因小麦。对后代的抗性鉴定结果表明，转基因小麦能明显推迟发病和减轻症状，表现出较好的抗病性和丰产性，这为小麦抗病育种奠定了坚实基础。

4. 耐受非生物性胁迫的转基因植物(tolerance to abiotic stresses)

干旱、盐渍、低温、高温等不良环境胁迫作用于植物，植物将发生一些生理代谢反应，表现为代谢和生长的可逆性抑制，严重时甚至引起不可逆伤害，导致整个植株死亡。通过转基因能消除或减轻这种可逆抑制，增强植物的非生物胁迫耐受性，使植物能在严酷环境下健康生长。例如，抗旱小麦、抗盐碱和抗干旱的烟草、耐寒烟草、番茄等。

向日葵(*Helianthus annuus*)突变型转录因子 *HaHB4.2* 的转基因小麦(*Triticum aestivum* L.),在 37 个田间试验中,平均产量比野生型提高 43%,抗旱性增强。由 Bioceres 公司开发的 *HB4* 转基因小麦在巴西、哥伦比亚、澳大利亚、新西兰、美国、尼日利亚等国家已经被批准用于食品和饲料的直接使用或加工(表 3-2),在巴西和阿根廷也被批准种植。

表 3-2　*HB4* 转基因小麦在各国的批准时间表

时间	事件
2023-3-3	Brazil approved the wheat event *HB4* for commercial cultivation 巴西批准 *HB4* 转基因小麦的商业化种植
2022-7-18	Nigeria approved the wheat event *HB4* for food and feed 尼日利亚批准 *HB4* 转基因小麦用于食品和饲料
2022-6-22	The USA approved the wheat event *HB4* for food and feed 美国批准 *HB4* 转基因小麦用于食品和饲料
2022-5-6	Australia and New Zealand approved the wheat event *HB4* for food and feed 澳大利亚和新西兰批准 *HB4* 转基因小麦用于食品和饲料
2022-2-1	Colombia approved the wheat event *HB4* for food and feed 哥伦比亚批准 *HB4* 转基因小麦用于食品和饲料
2021-11-11	Brazil approved the wheat event *HB4* for food and feed 巴西批准 *HB4* 转基因小麦用于食品和饲料

此外,国内外研究者也相继挖掘到一批小麦抗旱相关基因。例如,Mega 等发现 ABA 受体基因 *TaPYL4* 能提高小麦对 CO_2 的固定能力和羧化速率,从而加强光合活性和抗旱性。Bi 等克隆到 ERF 家族基因 *TaSHN1*,发现该基因通过降低叶片的气孔密度和失水率,增加表皮蜡质中的烷烃含量,从而提高小麦抗旱性。2022 年,西北农林科技大学克隆了小麦抗旱基因 *TaNAC071-A*。研究发现,*TaNAC071-A* 基因沉默后小麦抗旱性明显降低,而 *TaNAC071-A* 过表达则能够显著增强小麦抗旱性,改善转基因株系水分利用效率,降低干旱造成的产量损失。抗逆大豆品种"铁丰 8 号"中的转录因子 *GmTDN1* 可协同提高小麦的抗旱性和氮肥利用率,为同步改良小麦抗旱节水和氮肥利用效率开辟了新途径。上述抗旱基因资源为小麦抗旱新品种的培育提供了重要的靶点,如何有效应用这些抗旱基因资源将是未来面临的重大科学问题和难点。

历时8年，我国以八里庄杨(太青杨、忠和杨)为试材，经转大肠杆菌1-磷酸甘露醇脱氢酶 *mtl-D* 基因，培育了抗盐碱、耐干旱的优良杨树新品种——中天杨，于2003年，通过国家林业局(现国家林业和草原局)植物新品种保护审定。目前，中天杨已获得国家专利植物新品种保护权，国家林业和草原局也将其列为盐碱干旱地区造林的优良品种和重点推广新品种。试验表明：中天杨在含盐量0.4%以内的土壤条件下生长旺盛，在0.4%～0.6%可正常生长。中天杨不仅抗盐碱，而且速生，同时表现出皮色青绿细腻、树型美观的特点。中天杨的推广种植将利用盐碱地植树造林，不仅增加了我国可利用的土地资源，也阻止了我国土地盐碱化的进一步加剧，可谓是一举两得。

长年生活在寒带的比目鱼——美洲拟鲽不怕冻，因为该比目鱼的身体里有一种抗冻蛋白质AFP，科学家将此抗冻蛋白的编码基因分别导入番茄和草莓，培育出了抗冻番茄和草莓，获得的转基因番茄不仅可以在冬季或较寒冷的地区种植，而且增产幅度在16.4%～30.0%，转基因抗冻草莓已在美国上市销售。

此外，我国还培育出耐盐转基因番茄、大豆、水稻、玉米等，通过转入耐盐碱的基因，玉米的耐盐碱性得到了一定的提高。例如，耐盐碱的转基因玉米明华1号，在一些盐碱土地区可以帮助农民获得更好的收成。转基因耐旱玉米聚唐黄骅不仅可以在旱地上存活(耐旱)，而且能够维持高产量；孟山都公司也已经在美国西部种植全球第一例耐旱转基因玉米。向烟草中导入拟南芥叶绿体的甘油-3-磷酸乙酰转移酶基因，增加了转基因烟草的抗寒性。通过超表达细胞膜抗坏血酸过氧化物酶基因(*cAPX*)的转基因番茄，对热(40 ℃)的耐受性增强，已被用作克服番茄热胁迫的潜在策略。过表达拟南芥基因 *HTT2*(*HEAT-INDUCED TAS1 TARGET2*)的大白菜(*Brassica. rapa* ssp. *pekinensis*)在田间也实现了对高温的强化抗性。

5. 品质改良的转基因植物(improvement of quality-related traits)

(1)延长番茄保质期

番茄成熟过程中产生的多聚半乳糖醛酸酶(PG)分解细胞壁中的胶质，使成熟后的番茄皮变软。通过RNAi技术沉默内源性多聚半乳糖醛酸酶的表达，获得了转基因番茄“Flavr Savr”。1987年，法国和美国进行了该转基因植物的首次田间试验，结果发现番茄“Flavr Savr”即使成熟了皮也不会变软，这不仅可以减少番茄运输中的损耗，还可以延长番茄的保质期。因此，该转基因作物在生产上具有重要的商业价值，1992年，美国农业部批准种植；1994年，美国FDA批准上市。转基因番茄“Flavr Savr”虽是第一种上市的转基因食品，但是因为其果实没有预期的那么结实，加之生产成本也缺乏竞争力，1998年，“Flavr Savr”逐渐退出市场。

(2)提高维生素 A 的黄金大米

维生素 A 缺乏(VAD)影响着全球 2.5 亿人口,是一个重要的健康问题。维生素 A 缺乏症在发展中地区儿童中出现频率最高,如撒哈拉以南非洲(48%)和南亚(44%)。合成维生素 A 所需的前体分子是 β-胡萝卜素,但是稻米等粮食作物的可食用部分却没有天然合成的 β-胡萝卜素。为了解决维生素 A 的缺乏,菲律宾国际水稻所将玉米的茄红素合成酶基因 *psy1* 和细菌 *Pantoea ananatis* 的胡萝卜素脱氢酶基因 *crtI* 引入水稻,重建水稻胚乳中类胡萝卜素生物合成途径,创制了黄金稻 2E(GR2E),使其胚乳中类胡萝卜素的含量高达 37 μg/g(9～37 μg/g)。这种转基因水稻因其黄色而被命名为"黄金大米"。2017—2018 年,这种维生素 A 生物强化的水稻 GR2E 生产的黄金大米在澳大利亚、新西兰、加拿大和美国被批准用于食品。2021 年,菲律宾批准黄金大米商业化,并于 2022 年首次种植了该转基因水稻。

(3)油/脂肪酸改良

高油酸作物的研究和开发已有较长时间,美国、加拿大、阿根廷、澳大利亚等国家是高油酸大豆、油菜籽、葵花籽等作物的主要生产国,其中美国是最早研究和开发高油酸转基因作物产品的国家。

食用油是必需脂肪酸油酸、亚油酸和 α-亚麻酸的主要来源。大豆油中脂肪酸的组成和含量决定了其营养价值和稳定性。普通大豆脂肪酸主要包括 62%的多不饱和脂肪酸(polyunsaturated fatty acid,PUFA,包括亚油酸和亚麻酸),23%的单不饱和脂肪酸(monounsaturated fatty acid,MUFA,即油酸)和 15%的饱和脂肪酸(saturated fatty acid,SFA)。与单不饱和脂肪酸油酸相比,多不饱和脂肪酸易于氧化致使豆油变劣,降低豆油的使用性和减少保存期限,且在高温加热时会产生对人体不利的反式脂肪酸。油酸是脂肪酸合成过程中的重要分支节点,调配着种子中不同脂肪酸的组成和比例。脂肪酸脱氢酶(FAD)是产生多聚不饱和脂肪酸的关键,通过转基因抑制该酶,可以使大豆油酸脱饱和产生亚油酸的过程受阻,提高油酸含量,使之获得高稳定性,延长保质期的同时,又不产生反式脂肪酸。这对于食用油或工业用油加工业都有极大益处。

孟山都公司利用 RNAi 技术开发的大豆转化体 MON 87705(商品名 Vistive Gold™)于 2011 年得到美国、加拿大政府的批准开始商业化种植。该转化体包含 3 个外源基因,分别是 *cp4-epsps* 基因,赋予大豆草甘膦除草剂抗性;*fad2-1A* 片段,干涉 *FAD2-1* 基因的表达;*fatb1-A* 片段,干涉 *FATB* 基因的表达。其中,FATB 酶(酰基载体蛋白 ACP)能够在质体中水解饱和脂肪酸,*FATB* 基因受到抑制后,导致饱和脂肪酸从质体向外运输受到阻碍,从而为 18∶1 油酸的形成提供充足的原料。因此，该转化体是从进、出两个途径同时提高油酸含量，亚麻酸含量小于 3%，油品更稳定，氢化反应更少，反式脂肪酸也更少。

ω-3 脂肪酸在大脑发育和减少心血管疾病风险、保持心脏健康方面的具有重要作用。DHA(二十二碳六烯酸)是一种长链 ω-3 脂肪酸。澳大利亚开发的转基因油菜引入了酵母和海洋微藻中 7 个参与长链多不饱和脂肪酸(20 个或更多碳原子)代谢的基因，用于将油酸转化为 DHA，以提高 DHA 的产量，填补了 ω-3 的需求和海洋生产之间的差距，它同时面向人类营养市场(Nutriterra)和动物饲料市场(Aquaterra)。这种源自油菜籽的长链 ω-3，其结构类似于鱼油来源，具有陆生、可持续的特点。2018 年，Nuseed Pvt Ltd 已获得监管部门批准，在澳大利亚商业种植并释放这种富含 DHA 的油菜籽。1 hm^2 油菜中 ω-3 的含量相当于其在 10 t 野生捕捞鱼类中的含量。美国农业部在 2018 年也解除了对商业种植 Omega-3 油菜籽的管制，2019 年将 Nuseed ω-3 油菜籽的合同产量增加了 1 倍。目前，它已经在澳大利亚、新西兰和加拿大获得了人类食品和动物饲料的批准，并正在全球其他主要市场争取更多的监管批准。

澳大利亚在 2018 年研发出了一种超高油酸 SHO 红花，能够产出 93%油酸的籽油。SHO 红花油是对两个红花脂质生物合成基因 *FAD2. 2* 和 *FATB* 进行种子特异性发夹 RNA 干扰的结果，产生的籽油多不饱和脂肪酸含量不到 1.5%，饱和脂肪酸占 4%，但叶片和根的脂类分布未受影响。将转基因 SHO 案例与非转基因红花在不同生长季节条件下的多点试验进行比较，结果证明转基因 SHO 案例对种子产量没有影响。在 110 ℃高温条件下，不同产地生产的 SHO 红花油的氧化稳定性为 50 h，而传统红花油的氧化稳定性仅为 13 h。SHO 红花油是一种独特稳定的植物油，其规模化量产可以满足全球食品和油脂化工行业对高稳定性油的需求。

(4)提高必需氨基酸含量

人类和动物不能合成，只能通过食物直接获得的氨基酸，称为必需氨基酸，如赖氨酸(Lys)、色氨酸(Trp)和甲硫氨酸(Met)等。但是，这些必需氨基酸在谷物(Lys 和 Trp)和豆类(Met)中的含量并不丰富。因此，以玉米-大豆为基础的肉用畜禽饲料明显缺少赖氨酸，需要补充以便满足动物的生长速度和产量。

孟山都公司的转基因案例 LY038 将谷氨酸棒状杆菌(*Corynebacterium glutamicum*)中编码二氢甲基吡啶酸合成酶(DHDPS)的 *cordapA* 基因转入玉米，利用该酶对赖氨酸负反馈调节的不敏感性，减少负反馈响应，通过转基因玉米胚乳的特异性表达来提高玉米籽粒中游离赖氨酸的含量。目前，改良赖氨酸玉米已经实现了商业化，广泛用于畜禽饲料，商品名为 Mavera™。

6. 用于生物制药的转基因植物(biotechnological crops to produce biopharmaceuticals)

药用转基因植物是以植物为生物反应器，生产药用原料的新型转基因生物，被称为第三代转基因产品。植物生物反应器是指以植物悬浮细胞或整株植物为工厂大量生产具有重要功能蛋白质的场所，如人或动物用的疫苗、抗体、重要氨基酸及其他次生代谢产物等。1986 年，科学家将激素基因片段 *hGH* 搭载农杆菌 Ti 质粒在烟草中进行融合表达，实现了首次使用植物表达系统生产药用生长激素蛋白；1989 年，第一次使用烟草表达重组抗体；1997 年，用转基因烟草表达链球菌变异株 SpA 蛋白(一种表面蛋白抗原)，这是第一例利用植物表达系统生产的疫苗。至今，已有 20 多种植物用作生物反应器，常见的有烟草、拟南芥、毛豆、苜蓿、油菜、生菜等多叶植物，玉米、水稻、大豆等种子植物，胡萝卜、番茄、香蕉等果实和根茎类植物，无定根和植物悬浮细胞，这些植物生物反应器的产物种类近百种，包括疫苗、抗体和其他药用蛋白。

转基因植物的生物制药技术是在转基因植物中表达药用蛋白或多肽的制药技术，常用来生产疫苗、抗体或其他药用蛋白。

(1)用于生产疫苗的转基因植物

转基因烟草是较早用于研发疫苗等外源蛋白表达的模式植物，利用烟草作生物反应器生产目的蛋白的研究最为广泛，用它表达的疫苗种类多达 20 种及以上，如抗登革热病毒、霍乱毒素、狂犬病病毒、鼠疫杆菌、流感疫苗等。除了烟草，模式植物拟南芥也可作为植物生物反应器，开发的疫苗包括猪瘟病毒疫苗、猪繁殖与呼吸综合征病毒疫苗、人轮状病毒疫苗等。

与不能直接食用的植物生物反应器生产疫苗相比，可利用植物可食用部分表达疫苗抗原蛋白，通过直接食用蔬菜、水果等植物性食品，使机体产生免疫效应而获得抗体，养殖动物也可以通过饲喂方式进行防疫工作。这种简单有效的免疫方式称为“口服疫苗”，比传统疫苗更具优势和应用前景。已报道转化成功的口服疫苗植物有番茄、马铃薯、莴苣、胡萝卜、花生、玉米、菠菜、白三叶草(畜禽饲喂)和苜蓿等。2018 年，Bertini 等用菠菜和红甜菜作生物反应器制备谷氨酸脱羧酶(GAD65)，用于预防自身免疫疾病Ⅰ型糖尿病，结果证明红甜菜效果更佳。

目前，已有 30 多种疫苗获批应用或进行临床试验。例如：美国陶氏益农(Dow AgroSciences)公司利用烟草生产新城疫病毒的疫苗已被美国农业部批准使用，该疫苗是第一个获得批准的用于预防禽类的新城疫病毒的兽用植物疫苗。2022 年，加拿大卫生部批准了用烟草生产的新型冠状病毒样颗粒疫苗 CoVLP(商品名 Covifenz)，这是世界上首个植物源人体疫苗，对预防有症状新冠病毒感染的有效性为 71%，对预防重症的有效性为 100%。由美国 Bayer Innovation 公司研发的用烟草制备的治疗非霍奇金淋巴瘤癌症疫苗已进入临床Ⅲ期试验。此外，H5N1 疫苗、乙肝疫苗抗原、Norwalk 病毒衣壳蛋白、狂犬病抗原表面融合蛋白和抗球虫病家禽疫苗等多种植物疫苗也均已进入临床Ⅱ期或Ⅰ期试验。就目前取得的成果来看，利用植物生产疫苗具有广阔的应用前景。

(2)用于生产抗体的转基因植物

为更好地利用植物生物反应器解决药物生产量的不足及快速免疫问题，科学家将编码全抗体或抗体片段的基因导入植物，在植物中表达具有抗原结合特性的全抗体或部分抗体片段；这种通过植物表达的抗体以二聚体形式存在，表达产物的亲和力高，有助于全面发挥抗体的功能。

1992 年，Mason 等在烟草中表达了乙型肝炎病毒表面抗原 HBsAg。2000 年，Stöger 等利用谷类(水稻、小麦)成功表达了针对癌胚抗原(carcinoembryonic antigen，CEA)的单链 Fv 抗体，表达量达 30 $\mu g/g$，实现了从烟草等模式植物系统到谷物类农作物的转变。2005 年，Hull 等利用烟草成功制备了治疗炭疽的单克隆抗体。随后，许多科学家利用植物先后制备了一系列具有生物活性的抗体。例如，在烟草中瞬时表达的狂犬病中和单链抗体和肽融合蛋白，用于中和狂犬病毒，紧急预防狂犬病；用烟草制备的重组蛇毒多克隆抗体和用于预防龋齿的单克隆抗体(CaroRxTM)；用玉米研制的癌症抗体和预防艾滋病的抗体 2G12；用生菜研发的 B 型乙型肝炎病毒表面抗体。2014 年，《自然》(*Nature*)报道了用烟草表达的 3 种抗埃博拉病毒的人鼠嵌合单克隆抗体 ZMapp，治愈了 18 只感染埃博拉病毒的恒河猴。

目前，利用转基因植物生产的抗体已取得了许多成效，这对未来制备低成本、高产量的特异性抗体提供了新途径，更多治疗性抗体尚待研发。

(3)用于生产其他药用蛋白的转基因植物

利用植物作为生物反应器，除了用于生产那些传统方法难以获得的疫苗和抗体外，还可表达其他类型的药用蛋白，如各种酶制剂、激素、血蛋白、生理营养因子等。首先实现商业化生产的植物源药用蛋白是葡糖脑苷脂酶，由以色列 Protalix 药品研发公司用胡萝卜细胞表达，2012 年被美国 FDA 批准上市，主要用于治疗 β-葡糖脑苷脂酶减少或缺乏引起的遗传代谢病戈谢病(Gaucher's disease)。此外，已获批上市销售的还有用玉米和烟草分别研发的抑肽酶，用玉米研发的抗生物素蛋白(avidin)和 β-葡糖醛酸酶(GUS)，利用玉米和水稻研发的重组人乳铁蛋白(lactoferrin)，用红花(safflower)研发的虾饲料添加剂 Immunosphere，用大麦研发的人生长因子 ISOkine、DERMOkine，用玉米研发的治疗囊性纤维化的胃脂肪酶，用拟南芥研发的人内因子(用于治疗维生素 B_{12} 缺乏)等。另外，还有许多植物源表达的药用蛋白也已进入临床试验。

7. 具有工业用途的转基因植物(biotechnological plants with industrial applications)

转基因植物在工业中主要用作生物反应器生产各种糖类物质、工业用酶、脂类物质(如润滑剂、洗涤剂)和次生代谢产物(如生物降解塑料原料)等。转基因植物生产工业产品将成为转基因技术未来应用中最活跃、产业发展最迅速的热点之一。

(1)用于生产糖类物质

在植物体内生产糖类的优势在于贮存糖类的造价极低,且能大量获取。淀粉是植物中糖类的主要贮存形式。因此,可以设法改变植物的代谢途径,使植物成为生产特定寡糖种类的生物反应器。例如:将枯草杆菌果糖转移酶基因转入烟草和马铃薯,改变淀粉的代谢途径,可以合成并贮存果糖。将大肠杆菌海藻糖合酶基因导入烟草和马铃薯,大大提高了海藻糖的含量。

为了改良桉树品种,巴西引入了拟南芥中能够参与植物细胞壁生物合成的一个酶的编码基因,加快了桉树的生长速度,使其产量比传统品种提高近 20%,同时可减少土地占用面积 17%。

环糊精是以吡喃葡萄糖为单位的环状寡糖,其独特的圆筒结构可以携带“外来”分子,用于传递药物、增加鲜味和香气,以及从食品中除去不需要的物质(如咖啡因等)。体外生产环糊精的成本较高,但在植物体内进行环糊精的大规模生物合成却是可行的。在马铃薯块茎中表达肺炎克氏杆菌的环糊精葡萄糖基转移酶基因 *CGT*,可合成 α-环糊精和 β-环糊精,但其含量水平仅相当于淀粉总量的 0.001%～0.01%。在商品加工过程中,可通过预先水解处理,增加淀粉的可溶性,使之更易与酶接近。

绿色植物中,淀粉是仅次于纤维的第二类糖,它不仅是人类能量和营养的来源,还是重要的工业原料。其中,直链淀粉用于涉及 30 个领域的工业生产,主要以玉米和木薯为主要原料。但普通植物中直链淀粉含量仅占 25%。高直链淀粉玉米的商业生产基于 *ae*(amylose extender)基因的发现。20 世纪 70 年代,用于商业生产的高直链淀粉玉米杂交种有 2 类,即直链淀粉含量 50%的 5 级和直链淀粉含量 70%～80%的 7 级高直链淀粉玉米。20 世纪 80 年代,Custom 农场种子公司推出直链淀粉含量超过 94%的玉米杂交种。我国以前没有高直链淀粉玉米品种,但经过多年的努力,中国农业大学国家玉米改良中心在国内率先培育出携带 *ae* 基因的高直链玉米组合 ND-ae-0201,后定名“中农大 401”,其直链淀粉含量 50%左右,达到了商业化开发的目的。

另外,通过干扰淀粉分支酶基因的表达,也可提高直链淀粉的含量。利用基因沉默技术干扰木薯分支酶基因 *BE1* 和 *BE2* 的表达，获得的直链淀粉含量高达 50%。

(2)用于生产工业用酶

采用高效、高选择的酶作为工业催化剂，开发环境友好的工艺生产医药、化工产品已显示出巨大的潜力。因此，利用植物反应器生产酶已成为工业用酶大规模生产的趋势。

植物中磷酸盐的基本储存形式是植酸，饲料中 40%～70%的磷是以植酸形式存在。但单胃动物消化道缺乏植酸酶，不能降解植物性饲料中的植酸盐，仅能利用饲料中 15%的磷。20 世纪 90 年代起，国内外科学家先后将黑曲霉的植酸酶基因 *phyA* 导入玉米、烟草、拟南芥、油菜、大豆、苜蓿及小麦，成功培育了含高活性植酸酶的转基因植物，其优势不仅可直接作为饲料，而且还能大大提高饲料中磷的利用率，减轻磷排泄物对环境的污染，开创了环保、节能、高效的低成本饲料工业。

(3)用于生产脂类物质

通过转基因技术改良植物，不仅可以提高食用油的油酸含量，增加其稳定性，还可以生产 ω-3 脂肪酸等稀有脂肪酸，另外，也可以用来提供生产工业洗涤剂、润滑剂、湿润剂、表面活性剂等的化工原料，如中长链饱和脂肪酸月桂酸。为了满足市场的高需求量，通过转基因技术将加州月桂的月桂酰转运蛋白硫酯酶基因 *UcFatB* 导入油菜，使其种子中月桂酸含量高达 50%～63%。由于该油菜品种的巨大商业价值，一经培育出便在美国获得了商业释放。

(4)用于生产次生代谢产物

植物中一些重要生理过程和产物的生化代谢途径的阐明，为合理利用基因资源提供了条件，通过代谢调节，可以调控植物的生长发育，使植物高水平积累某一有价值的产物。转基因植物生产次生代谢产物将是一个极具商业前景的领域。

聚羟基烷酸酯(PHA)是一种无毒的可降解塑料原料，它还具有与化学合成塑料相似的物理机械性能。聚-β-羟基丁酸酯(PHB)是最早被发现(1926 年)、结构最简单、最常见的一种 PHA，作为营养和能量储存物质，广泛存在于细菌细胞中。然而植物中仅有 PHB 合成所需底物乙酰 CoA，却无 PHB 生物合成的完整途径。1999 年，孟山都公司构建了一个受种子特异性启动子驱动、同时包含真养产碱杆菌(*Alcaligenes eutrophus*)的 *ilvA466*、*phbA*、*phbB* 和 *phbC* 4 个基因的植物表达载体，采用农杆菌介导法将其导入油菜，转基因油菜成熟种子所含 PHB 占鲜重的 7.7%。进一步通过改变脂肪酸和氨基酸生物合成的中间产物流向，获得了能合成积累 β-羟基丁酸酯和 β-羟基戊酸酯的共聚物(PHBV)的转基因油菜。转基因生物生产的生物可降解塑料价格低廉，且可重复利用，目前已在医药、食品工业和农业各方面广泛应用。

二、同源/内源基因转移植物

近年来，一系列替代技术用于开发改良作物，如同源基因转移、内源基因转移和基因组编辑技术。这些替代新技术利用了基因改造的步骤，最终产品（修改过的作物基因组）可以设计成不包含任何外来基因（转基因）。因此，使用这种技术培育的植物在遗传上与通过育种培育的植物相似，可以消除公众对生物技术作物的各种担忧。重要的是，这些技术还可以用来开发改良那些很难通过传统育种方法获得的植物。

同源基因转移和内源基因转移是两种生态友好的转化方法，用于转移来自同一物种或来自可交配、性相容物种的基因及其调节序列。因此，这些方法所利用的基因库与传统育种的基因库相同。

1. 同源基因转移（cisgenesis）

同源基因转移是通过引入一个完整的天然基因序列（包括内含子及其自身的调控元件启动子和终止子）的相同拷贝，对可交配、性相容的植物进行遗传改造的技术。所需同源基因来源于植物物种本身或其近源物种，与常规育种中使用的基因相同。同源基因转移植物可以携带一个或多个同源基因，但它们不包含任何转基因。

同源基因转移的植物中，目标基因及其调控元件已经在该物种或性相容亲缘物种中存在了几个世纪。因此，同源基因转移并不改变受体物种的基因库，也不提供额外的性状，没有发生传统育种或自然基因流不会发生的健康变化。同源基因转移作物仅限于少数作物品种，如小麦、大麦、园艺、果树和观赏性作物。同源基因转移可改善作物的性状，如抗晚疫病的马铃薯、疮痂抗性苹果和高植酸酶活性大麦。迄今为止，尚无商业化的同源基因转移案例。此外，田间试验测试已经报道的例子非常少。同源基因转移马铃薯“Désirée”，它带有两个 *Rpi* 基因（*Rpi-blb3*/*Rpi-sol*、*Rpi-vnt1*/*Rpi-ch1* 或 *Rpi-vnt1*/*Rpi-sol*）或 3 个 *Rpi* 基因（*Rpi-blb3*/*Rpi-vnt1*/*Rpi-sol*），在为期两年的田间试验中，“Désirée”对致病疫霉（*P. infestans*）保持完全抗性，或与自然侵染的易感对照相比，病情严重程度下降。

2. 内源基因转移（intragenesis）

内源基因转移是以有义或反义方式引入性相容植物的基因，允许其调节元件（如启动子和终止子）来自同一基因库的其他基因，以此重组产生的新遗传组合对性相容植物进行遗传改造的技术。该技术对内含子没有要求，可以使用 cDNA 或基因的片段。因此，表达和沉默的内源基因结构都可以设计。内源基因的转移会导致目标基因的表达模式发生变化。

马铃薯经油炸后，所含的天冬酰胺会产生致癌物质丙烯酰胺。通过内源基因转移已成功特异性沉默马铃薯块茎天冬酰胺合成酶的编码基因 *StAst1*，以此减少炸薯条过程产生的丙烯酰胺含量。田间试验结果表明，内源基因转移马铃薯加工后形成的丙烯酰胺水平减少了 70%，但却不影响这些马铃薯块茎的形状和产量。利用内源基因转移技术开发的各种改良马铃薯案例已经以不同的商品名进行了商业化，如 Innate® Cultivate，Innate® Generate，Innate® Accelerate 和 Innate® Invigorate。这些品种转入的 *Innate* 基因来自其他栽培马铃薯或者野生马铃薯，本身仍是马铃薯基因。

三、基因组编辑植物

基因组编辑(genome editing)技术是可以定向改变基因的组成和结构，使特定基因和(或)其他遗传元件稳定地突变、敲除或替换，使之产生可遗传突变的基因改造技术。这种技术利用序列特异性核酸酶(sequence-specific nuclease，SSN)产生精确的基因敲除和敲入编辑，或通过寡核苷酸引物在目标 DNA 区域介导定点突变(oligonucleotide-directed mutagenesis，ODM)。除 ODM 外，还有 3 种不同的 SSN 变体常用于进行基因组编辑。这些 SSN 是锌指核酸酶(ZFN)、类似转录激活剂的效应子核酸酶(TALEN)，以及规律成簇间隔短回文重复相关的内切酶(CRISPR/Cas)。SSN 的功能是通过与基因组中的特定目标 DNA 序列结合，并在所需的基因组位置诱发双链断裂(DSB)。CRISPR/Cas 是基于 SSN 开发的基因组编辑技术，能靶向几乎任意序列，且可同时靶向多个靶点，具有切割效率高且准的优势，广泛用于动植物的基因编辑(gene editing，GE)。

基因组编辑技术用于农业可以创造新的突变，纠正有害的 DNA 突变，调控所需基因的表达，用正确的拷贝替换问题基因，互换调控元素，编辑调控元素，编辑表观基因组以及在植物基因组中定点插入顺式或反式基因。使用基因组编辑技术在基因组中引入的定向修饰与传统育种、化学诱变或随机引入的修饰难以区分。

基因组编辑技术比传统的育种工具快得多，而且还可以根据所需进行修饰，却不把任何外来 DNA 带入基因组，或者在少数情况下，表达核酸酶时整合的外来基因可以通过传统育种在下一代被分离掉。这种方法可以产生仅具有所需修饰的基因编辑(GE)植物，用这种技术产生的作物应与非转基因作物相似。然而，通过基因编辑开发非转基因作物，使其具有新性状或改善其性状，先决条件是在同一作物品种中存在目标基因或遗传元素，即基因的内源性，并且需了解拟编辑内源基因的功能。

目前，已经编辑了模式植物（拟南芥和烟草）、41种作物和观赏植物，主要是水稻、番茄和玉米，其次是小麦、马铃薯、大豆和观赏植物。对基因编辑株系的表型进行了评估，发现在许多情况下，诱导的基因突变都观察到了明显效果。然而，只有少数情况对所获得的株系进行了田间试验评估，评估报告多数来自中国和美国，主要应用于产量和质量相关性状的改良、提高对植物病原菌的抗性、提高对非生物压力的耐受性，以及建立GE改造作物的高通量方法。

迄今为止，只有油菜、大豆、玉米、口蘑和亚麻荠等少数基因编辑性状被批准商业化。第一个使用基因编辑产生的商业化作物是由Cibus Global公司开发的耐除草剂油菜籽品种（Falco™ Canola），于2014年在加拿大批准商业化，目前已进入加拿大和美国市场。日本最近研发出一种基因编辑番茄——“高GABA西西里胭脂”，其外观和普通番茄没有区别，但果实中的γ-氨基丁酸（GABA）含量增加了4～5倍。GABA是一种神经传导物质，有助于降低血压和促进精神放松，这是日本市场首个正式销售的基因编辑食品。2023年，英国通过了欧洲首个基因编辑育种法案，允许对动物和农作物实施基因编辑。

传统的糯玉米品种多是由自然突变产生的，目前已经清楚玉米*waxy*基因突变后，使得支链淀粉在种子淀粉的比率高达100%。科迪华农业科技™通过CRISPR-Cas9基因编辑技术在12个玉米品种上实现了*waxy*基因的大片段缺失，创制了高产糯玉米品种。在25个不同地点的田间试验结果表明，GE糯玉米田间3年的产量表现都优于传统杂交品种，而且编辑后的玉米籽粒在形态学上与传统杂交产生的品系没有明显差异，支链淀粉产量也达到了理想状态，可被研磨用于许多日常消费食品以及非食品用途，如食品加工、黏合剂和高光纸等。美国农业部（USDA）已将该产品列为非转基因生物产品，阿根廷、巴西、智利也认定该产品不在转基因监管范围内。限量的商业前种植已于2019年在美国中西部展开。

如前文所述，从营养和贮藏角度综合考虑，提高单不饱和脂肪酸（MUFA）的含量，适量降低多不饱和脂肪酸（PUFA）的含量，更能优化大豆油脂的品质。*PDCT*基因是油脂合成代谢过程中的关键基因，其编码的磷脂酰胆碱甘油二酯胆碱磷酸转移酶催化二酰甘油（DAG）和磷脂酰胆碱（PC）间胆碱磷酸头部的交换，使DAG中油酰基进入PC，经过酰基编辑再次形成DAG，从而在DAG及三酰甘油（TAG）中富集PC修饰的多不饱和脂肪酸。以*GmPDCT1*/*GmPDCT2*基因为靶标，我国科研人员在其PAP2保守结构域设计了2个靶点，通过双基因双靶点基因编辑载体，获得7个双基因敲除突变植株。GC-MS分析了3个T2突变单株种子的脂肪酸组分，发现突变体种子中MUFA的油酸含量显著升高，为野生型的2.49

倍,PUFA 中的亚油酸、亚麻酸含量分别降低了 38.69%、97.47%。高油酸突变体的主要农艺性状,如株高、叶形、花色、粒长、粒宽、种子总蛋白和总油分含量等均未受到影响。

聚羟基脂肪酸酯(PHA)是天然聚合物,普遍存在于自然界,在环境中完全可生物降解。目前,PHA 聚合物是由工程微生物发酵产生的,作为生物塑料在水处理中取代石油树脂。Yield10 生物科学公司用微生物基因对植物进行基因编辑,创制了种子富含 PHA 的亚麻荠。该公司在美国和加拿大先后两年进行的田间小面积种植试验发现,其产生的 PHA 水平高达成熟种子鲜重的 6%。2020 年,美国农业部动植物卫生检验局认为这项基因编辑亚麻荠不受管制,但仍将受到美国环保署或美国食品药品监督管理局的监管。阿根廷生物安全委员会(CONABIA)对该亚麻荠籽系进行了评估,确定其不含任何外来插入的 DNA,与传统育种的亚麻荠籽品种相似,因此,不受阿根廷农业、畜牧业和渔业部生物技术第 763/11 号决议的监管,可以像传统育种的亚麻荠籽一样销售,不需要任何上市前授权。

2014 年,中国科学院遗传与发育生物学研究所利用基因编辑技术,在六倍体小麦中同时敲除了基因组中 A、B、D 3 个 *MLO* 基因,获得了广谱高抗白粉病的六倍体小麦材料 Tamlo。虽然这个变异体显示了强大的抗病性,但与野生型小麦相比,其产量很差。在后续的筛选中,研究人员发现了一个新型 *MLO* 突变体 Tamlo-R32,该突变体在 *TaMLO-B1* 附近缺失了 304 kb,*TaTMT3B* 在 *MLO* 感病基因突变后被激活,恢复了对小麦生长和产量的正向作用。突变体植株表现出抗病性的同时,株高和生长状况与野生型小麦无异。以此为突破点,历经 8 年攻关,终于培育出了抗白粉病且无生长缺陷的优良小麦品种。该项成果展现了基因编辑在作物分子设计育种上的巨大潜力,对保障粮食安全具有重大意义。

靶向导致褐变的多酚氧化酶(PPO)基因家族,美国宾夕法尼亚州立大学用 CRISPR 技术对双孢菇(*Agaricus bisporus*)进行基因编辑,通过删除蘑菇基因组中极少几个碱基,成功敲除了 6 个多酚氧化酶基因中的一个,使这类酶的活性降低了 30%。因此,该基因编辑蘑菇具有抗褐变的特性,这将大大延长新鲜蘑菇的保存期,有巨大的市场潜力。

木质素(lignin)是木材中的一种聚合物,它使木材坚硬而难以分解,是木纤维可持续产生的主要障碍。针对木质素产生相关的 21 个重要基因,最近,美国的科学家们利用预测机器学习模型分析了 70 000 种潜在的基因编辑策略,最终选出了 7 种有效策略,同时对多个基因进行编辑。他们利用 CRISPR 基因编辑系统培育了 174 个杨树品系,6 个月的温室培育结果发现,基因编辑树木的木质素含量最大降低了 50%,碳水化合物与木质素比值(C/L)提高了 228%。据测算,这些基因编辑树木可以使一家常规造纸厂的纸张产量提高 40%,并减少 20%的温室气体排放量,在整个生命周期内可使工厂增加约 10 亿美元的收入。该研究结果有望使从纸张到尿布的纤维生产变得更环保、更便宜、更高效。

综上所述,基因编辑技术的发展可以高度精确、特异地引入遗传变异,而且变异只出现在目标靶基因中。基因编辑技术还提供了多重复利用的可能性,即同时引起多个基因的靶向突变。由于基因编辑的效率更高,能缩短育种周期且不影响其他性状,所以更安全。基因编辑带来的农业技术革命将极大促进优良性状品种的植物育种进程。

四、转基因植物的未来

1. 转基因作物的效益

转基因技术培育出的一大批具有抗虫、抗病、耐除草剂、优质、抗逆等优良性状的转基因作物新品种,广泛应用于医药、工业、农业、环保、能源等领域,有效降低了种植成本,提高了农产品质量,减少了农药、劳动力和机械的投入,推动了绿色农业生产方式,为社会创造了巨大的经济效益。此外,转基因作物也对解决粮食安全、可持续发展和气候变化问题作出了贡献,具体如下。

(1)增加作物生产率

转基因作物通过改善对害虫、杂草等的控制而提高产量。1996—2020 年,转基因作物使粮食、饲料和纤维产量增加了近 10 亿 t,全球增加大豆产量 3.3 亿 t、玉米 5.95 亿 t、棉绒 3 700 万 t、油菜籽 1 580 万 t 和甜菜 190 万 t。种植转基因作物带来的全球农业净收入为 2 613 亿美元,惠及 1 600 万~1 700 万农民。发展中国家农民在转基因作物种子上每多投入 1 美元,就能获得 5.22 美元的额外收入。仅 2020 年,全球农民从种植转基因作物中就获得约 188 亿美元的额外收益,其中,美国、巴西、阿根廷、中国和印度种植转基因作物的农民分别各占收益的 39.1%、18.3%、15.1%、8.4%和 8.1%,只有 1.5%(2.82 亿美元)的收益流向了非洲农民。转基因生物技术为农民带来了极高的投资回报率。

(2)保护生物多样性,减缓农用地压力

转基因作物对科学界提倡的"可持续集约化"战略有一定贡献,使目前全球 15 亿 hm^2 耕地的生产力和产量得以提高,从而拯救了森林和生物多样性,也减缓了新土地转为农业用地的压力。1996—2018 年,节约了 2.31 亿 hm^2 土地,仅 2018 年就节约了 2 430 万 hm^2 土地。如果 2020 年农民没有获得该生物技术,维持当年全球产量水平就需额外种植 1 160 万 hm^2 大豆、850 万 hm^2 玉米、280 万 hm^2 棉花和 50 万 hm^2 的油菜。

(3)改善环境

转基因生物技术使作物保护产品的应用减少。1996—2018 年,农药活性成分用量减少了 7.76 亿 kg,意味着种植抗虫转基因作物的国家减少了 7.2%的化学品使用量,仅 2018 年就使农药的环境释放量减少了 5 170 万 kg;农药使用减少了 8.3%,仅 2018 年就减少了 8.6%;环境影响商数(EIQ)降低了 18.3%,仅 2018 年就降低了 19%。

(4)减少二氧化碳排放

转基因生物技术帮助农民采用更可持续的方法在土壤中保留更多的碳,以确保全球粮食供应。例如,减少耕作,减少 147 亿 L 燃料的使用,从而缓解农业温室气体的排放。如果 2020 年不种植转基因作物,将额外向大气排放 236 亿 kg 的二氧化碳,相当于道路增加了 1 560 万辆汽车。

(5)缓解贫困

据统计,通过种植转基因作物,改善了 1 600 万～1 700 万小农户及其家庭(即 6 500 万以上的全世界最贫困人口)的经济状况,帮助减轻贫困。

对待转基因作物要像传统作物一样,坚持采用良好的耕作实践,如轮作管理和抗性管理。

2. 转基因作物的行业发展趋势

转基因技术实质上是传统育种方法的延伸,其本质与传统常规杂交育种相似。传统常规育种一次转移的是成千上万个不同植物品种甚至不同植物种类的基因;而基因工程只是转移一个或数个基因,且更为准确、更具预见性和高效率。

目前,大面积推广应用的转基因植物主要是抗虫、抗除草剂的品种;为了满足人们生活质量提高的需求,科学家正在培育抗旱耐盐、改良品质、增加营养、医疗保健及生物能源用的第二代、第三代转基因植物,不仅可使消费者直接受益,还将为解决与广大消费者日常生活紧密相关的全球性水资源短缺和能源危机作出重大贡献。

目前,转基因技术与基因编辑技术的许多进展都适用于提高作物产量和质量、粮食安全、抗病性和应对气候变化的能力。创制生物技术作物,应使用最先进的生物技术方法对作物进行基因改良。相比转基因作物,GE 作物有很多优势,但它却不能为作物育种的所有重要问题提供有效的答案。转基因技术和基因编辑技术各有优缺点,因此,需根据拟改进的目的性状选择合适的策略。

为了改变目的性状,转基因技术几乎为所有物种的有用基因提供了引入作物的机会。通过转基因已经很容易获得对除草剂或昆虫的抗性,但由此产生的生物技术作物在许多国家受到多重监管和限制,公众接受度也较低。然而,通过编辑植物自身的基因，很难获得抗除草剂作物。尽管最近已经尝试用 CRISPR/Cas9 技术通过不同的修复途径去精确修饰与除草剂抗性相关的基因，但仍有几个待解决的问题。主要挑战之一是找到其他的潜在基因，解析更适合编辑的途径，通过 GE 创造高效的抗除草剂作物。目前，有关其鉴定的研究仍然很有限。因此，我们必须认识到更多基础研究的重要性，以便探寻和开发改良作物的潜在目标。当所需的新性状需要不同物种甚至是性不相容物种的基因时，GE 无法取代转基因，例如 GE 不能产生含维生素 A 的黄金大米。

前面提及的多项田间试验结果表明，基因编辑在提高粮食产量方面取得了非常有希望的结果，但转基因并没有大规模针对这一性状。生物和非生物胁迫抗性、增加营养物质的吸收以及减少毒性化合物都是 GE 技术未来编辑的目标，这些性状与产量提高叠加，还具有减少监管程度的优势。提高遗传改良效率需基因组辅助选择，这应扩展到基因组学的整个领域。有了这个目标，就有可能满足现代农业的真正需求，即选择新品种和杂交种。此外，先进的植物遗传学对生产性、可持续性和竞争性农业至关重要。

总之，为了使国家农业适应未来，并保持国家农业部门的竞争力，应对气候变化和当代各种挑战，对每个国家而言，基于最先进的基因组技术，提高基因改良系统将具有重要的战略意义。随着监管、商业和知识产权框架的不断辩论和决定，政策制定者和民间决策者迫切需要及时采取行动，确保科学所能提供的最佳成果助于有效改善全球农业。

第二节　转基因动物

一、概念

转基因动物是指携带外源基因并能表达和遗传的动物。它是借助基因工程技术将外源基因导入受体动物染色体，并在体内表达，稳定遗传给后代的动物，是生命科学研究最热、最有发展前途的领域之一。

1. 转基因动物定义的演变

1983 年，耶鲁大学的 Gordon 将携带了外源基因并能表达和遗传的动物称为转基因动物。1987 年，华盛顿大学的 Palmiter 在 Gordon 等的基础上，对转基因动物进行了具体的定义：转基因动物是指那些通过实验手段将外源基因导入动物的生殖细胞，由导入外源基因的生殖细胞发育的个体，整合的外源基因又能向其后代遗传的动物。但是，根据这一新定义，那些通过正常遗传而获得父母已整合外源基因的子代就不能被称为转基因动物。近年来，由于克隆技术发展迅速，转基因动物可由克隆转基因培养细胞（ICM 细胞，胎儿甚至成年动物成纤维细胞）而不必将外源基因导入生殖细胞而建立。因此，将携带了外源基因并能表达和遗传的动物，称为转基因动物。这一定义更具普遍性。

2. 转基因动物的技术

产生转基因动物的技术，包括 DNA 显微注射、胚胎干细胞介导的基因转移、逆转录病毒介导的基因转移、转座子、核转移、配子转染、人工染色体介导的基因转移等。转基因的效率和基因表达的精确控制是生产转基因动物的关键限制性因素。关于转基因动物的技术方法，将在第四章详细介绍。

二、转基因动物的研究历程

动物转基因技术发展至今已 50 余年，最初是在 1974 年，美国科学家 Jaenisch 等将猿猴空泡病毒（SV40，一种反转录病毒）的 DNA 显微注射入小鼠的胚泡，培养出转基因动物（部分组织含有 SV40 DNA 的嵌合体小鼠）。1980 年，Gordon 等采用受精卵原核显微注射方法，将重组 DNA 导入小鼠受精卵，获得了带有外源基因的转基因小鼠。1982 年，Brinster 和 Palmiter 利用转基因技术得到含有外源 *GH* 基因的“超级小鼠”，轰动全世界，这是世界上首批转基因动物。1985 年，Hammer 等用转移 *GH* 基因、*GRF* 基因和 *IGF1* 基因的方法，成功创制了转基因兔、羊和猪；同年，德国的 Berm 转移人的 *GH* 基因，创制了转基因兔和猪。1987 年，澳大利亚利用注射牛 *GH* 基因的方法，获得了转基因猪；同年，美国的 Gordon 等首次报道，在小鼠的乳腺组织中表达了人的 *tPA* 基因。1991 年，英国人在绵羊乳腺肿表达了人的抗胰蛋白酶基因。1992 年，美国的 Velander 又报道，在猪的乳腺中表达了人的 C 蛋白基因。

经过 10 余年的发展，直到 1997 年，英国罗斯林研究所的 Willmut 等通过体细胞移植技术创造了克隆羊“多莉”，突破了有性生殖的框架，该项技术的成功为转基因动物的制备开辟了新思路，使动物转基因技术进入了新的发展阶段。同年，PPL 公司和罗斯林研究所合作，克隆出世界上第一头带有人血友病凝血因子Ⅸ的转基因羊“波莉”。2000 年，Polejaeva 等得到首例体细胞核移植克隆猪。2001 年，PPL 公司宣布获得世界首例 *GFP* 转基因克隆猪。2002 年，赖良学等应用核转移技术成功培育了 α-1,3-半乳糖基转移酶基因敲除猪，推进了人类培育异种器官移植猪的进程。

1984 年，我国开始进行转基因动物的研究，同年获得了含人 β-珠蛋白基因的转基因小鼠。1985 年和 1986 年又分别获得了含人生长激素（*MT-hGH*）基因的转基因泥鳅和小鼠。1987 年获得含有大肠杆菌 *galk* 和 *gpt* 基因的转基因小鼠。以后又相继获得了含乙型肝炎病毒表面抗原基因(*HbgAg*)的转基因兔和猪、含 *EPO* 基因和人乙型肝炎病毒表面抗原基因的 2 种乳腺特异性表达的转基因山羊、含人凝血因子Ⅸ的转基因山羊、含人血清白蛋白基因的转基因奶牛等。

三、转基因动物研究的应用

经历 30 多年的发展,随着克隆技术和基因编辑技术的发展和成熟,转基因动物的研究也变得更为广泛。目前,转基因动物主要用于建立疾病模型和科研模型、生产药用蛋白、作为异种器官移植体和改良动物品种(提高畜产品产量和改善产品品质),助力降低粮食消耗,保障食品安全,保护生态环境,控制急性动物疾病的传播和拓展动物农业功能。

1. 疾病模型(disease model)

目前,已经创制了许多动物模型,如肿瘤鼠、艾滋鼠、早老性痴呆鼠(阿尔茨海默病鼠)、帕金森症果蝇、HLA-A2. 1/DTR 小鼠(移植排斥相关)等。这些动物模型的创制都是为了研究疾病的机理或某些疾病的特征性生理变化,最终用于诊断和治疗人类疾病。

因为小鼠的繁殖周期相对较短,产仔数量多,易于操作,饲养成本低,所以小鼠模型受到青睐。然而,许多研究人员喜欢把猪作为疾病研究模型,因为研究与炎症、心脏、皮肤、眼睛、卢伽雷氏症、镰状红细胞等相关的疾病时,猪的解剖学和生理学与人类相似。

(1)肿瘤鼠(oncomouse)

1984 年,波士顿的哈佛医学院用病毒肿瘤启动子驱动的重组 *myc* 融合基因替换正常小鼠的 *myc* 基因,创造了第一只肿瘤鼠。该小鼠和它的后代都出现了癌变,成为用于研究癌症的重要动物模型。1988 年,研究人员为肿瘤鼠的创建过程和小鼠本身申请并获得了专利,使肿瘤鼠成为世界上第一种获得专利的动物。

(2)艾滋鼠(AIDS mouse)

艾滋鼠是另一例疾病模型。HIV 的 *gag* 和 *pol* 两个基因使其具有传染性。2001 年,马里兰大学删除了这两个基因,并将重组的 HIV-1 基因组显微注射到小鼠的受精卵细胞,创建了艾滋鼠。该小鼠模型不能把病毒传染给人类,但可用于研究艾滋病的早期症状,利于诊断人类艾滋病;又可用于追踪与艾滋病相关的慢性疾病,测试多种治疗方法,以期寻找治疗艾滋病的方法。

(3)早老性痴呆鼠(Alzheimer's mouse)

阿尔茨海默病是一种神经退行性疾病,与大脑中 β-淀粉样蛋白的异常水平有关,沉积的 β-淀粉样蛋白导致神经元纤维缠结,阻断和降解神经元,大脑皮层逐渐萎缩而发生病变。1995 年,阿尔茨海默病小鼠由伍斯特理工学院和转基因科学公司合作创制。这个小鼠品系过量表达了一个突变基因 APP^{V717P},引起了阿尔茨海默病的早发形式。基于该小鼠模型的研究,开发了第一个阿尔茨海默病疫苗,几乎能完全阻止年轻小鼠中淀粉样斑块的产生,甚至减少老年小鼠中已经产生的斑块损害。2000 年,该疫苗进入人体临床试验。但因少数患者出现了脑部炎症,临床试验于 2001 年被取消;该公司的第二代疫苗试验也被终止。截至目前,还没有任何疫苗被美国 FDA 批准用于治疗人类的阿尔茨海默病。

(4)帕金森症果蝇(Parkinson's fly)

帕金森症(Parkinson's disease,PD)是一种丧失运动控制能力的神经系统遗传疾病。一般当 60%～80%的多巴胺神经细胞死亡时,帕金森症状才会在人类身上显现。为了了解该病的早期症状,利于早期诊断和最终治疗或治愈帕金森病人。果蝇与小鼠 α-突触核蛋白的积累方式非常相似,而果蝇更易于繁育。因此,2000 年,哈佛大学医学院将源于帕金森病人的 α-突触核蛋白(synuclein)的编码基因 *PARK1*(一种突变体)导入果蝇,创建了帕金森症果蝇,用作研究帕金森症的动物模型。

2. 科研模型(research model)

转基因动物也用来创建生物模型,目的是探究自然和生理条件下基因的遗传学和表达情况。众所周知,转基因猴(ANDi)、智能鼠(Doogie)、超级鼠、青年鼠和抗流感鼠都是通过转基因产生的科研模型,主要用于进行动物基因的基础研究。

(1)转基因猴(ANDi)

2000 年,通过显微注射,将反转录病毒携带的无害绿色荧光蛋白基因 *GFP* 导入猕猴 ANDi 的基因组中,诞生了第一只转基因猕猴 ANDi("插入的 DNA"倒过来拼),创建了灵长类生物模型,用以研究灵长类动物的自然生理和行为。

(2)智能鼠(Doogie)

1999 年,普林斯顿大学创建了另一个重要的生物模型——转基因小鼠"Doogie",即智能鼠,过量表达突触通路的 *NR2B* 基因,增强激活 NMDA 受体,不仅能帮助记忆,还能使小鼠在其一生中都像青少年一样,学习得更快。在不久的将来,这项研究可能会改善人类和其他动物的学习与记忆。过度表达 *NR2B* 基因可以改善记忆的事实确认了哺乳动物思考和学习的古老理论——赫步定律,"Doogie"智能鼠可为研究人类的发育、学习和记忆提供宝贵的信息。

(3)超级鼠(supermouse)

超级鼠是 1982 年开发的一个转基因生物模型,通过将大鼠的生长激素重组基因显微注射到小鼠的受精卵中而获得。与野生型小鼠相比，超级鼠的生长速度快2～3倍，体积大1倍。这是世界上第一个转基因动物，也是第一个明显有转基因表型的动物。超级鼠模型用于研发加速生长的食源性动物，矫正侏儒症也是这些动物最明显的应用。

(4)青年鼠(youth mouse)

1997年，以色列魏茨曼科学研究所创建了一个名为“青年鼠”的小鼠模型。这些小鼠过表达了有助于溶解血凝块的尿激酶型浆蛋白原激活子，与正常野生型小鼠相比，变得更小，吃得更少，但寿命却长约20%。对于研究发育和衰老过程，特别是与饮食有关的过程，“青年鼠”是一个有用的生物模型。

(5)抗流感鼠(influenza-resistant mouse)

创建抗流感鼠生物模型，是为了研究基因改变对流感病毒抗性的影响。已知Mx蛋白是一种抗病毒药物，抗流感鼠过度产生Mx蛋白，与正常的野生型小鼠相比，其对流感病毒和其他正黏病毒的抵抗力明显增强。如果将这些发现应用于猪和鸭等农场动物，不仅会降低这些动物感染禽流感和其他病毒的机会，还会降低这些病毒传播给人类的概率。

3. 生产药用蛋白的动物生物反应器(transpharmers)

将基础科学的重大突破转化为潜在的临床应用，作为重要模型的转基因动物可以更好地服务于这一转化的实施。由于人类对各种药用蛋白的需求日益增加，促使生物反应器制备药用蛋白开始向产业化发展。用于治疗人类疾病的各种治疗性蛋白质或多肽需要经过动物细胞的特异性修饰才有效。转基因动物是提供这些蛋白质及多肽药物的重要资源，因为在转基因动物的奶、血液或蛋等分泌物中生产重组蛋白，要比在动物细胞中生产治疗蛋白的成本低得多。至今，转基因动物反应器已经取得多项成果与突破，用以生产各种形式的蛋白质(如乳汁、血液、唾液和其他组织)，主要包括乳腺生物反应器、血液生物反应器、膀胱生物反应器、唾液腺生物反应器、家禽输卵管生物反应器、精囊腺生物反应器和家蚕生物反应器7种动物生物反应器。目前，进入临床试验的动物生物反应器生产的药用蛋白已达上百种，部分转基因动物生物反应器制备的药用蛋白已获批生产上市。

目前，应用乳腺反应器生产的外源蛋白最多，也是国际上最早证明可以达到商业化生产水平的动物反应器。利用乳腺反应器生产药用蛋白具有4个优势：乳腺可不断分泌乳汁，产量较高，长期收集不会对动物造成伤害；将新的药物蛋白限制在乳腺生产，然后分泌到乳汁中，不会影响转基因动物的正常生理活动；乳腺分泌的蛋白质经过高等哺乳动物的翻译后加工，使得生产的药物蛋白更接近人类自身的蛋白质；乳汁中其他蛋白质的含量为数不多，蛋白质的纯化也相对容易。

羊、兔、牛等哺乳动物乳腺反应器应用最广、研究最深，具有合成蛋白质能力强、产量高而成本低、对转基因动物伤害小和易于扩繁的四大优势。已获批上市的动物乳腺反应器产品主要有两个：重组人抗凝血酶Ⅲ（商品名：ATryn）和重组人C1酯酶抑制剂（商品名：RUCONEST）。2006年，美国GTC Biotherapeutics公司研发的重组人抗凝血酶Ⅲ（商品名：ATryn），是世界上第一个从转基因山羊乳汁中提取的基因工程蛋白药物，用于预防和治疗急慢性血栓的形成及治疗遗传性抗凝血酶缺乏症。该药先后于2006年和2009年被欧洲药品管理局（EMA）和美国FDA批准上市，是美国FDA批准的第一个转基因动物表达的药物。目前，仅用几十只转基因山羊就能生产全世界对抗凝血酶Ⅲ一年的需求量。ATryn创造了生物制药生产的里程碑。重组人C1酯酶抑制剂（rhC1INH，商品名：RUCONEST），是荷兰Pharming公司用转基因兔乳研发的产品，主要用于治疗成人及青少年遗传性血管性水肿（HAE）的急性发作。该药先后于2010年和2014年被EMA和美国FDA批准上市。

庞贝氏病是由α-葡糖苷酶失活造成的遗传性糖原贮积病。将α-葡糖苷酶的编码基因转入兔，获得的转基因兔可在乳汁中分泌α-葡糖苷酶，产量高达1 g/L。只需200只转基因兔就可满足全世界患者对α-葡糖苷酶一年的需求量。另外，还有多种利用转基因动物乳腺生产的药用蛋白已进入临床试验阶段，如用绵羊乳腺生产的抗胰蛋白酶用于治疗肺泡纤维化病变，已完成临床Ⅲ期试验；用羊乳腺生产的甲种胎儿球蛋白（AFP）进行了对自身免疫疾病的临床Ⅱ期试验；用山羊乳腺生产的丁酰胆碱酯酶（protexia-butyrylcholinesterase）用于治疗有机磷中毒，已进入临床Ⅰ期试验；用奶牛乳腺生产的乳铁蛋白，主要应用于营养制剂，目前已基本完成临床前期试验阶段。

家禽输卵管反应器主要是在禽蛋中收集目的蛋白。禽蛋产量高、周期短，蛋清成分相对简单，易于纯化、分离目的蛋白。目前主要研究的是鸡输卵管反应器，美国Alexion Pharmaceuticals公司用鸡输卵管生产的重组人溶酶体酸性脂肪酶（rhLAL，商品名：Kanuma），用于治疗溶酶体酸性脂肪酶缺乏症（即胆固醇沉积症），目前已被美国、欧盟以及日本批准上市。

在我国，由生物反应器生产的药物获批进行试验的极少，大部分研究还处在临床前的探索阶段。但在一些研发周期较短且研究技术成熟的动物上也取得了一些产业化进展。例如利用家蚕蛹生产的人粒细胞/巨噬细胞集落刺激因子（hGM-CSF），是首个口服细胞因子抗肿瘤新药，2006年完成了口服给药的临床前安全性评价，2010年完成了Ⅰ期临床试验，在国内外首次实现了以家蚕反应器生产人用生物制品的突破。

动物生物反应器生产重组蛋白的优势以及带来的经济价值，不断推动动物生物反应器制药的发展，未来将会有更多动物生物反应器生产的重组药用蛋白获批应用。

4. 异种器官移植体(xenotransplanters)

一般来说，供体器官来源不足，人类移入的器官往往会发生免疫排斥，仅有一小部分捐赠器官与特定病人具有组织相容性，这给医学界带来了巨大的困扰。用转基因动物提供异种器官移植体，将为解决这个问题带来希望。

目前，猪是用于研究异种器官移植体的唯一动物，因为猪的体重和生理与人相似，器官也与人相仿，实施手术相对快速简单；猪容易饲养，成熟快，数量多，研究费用比猴子或其他灵长类动物低得多。但是，异种移植器官一般会产生强烈的排异反应，相当一部分是由仅发生于非灵长类哺乳动物中的蛋白糖基化修饰造成的。例如在猪、牛等动物中，糖基化修饰的最后步骤是在 β-1，3-半乳糖基转移酶的作用下，在糖链的末端加两个半乳糖，而这种修饰在人细胞中根本不存在。所以，在器官移植后会产生针对这种糖基化修饰的超急性(48 h 内)和急性(1 周以上)排异作用。因此，异种器官移植体的供体动物一般设计为不表达宿主免疫系统识别的抗原。

2001 年，通过细胞核移植克隆法，PPL Therapeutics Inc. 的两个研究小组分别独立获得了敲除一个 β-1，3-半乳糖基转移酶等位基因的猪，导致猪特异性的 β-1，3-半乳糖基修饰大大减少，为“生产”适用于人体移植手术的动物器官提供了巨大帮助。这种转基因猪的器官被移植到狒狒身上，未看到排斥反应。2021 年，美国纽约大学朗格尼医学中心将转基因猪的肾脏移植给一位肾衰竭的脑死亡患者，随后的 54 h 未发生排异现象。同年，该中心又为一名根据神经系统标准宣布死亡并靠呼吸机维持心跳的男子移植了一个基因工程猪的肾，移植后 32 天内未发现排斥反应，功能保持良好。

2022 年末，中国西安 4 只恒河猴的身上被分别移植了一头国产基因编辑猪的 6 个器官与组织(肝脏、肾脏、心脏、皮肤、角膜、软骨)，实现了全球首例“异种多器官、多组织同期联合移植手术”。目前，中科奥格基因编辑猪繁育中心生活着 10 余个品系可提供异种器官移植的基因编辑小型猪，准备为肾脏、心脏、胰岛、角膜、皮肤等器官或组织的移植试验作出贡献。从 2013 年至今，来自该中心的小猪已经参与过将近 50 次异种器官移植动物试验，为异种器官移植积累了宝贵的经验。

5. 改良动物品种(improve farm animals)

转基因动物可以改造动物本身的基因组，推动动物育种进入基因工程育种，主要目标是改良动物的遗传本质，提高动物的抗病能力、畜产品的产量和品质，满足日益增长的全球食物需求。例如，Kerr 等将溶葡球菌酶基因转入小鼠乳腺，用来防治金黄色葡萄球菌引起的乳腺炎，结果证实表达量高的小鼠乳腺具有明显的抗性，这对于防治奶牛乳腺炎具有潜在的应用前景。又如，通过操纵山羊和绵羊毛发纤维的质量、细度、长度和褶皱，可以提高羊毛纤维的弹性和强度；下面介绍的超级猪和超大鱼都是通过提高增长率的食源性转基因动物。

(1)超级猪(superpig)

不需要提供额外的食物，动物却长得又快又大，这将对社会非常有益。"超级猪"的设计理念，就是通过基因工程，研发一种能长得更大、更快的猪，期望能更有效地生产食物资源。许多转基因超级猪都是通过显微注射创建的，引入了人、绵羊、牛或大鼠的生长激素编码基因 *GH*。其中，在美国农业部(USDA)的监督下，马里兰州创制的贝尔茨维尔猪(高表达人或牛的 *GH*)最受欢迎。因关节炎等健康问题，贝尔茨维尔猪项目搁浅。

(2)超大鱼(superfish)

"超大鱼"是创造有效食物来源的另一次尝试。古巴哈瓦那基因工程和生物技术中心，通过显微注射创制了一种基因工程罗非鱼(tilapia)。该鱼过表达其自身的生长激素(不是转基因鱼，属于内源基因转移工程鱼)，增长迅速，但它的成鱼尺寸并不比正常的罗非鱼大。

1989 年，加拿大学者 Hew 等与波士顿的 Aqua Bounty 公司将绵鳚(ocean pout)抗冻蛋白基因(*AFP*)的启动子和终止子与大鳞大马哈鱼(chinook salmon)的生长激素基因的 cDNA 重组，构成了全鱼生长激素基因(*GH*)。将其导入大西洋鲑(Atlantic salmon)中，获得了转全鱼 *GH* 大西洋鲑 AquAdvantage，其生长快速，只需 18 个月就能达到商品规格(长到 1～2 kg)；且一龄鱼为对照鱼平均体重的 2～6 倍，最大个体体重达到对照鱼的 13 倍。另外，由于生长期缩短，降低了因寒冷低温而造成的养殖风险，转 *GH* 大西洋鲑显现了很高的商业化应用价值。历时 25 年审核，2015 年，美国 FDA 宣布转 *GH* 大西洋鲑与普通大西洋鲑一样可供人类安全食用。这是世界上首个获批的可食用转基因动物，实现了转基因动物育种研究与开发的历史性突破。

实际上，转基因鱼育种是一项诞生在我国的高新技术，比西方国家要早 3 年。1985 年，中国科学院水生生物研究所就培育出了世界首批转基因鱼，建立了转基因鱼理论模型，开创了鱼类基因转移的研究领域，为世界所公认。随后经过 6 代选育，又培育了具有完全自主知识产权的转全鱼 *GH* 基因的冠鲤，并于 2000 年系统完成了冠鲤的中间试验。转 *GH* 基因冠鲤的生产性状与对照相比，不仅长得快，生长周期缩短，而且食物转换效率高，8 个月就可以长到 1～2 kg。一般鲤鱼在长江中下游需要 2 年的养殖周期，冠鲤养殖 1 年就可以了，养殖效率成倍增加，对生产者来说非常重要。与此同时，科学家们还做了严格的养殖生态安全性和食品安全性的试验。

总之，动物转基因技术是人类按着需求和意愿去改变动物的遗传组成，涉及生物学、畜牧学、分子遗传学和细胞遗传学等多门学科的知识，是一项富有挑战性的实验技术。动物转基因在改善畜产品质量、提高生产能力、研究人类疾病模型、生产生物医药产品等方面都显示了广阔的应用前景。转基因动物从研发到商业化，需要经过多次检测与严格评估，考虑的安全问题十分多样、周全。各国政府都已形成明确的法规体系，约束和规范转基因动物及其产品的研究、加工、运输、商业化等活动，保障转基因动物及其产品的安全性，为人类社会乃至动物带来福利。

第三节　转基因微生物

转基因微生物是指携带外源基因并能表达和遗传的微生物。

微生物是生物技术产业化的先锋。以大肠杆菌、枯草芽孢杆菌和酿酒酵母等微生物作为基因工程受体的转基因微生物产品，是国际上最早实现产业化并产生显著效益的生物技术产品。通过转基因微生物大规模生产的抗生素、氨基酸、蛋白质药物、单克隆抗体、疫苗、分子诊断试剂、黄原胶、合成黑色素和靛蓝、可降解塑料和生物多聚体等产品，在医药、工业、农业、能源和环境等领域发挥了巨大作用。未来转基因技术在微生物的应用仍是转基因生物产业化的基础。

根据转基因微生物的用途，可分为植物用转基因微生物、动物用转基因微生物和医药用转基因微生物 3 大类。植物用转基因微生物是指通过重组 DNA 技术研制，直接应用于植物，实现杀虫、防病、固氮、调节生长等作用的微生物。动物转基因微生物是应用于动物的活疫苗、饲料添加剂和其他用途的转基因微生物。医药用转基因微生物主要用于生产兽用和人用疫苗，以及所需要的生物活性物质或生化药品，如抗干扰素、维生素、激素等。下面将介绍这些转基因微生物在农业、工业、医药、能源与环境领域的具体应用。

一、在农业领域的应用

应用重组 DNA 技术有目的地改变微生物或其产品的遗传性状和生物学活性，可增强杀虫防病效果、扩大作用谱、延长田间持效期、提高农业经济效益。目前，国内外已经生产应用或已展现良好应用前景的转基因微生物按用途可以分为 3 类：微生物肥料、微生物农药和饲料酶制剂。

1. 转基因微生物肥料

转基因微生物肥料主要是遗传改良的联合固氮菌和根瘤菌，是采用基因工程技术把外源固氮基因及其调控基因转移至受体微生物而构建的新型重组固氮菌。铵对固氮菌的固氮有一定的阻遏作用，构建耐铵或泌铵的固氮工程菌株能减轻铵对固氮的阻遏作用，提高其固氮效率。1980 年以来，采用分子技术对外源固氮基因及其调控基因进行转移而构建出的新型重组固氮微生物已进入大规模田间试验和商品化生产。例如，日本率先将 *nifA* 固氮基因导入联合固氮菌而构建的耐铵工程菌；Bosworth 等构建成含 *nifA* 和 *dctABD* 等多种固氮相关基因的重组根瘤菌，在田间试验中表现良好。美国 Reach Seeds 公司的转基因苜蓿中华根瘤菌(*Sinorhizobium meliloti*)RMBPC-2 已于 1997 年获准商业化生产，这是美国环保署批准进入商品化生产的第一例属间重组固氮微生物。我国研制的联合固氮菌 AC-1541 和玉米联合固氮耐铵工程菌 E7 已获准进行环境释放。

2. 转基因微生物农药

相对于传统化学合成农药，微生物农药具有安全、高效、特异性强等优点，在人们环保意识不断增强的今天，微生物农药越来越受重视，在全球的市场需求稳步攀升。随着微生物农药不断开发、生产和使用，由农药造成的一系列公害问题会逐步得到解决。目前，生物农药的发展趋势具有以下特点：以基因重组为核心的高技术竞争日趋激烈，关键技术创新显著加快；转基因生物农药新品种不断涌现，其研发和应用向更安全和更环保方向发展；产品更新换代速度加快，已成为涉农工业最具前景的发展领域。

根据来源，微生物农药可分为活体微生物农药和农用抗生素 2 大类。

(1)活体微生物农药

活体微生物农药是指以经基因修饰的微生物活体为有效成分，防治病虫草鼠等有害生物的生物源农药。可通过工业方法大量繁殖，加工成制剂后作为农药产品使用。根据防治对象，可分为杀虫、杀菌和除草三大类活体微生物农药。杀虫活体微生物农药又分为细菌杀虫剂、真菌杀虫剂和病毒杀虫剂，杀菌活体微生物农药又分为细菌杀菌剂和真菌杀菌剂。

①细菌杀虫剂：目前，苏云金芽孢杆菌(*Bt*)是世界上开发时间最长、产量最大、应用最成功的微生物杀虫剂，占生防制剂总量的 95%以上，已广泛应用于农作物、森林和粮仓等处害虫的防治。将来自苏云金芽孢杆菌的 *Bt* 基因导入受体菌株，利用受体菌或载体的增效基因，制备效力更强和更持久的基因工程菌，以菌体(或分离的 *Bt* 毒蛋白)制造杀虫剂。国际上已有 60 多个国家登记了上百个品种。我国于 1959 年引进 *Bt* 杀虫剂。经过多年的发展，其已成为我国工业化和生产水

平最高的生物农药之一。采用基因工程技术构建药效稳定、防治面广的 *Bt* 工程菌剂，是当前生物农药发展的新趋势。

②真菌杀虫剂：真菌孢子在昆虫体表萌发后侵染虫体，也可以通过取食过程侵染虫体。已记载的昆虫病原真菌有 800 多种，主要属于接合菌亚门的虫霉目和半知菌亚门的丝孢目。各国先后有 171 种真菌杀虫剂产品问世，其中以白僵菌和金龟子绿僵菌产品最多，皆达 58 种之多，此外，还有赤僵菌、虫生藻菌、淡紫拟青霉菌等。白僵菌研制较早，普及面积大，应用最广，在我国也是推广的高效生物杀虫剂之一，用于防治蚜虫、白粉虱、蚧壳虫、蝗虫、天牛等蔬菜、旱地作物和森林害虫等。国际生物防治组织（IOBC）使用黄绿绿僵菌防治沙漠蝗虫，美国引进舞毒蛾噬虫霉防治舞毒蛾，巴西使用金龟子绿僵菌防治甘薯沫蝉等，均取得了显著效果。我国真菌治虫的研发工作起步于白僵菌，发展至今，有 60 多年的历史。研究人员还通过基因工程，将外源蝎毒基因、几丁质酶基因和表皮水解蛋白基因 *PR1A* 等转入白僵菌，获得的工程菌株杀虫效率更快、更好。

③病毒杀虫剂：目前，世界上已从 1 100 多种昆虫中分离了 1 600 多种昆虫病毒（我国分离到 240 余株），其中，大多数属于杆状病毒的核多角体病毒，少数是颗粒体病毒。昆虫病毒有高度的专一寄生性，通常一种病毒只侵染一种昆虫，而对其他昆虫和人无害，不会干扰生态环境。

利用昆虫病毒防治农作物虫害已成为国内外生物防治的一个重要发展方向，已有 20 多个国家对 30 多种病毒杀虫剂进行了登记、注册、生产和应用。1993 年，我国第一个商品化的病毒杀虫剂——棉铃虫核型多角体病毒（HaSNPV）完成了产品注册登记。至今，我国已有 74 个昆虫病毒杀虫剂获得登记，主要有斜纹夜蛾 NPV 杀虫剂（虫瘟一号）、茶尺蠖核型多角体病毒（NPV）、地老虎 GV 杀虫剂及菜青虫 GV 杀虫剂等。此外，我国采用利尿激素基因、昆虫保幼激素酯酶基因、*Bt* 杀虫蛋白基因、蝎神经毒素基因等构建了重组病毒杀虫剂，杀虫速度显著提高，或成为双价杀虫剂。

④微生物杀菌剂：主要利用微生物的拮抗、寄生、竞争、溶菌等作用抑制或灭杀植物病原微生物，将成为继微生物杀虫剂之后第 2 个重要的商业化生物农药。微生物杀菌剂分为细菌杀菌剂和真菌杀菌剂。

细菌杀菌剂：目前应用较多的生防细菌主要有芽孢杆菌（*Bacillus* spp.）、假单胞杆菌（*Pseudomonas* spp.）、土壤放射杆菌（*Agrobacterium radiobacter*）以及其他一些细菌。早在 1973 年，放射土壤杆菌 K84 在美国就已商品化，并成功用于防治果树根癌病；枯草芽孢杆菌制剂商业化已经 30 多年，因其能稳定在土壤和植物表面定殖、产生抗生素并分泌刺激植物生长的激素，且能诱导寄主产生抗病性，是一种理想的微生物杀菌剂,也是目前研究和应用最多的生防菌,已在美国、澳大利亚、瑞士、日本和我国等多个国家注册登记。其中,枯草芽孢杆菌 GB03 对土传真菌病害防治效果尤佳,可用于拌种;而枯草芽孢杆菌 RB14 和 NB22 对立枯丝核菌、尖孢镰刀菌和青枯菌引起的番茄病害有良好的防效,还起到增产作用。

真菌杀菌剂:用于生防的真菌制剂虽然不多,但木霉(*Trichoderma* spp.)对植物病原真菌的抑制作用早已发现,并一直受到普遍关注。木霉广泛存在于土壤、根际、叶际等生态环境中,可产生对植物病原菌有拮抗作用的生物活性物质,且其次生代谢产物能提高农作物的抗逆性,促进植物生长、提高农产品质量。以 Rootshield、Trichodex、生菌消(又名灭菌灵)等为代表的几种木霉生防制剂,能够防治植物灰霉病、霜霉病等多种叶部病害,已在 20 多个国家登记。常见的木霉制剂有哈茨木霉、绿色木霉、钩状木霉、长枝木霉和康氏木霉等。

⑤除草活体微生物农药:活体微生物除草剂主要利用病原真菌和病原细菌。目前,商品化的微生物除草剂种类很少,具有杂草生物防治开发潜力的微生物主要集中在 9 类真菌和 7 类细菌。我国应用生防菌防除杂草的研究起步较早,1963 年,我国研制的“鲁保一号”首次将真菌用于杂草的生物防治,利用胶孢炭疽菌菟丝子专化型防除大豆菟丝子,防效高达 70%~95%。国外对微生物除草剂的研发也十分活跃,如第一个微生物除草剂品种是 1981 年由美国 Applied 公司开发的 Devine 制剂,即用棕榈疫霉防除柑橘园杂草莫仑藤,防效高达 96%。

(2)农用抗生素

具有天然结构的抗生素有 6 500 种以上,其中 5 000 种是由微生物产生的。农用抗生素指由微生物在发酵过程中产生的,在很低浓度下用于防治植物病原菌、害虫、线虫、有害杂草等的次生代谢产物。放线菌、真菌、细菌等微生物均能产生农用抗生素,其中,放线菌产生的农用抗生素最多。美国、日本等国均已将农用抗生素的研发列入国家重点科研规划。我国农用抗生素的研究始于 20 世纪 50 年代,是随医用抗生素之后发展起来的,一些品种已达到世界先进水平。根据作用对象,农用抗生素分为杀虫、杀菌和除草 3 大类。

①杀虫农用抗生素:目前,国内外较受重视的杀虫抗生素有杀粉蝶菌素、杀蚜素、韶关霉素、杀螨素、浏阳霉素,杀虫素 B41(密尔比霉素)、阿维菌素、南昌霉素等。阿维菌素是由日本与美国联合开发的广谱、高效、低毒的大环内酯类抗生素,是迄今发现的最有效的杀虫抗生素。

我国开发的杀虫抗生素有浏阳霉素、华光霉素等。浏阳霉素是大四环内酯类杀螨抗生素,它对红蜘蛛有较强的生物活性。20 世纪 70 年代初发现的杀蚜素是我国报道的第一个农用杀虫素,除对蚜虫有显著防效外,还对红蜘蛛、壁虱、菜粉蝶、黏虫等有较好的防效。南昌霉素是一种脂溶性多组分杀虫素，它对30多种害虫，包括蚜虫、红蜘蛛、飞虱、夜蛾、蝗虫等有不同程度的防治效果。梅岭霉素对多种害虫有很强的生物活性，也是阿维菌素类抗生素中的新成员。

②杀菌农用抗生素：1961年，日本成功将农业抗生素杀稻瘟素-S用于防治稻瘟病，标志着微生物代谢产物正式进入植物保护领域。日本的杀菌农用抗生素发展最快，相继开发了灭瘟素、春日霉素、多氧霉素、井冈霉素和灭孢素等，居世界领先地位。先正达生产的嘧菌酯于1996年上市，其主要商品名有Amistar等，已在世界上约100个国家登记，因其杀菌谱广、防效好，现已成为全球第一大杀菌剂，用于防治谷物、葡萄、香蕉、水稻和果蔬等120种作物的多种真菌病害。

我国的杀菌农用抗生素研究始于20世纪50年代初，虽起步较晚，却发展迅速，多年来相继开发的主要杀菌剂有公主岭霉素、春雷霉素、农抗120、灭瘟素和多抗霉素等品种。公主岭霉素是放线菌产生的代谢产物，具有广谱抗菌作用，对禾谷类黑穗病、水稻恶苗病、稻瘟病的防效显著。春雷霉素不仅适用于水稻稻瘟病，也适用于蔬菜、水果、豆类、糖类、咖啡等作物的真菌或细菌病害。由于既没有毒性，又对耐庆大霉素的绿脓杆菌具有很强的抑制作用，所以它是一种农医两用抗生素。农抗120是针对农作物病原真菌，定向筛选的一种抗真菌抗生素，对白粉病、炭疽病、枯萎病、纹枯病等多种真菌病害有很好的防效，增产显著。此外，防治水稻纹枯病的井冈霉素、防治白粉病的武夷菌素、防治细菌病害的中生菌素和植物病病毒的宁南霉素等新开发的杀菌抗生素也得到了广泛应用。

③农用抗生素除草剂：将细菌、真菌和放线菌等微生物在发酵过程中所产生的、具有抑制某些杂草生物活性的次生代谢产物加工成可以直接使用的形态，这就是农用抗生素除草剂。1980年，日本明治制果株式会社利用吸水链霉菌开发了除草农用抗生素双丙氨膦(bialaphos)，具有强烈的广谱杀草活性，用于防除一年生和多年生农田杂草，这是迄今开发最成功的农用除草抗生素，在我国也有比较广泛的应用。

3. 基因微生物生产饲料酶制剂

植物85%～90%的磷以植酸磷形式存在，而动物自身不能分泌植酸酶，加之植酸磷会结合矿物质等其他营养物质，进一步降低了植酸磷的利用率。在饲料中添加植酸酶，不仅能提高植酸磷的利用率，还可降低饲料中无机磷的添加，既节约成本又减少磷排放，因此，植酸酶已经发展为饲料工业中最大的酶制剂。黑曲霉、米曲霉和无花果曲霉等丝状真菌可用于生产植酸酶。中国农业科学院饲料研究所和生物技术研究所从1996年开始，从黑曲霉中克隆植酸酶基因，研制出能高效表达植酸酶的重组毕氏酵母，用于生产植酸酶；2000年，通过农业部基因工程安全委员会的审查，获准商业化生产。重组酵母表达的中性植酸酶量比原始的天然菌株提高了 4 000 多倍。

另外，还有用于生产抗菌肽制剂的转抗菌肽基因酵母，于 2004 年获农业部批准，效价达 5 000 U/mL，对水生生物常见病，如大肠杆菌、沙门氏菌等具有光谱杀菌作用。生长素由脑下垂体分泌，但在鱼类体内含量极微。将鱼的 *GH* 基因转入微生物，大量生产重组鱼生长素，作为添加剂可加速蛋白质合成，促进动物的生长发育。

二、在工业领域的应用

通过转基因技术改良微生物菌种，可以大幅度提高微生物的生产能力，并改进其性能。在工业方面，转基因微生物主要用于发酵食品菌种的改良，生产食品工业的酶制剂、添加剂和助剂、日化工业的洗涤用酶制剂和化妆品以及生产塑料的原料等产品。

1. 在食品工业中的应用

(1)用于工业发酵食品菌种的改良，如酵母菌和乳酸菌。广泛应用的转基因酵母有面包酵母、啤酒酵母和葡萄酒酵母。转基因面包酵母比一般面包酵母更快地利用麦芽糖，发酵活力更高，适用于糖含量为 1%～20%的面团发酵。德国科学家将亲油、抗水的 LTP1 蛋白的编码基因引入啤酒酵母，培育出转基因啤酒酵母，使其产生大量 LRP1 蛋白，可以酿造出泡沫丰富持久的啤酒。苹果酸具有强烈的辛酸味，葡萄酒中的苹果酸含量过高，则酒体风味欠佳。但物理和化学降酸法都不能去除苹果酸，因此，就采用了微生物降酸法。把乳酸菌的苹果酸-乳酸发酵酶基因导入葡萄酒酵母，使葡萄酒酵母在酒精发酵的同时，赋予其苹果酸、乳酸的发酵功能，实现葡萄酒的生物降酸，改善葡萄酒的风味和口感。

(2)用于生产食品工业的酶制剂。利用基因工程技术改良菌种生产的第一种食品酶制剂是凝乳酶，广泛应用于干酪的生产。将 α-乙酰乳酸脱羧酶基因在大肠杆菌进行异源表达，可用于大量生产 α-乙酰乳酸脱羧酶。在啤酒工业中使用 α-乙酰乳酸脱羧酶，不仅有助于大大缩短啤酒的发酵周期，节约制冷能源用重油及辅料成本，还能同时提高啤酒产量 5%以上。

在淀粉工业中，淀粉酶用于水解淀粉和糖原。目前，α-淀粉酶是我国生产量最大的工业酶制剂之一，也是淀粉工业中最重要的酶制剂。工业上通常用枯草芽孢杆菌、淀粉芽孢杆菌、地衣芽孢杆菌、米曲霉和黑曲霉发酵生产淀粉酶，而 α-淀粉酶主要源于芽孢杆菌属，并通过基因工程手段不断开发性能改善和产量高的 α-淀粉酶。

(3)用于生产食品添加剂和加工助剂。制造有益于人类健康的保健成分或有效因子，如各种限制性氨基酸、核苷酸、维生素和有机酸形式的营养物质。

2. 在洗涤业的应用

洗涤用酶是一种能提高洗涤剂去污能力、有效护理织物的洗涤添加剂，拥有仅次于食品行业的第二大工业酶制剂市场。洗涤剂工业用的酶制剂，根据其作用底物，通常分为蛋白酶、淀粉酶、脂肪酶和纤维素酶四大类。蛋白酶作用于织物上的蛋白质，将其分解为可溶性的氨基酸，使汗渍、血渍、奶渍及许多食物汁液更易溶于水而被清洗掉；淀粉酶可以在低温条件下水解淀粉类污垢；脂肪酶能高效分解甘油三酯，提高对油污的去除效果；纤维素酶不仅可增强洗涤效果，而且对衣物还有柔软和增色的作用。因此，酶制剂已成为衣物洗涤剂必不可少的成分。单一酶制剂难以达到理想的去污效果，开发含复合酶制剂的洗涤用品将具有广阔的前景。

3. 生物可降解材料

生物可降解材料是指通过细菌、真菌等自然微生物的作用，可发生降解的高分子。由微生物合成的生物可降解材料主要是 PHA 构成的生物塑料，包括 PHB、PHBV 和 PHBH，目前都已实现商品化。不过，微生物塑料的成本远远高于合成塑料，这是它难以大规模生产和利用的主要原因。

三、在医药领域的应用

转基因微生物作为生物工厂，可以高效率地生产各种高质量、低成本的药品，如基因工程疫苗、蛋白类药物、激素及葡聚糖、黄原胶等常规药物。

1. 基因工程疫苗

基因工程疫苗是通过重组 DNA 技术，把天然的或人工合成的遗传物质定向导入细菌或酵母菌，使之充分表达，经纯化后研制的疫苗。包括亚单位疫苗、活体减毒疫苗和基因缺失活疫苗、核酸疫苗、蛋白质工程疫苗。我国经批准进入商业化生产的有狂犬病疫苗和牛羊腹泻疫苗；通过安全性评估的有鸡传染性气管炎疫苗、禽流感疫苗、鸡痘疫苗等。

利用微生物的某种表面结构成分(抗原)制成不含核酸、但能诱发基体产生抗体的疫苗称为亚单位疫苗。它是一种保留原病原体的有效免疫成分，去除其无效或有害成分的单纯疫苗，例如只含霍乱毒素 B 亚单位制成的霍乱毒素 B 亚单位疫苗，用狂犬病毒主要抗原黏附在脂质体上制成的狂犬病毒免疫体亚单位疫苗，以及麻疹病毒亚单位疫苗等。将病原微生物的主要保护性免疫原基因转移到非致病微生物中表达，可从其培养物中分离制备亚单位疫苗试剂。

活体疫苗指将病原微生物人工诱发突变，使其失去致病性却保留其免疫原性、繁衍能力和剩余毒力的无毒或弱毒病原微生物。活体疫苗接种后，在人体内有一定程度的繁殖和复制，类似一次轻型的自然感染，但不导致发病。转基因活体疫苗根据其外源基因载体，可分为病毒活载体疫苗和细菌活载体疫苗。前者针对病毒病，后者针对细菌性疾病。转基因活体疫苗已在全球范围开展研发和应用研究，将成为未来疫苗制剂的主要发展趋势。

2. 医用药品的生产

医药卫生领域，每天需要大量蛋白类药物。利用转基因微生物可以大规模生产蛋白类药物，极大地降低了生产成本，也为广大患者带来了新希望。例如，在人体发现可以抵抗艾滋病的小肽 VIRIP，但是其含量极低，不足以抵抗 HIV，如果找到该物质的编码基因，再利用转基因微生物实现产业化，人类就有可能治愈艾滋病。我国发现了抗 HIV 新型多肽 F9170，可直接杀灭 HIV 和感染细胞，是一个不错的思路，具有成药的可能性，目前已有多项相关试验进入临床试验阶段。

传统药品的生产中，诸如胰岛素、干扰素等药品一般直接从生物体的组织、细胞或血液中提取，但受原料来源的限制，价格十分昂贵。而利用基因工程制造转基因工程菌，可高效率生产高质量、低成本的药品，如白细胞介素 2、干扰素、胰岛素、生长素、维生素等。

胰岛素是机体内唯一降低血糖的蛋白质激素，同时促进糖原、脂肪、蛋白质的合成。传统上，胰岛素主要从猪、牛等家畜的胰腺中提取，产量低且费用高。1982年，美国 Ely Lili 公司使用重组大肠杆菌生产第二代胰岛素——人胰岛素，这是第一个上市的基因工程药物。与动物胰岛素相比，人胰岛素较少发生过敏反应或胰岛素抵抗，所以皮下脂肪萎缩现象也随之减少；人胰岛素的稳定性高于动物胰岛素，25 ℃可保存 4 周。

人生长激素（hGH），又叫作促生长素，具有调节生长与发育的功能，对多种人类疾病如垂体性侏儒症、特纳氏综合征、组织坏死等，都具有良好的治疗效果。hGH 的来源是从已故的人的脑垂体中提取，该制备方法的材料来源困难，无法大量生产且存在安全性问题。1985 年，由转基因大肠杆菌生产的 rhGH 已得到美国政府的许可，这是第二种可生产和使用的基因工程药物。

四、在其他领域的应用

通过基因工程，可提高微生物的环境适应能力，增强污染物降解能力。目前开发的很多转基因微生物可以用来清除污染物以及生产燃料等。在环境领域，细菌和真菌产生的以水解酶和氧化还原酶为主的降解酶，可用于降解农药、清除重金属污染、海洋石油污染和污水处理等方面。在能源领域，构建分解纤维素和木质素的工程细菌（外泌木质素酶等），使其利用农作物秸秆或生活垃圾等生产有机燃料，一方面变废为宝，另一方面还有助于解决能源危机。

思考题

1. 举例说明转基因植物研究的主要应用。
2. 举例说明转基因动物研究的主要应用。
3. 举例说明转基因微生物研究的主要应用。
4. 简述我国转基因作物发展的 5 个阶段。
5. 比较经典转基因、同源基因转移、内源基因转移和基因编辑的异同。

推荐阅读

转基因农作物可显著降低化学农药用量

种植转基因抗虫棉，使棉田杀虫剂使用量减少了 40%～60%，降低了环境污染，减少了人畜中毒事件，还减轻了棉铃虫对玉米、花生、大豆等其他作物的危害。我国已发放生产应用安全证书的抗虫玉米抗虫效果达 95%以上，比对照可增产 7%～17%，减少农药用量 60%，还能减少虫害后续引发的黄曲霉素污染。

向农作物中转入来自细菌或其他生物的耐除草剂基因，可以获得耐除草剂转基因作物，大大简化田间除草工作。例如，耐除草剂大豆仅需喷施 1 次除草剂，除草效果即可达 95%以上，明显优于常规大豆。我国自主研发、获得安全证书的耐除草剂转基因大豆可使每亩地的除草剂成本降低 30 元以上，还能比对照品种增产 10%以上，节本增效优势明显。

需要强调的是，我国对所有转基因产品在上市前都要经过科学的、全面的、严格的食用安全评价和环境安全评价，因此，经过批准的转基因产品都是安全的。

第四章

转基因技术

提要：生物基因工程在应对当今出现的全球生态问题和环境问题中发挥了巨大作用，基因工程产品也给人们的生活带来了巨大变化。植物基因工程给人们提供了更多高产、耐逆、优质的粮食和果蔬产品，并大大缩减了育种时间；动物基因工程提供了可用于人类疾病研究的动物模型，在医疗卫生领域应用广泛；微生物基因工程则提供了大部分的食用酶制剂和疫苗产品。基因工程涉及人们生活的方方面面，本章将主要介绍植物、动物和微生物相关的转基因技术方法，让读者了解基因工程产品背后的技术。

转基因技术就是将人工分离和修饰过的基因导入到生物体基因组中，由于导入基因的表达，引起生物体性状的可遗传修饰，这一技术称为转基因技术。人们常说的“遗传工程”“基因工程”“遗传转化”均为转基因的同义词。

植物育种技术通过改变基因获得优良性状，主要包括自然驯化、人工诱变、杂交育种、分子辅助育种、转基因育种等方法，技术发展是不断提高育种效率的过程。转基因技术作为植物育种技术的重要组成部分，与传统育种技术相比具有以下2个优点：①传统育种技术一般只能在植物种内个体上实现基因转移，而转基因技术不受生物体间亲缘关系的限制，可打破不同物种间天然杂交的屏障，拓宽了可利用基因的来源；②传统育种技术一般是在生物个体水平上进行，操作对象是基因组，不可能准确地对特定基因进行操作和选择，选育周期长，工作量大，对后代表现预见性较差。而转基因技术操作的是功能明确的基因，可控性更强，后代表现可以预期。动物转基因技术也是动物育种的重要组成部分，转基因技术的应用打破了动物只能在同种范围内进行基因移植的限制。除了产生有优良性状的动物新品种外，动物转基因技术在医药卫生领域的应用前景也很广阔。例如，通过建立与人类发病机理相似的阿尔茨海默病转基因动物模型，科学家可以更方便地研究该病的发病机理，进而开发治疗该疾病的新药物。与动植物相比，微生物具有个体小、繁殖快的优点，因此，20 世纪 70 年代转基因技术应用以来，微生物转基因工程发展迅速，在生产食用酶制剂、人胰岛素等药物以及基因疫苗等多方面广泛应用。由此可见，转基因技术使人们的生活发生了巨大变化。本章将分别介绍植物、动物和微生物相关的转基因技术方法。

第一节　植物转基因技术

植物转基因技术是指通过一定的方法将从植物、动物或微生物中分离到的目的基因转移到植物的基因组中，使之表达并稳定遗传，从而赋予植物新性状的技术（图 4-1）。植物转基因技术按其是否需要通过载体介导主要分为两大类：一类需要载体介导，常用的方法有农杆菌介导的转化法、病毒介导的转化法；另一类不需要载体介导，直接导入 DNA，主要包括物理方法（基因枪法和花粉管通道法）和化学方法（聚乙二醇介导的原生质体转化）。其中，花粉管通道法不依赖组织培养人工再生植株。

图 4-1　转基因抗虫玉米（引自大北农集团）

一、农杆菌介导的转化法

农杆菌是普遍存在于土壤中的一种革兰氏阴性细菌，主要有两种，即根癌农杆菌（*Agrobacterium tumefaciens*）和发根农杆菌（*Agrobacterium rhizogenes*）。它们能在自然条件下趋化性地感染大多数双子叶植物的受伤部位，并诱导产生冠瘿瘤或发状根。根癌农杆菌和发根农杆菌的细胞中有一段T-DNA，农杆菌通过植物伤口进入植物细胞后，可将T-DNA插入植物基因组。因此，农杆菌是一种天然的植物遗传转化体系。人们将目的基因插入经过改造的T-DNA区，借助农杆菌的感染实现外源基因向植物细胞的转移和整合，然后通过组织培养技术，再生出转基因植株（图4-2）。

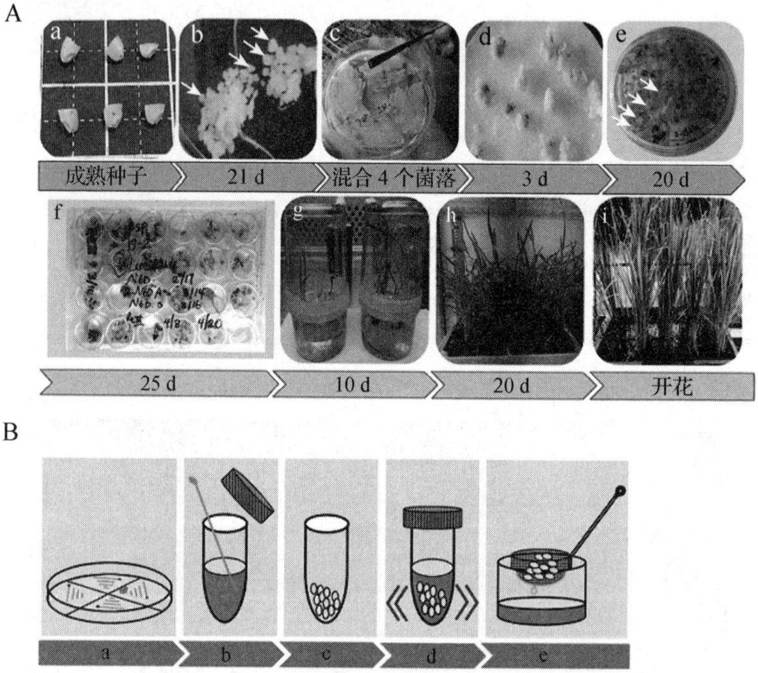

图4-2　农杆菌介导的水稻转化过程（改自Elakhdar等，2021）

A. 农杆菌介导的转化与水稻愈伤组织的再生过程。农杆菌介导的转化过程主要步骤包括成熟胚、诱导愈伤组织、农杆菌侵染、抗性愈伤筛选、再生培养、生根培养等。B. 农杆菌对水稻愈伤组织的侵染示意图。

农杆菌介导法最初只用于双子叶植物中，近年来研究表明，乙酰丁香酮可促使T-DNA转入并整合在植物基因组。双子叶植物可以分泌少量乙酰丁香酮，而单子叶植物不能分泌乙酰丁香酮，在转化过程中添加乙酰丁香酮是农杆菌介导法在单子叶植物遗传转化上的重要突破。目前，主要作物如水稻、玉米和小麦等均可通过农杆菌介导法成功得到转基因植株，但是玉米和小麦的转化效率明显低于水稻的转化效率。一种转化方法能否得到广泛使用，其转化效率是关键考量因素。诸多因素决定农杆菌介导法的转化效率，如质粒载体的选择、农杆菌菌株选择、筛选标记选择、受体品种的基因型、外植体的可再生能力、不同的培养基以及培养基中激素的含量等，均会对植物转化效率产生较大影响。例如，籼稻的转化效率低于粳稻品种，主要是由于籼稻的基因型导致籼稻的组织培养更困难，这也严重地限制了转基因技术在籼稻品种改良中的发展。总体而言，与其他技术相比，农杆菌介导法操作简便、转化效率高，可转化较大的 DNA 片段，单位点整合率高，并能得到稳定遗传的转基因植株。因此，农杆菌介导法是目前为止应用最广泛的转基因方法，超过 80%的转基因植物都可以通过该方法获得。

二、基因枪介导的转化法

基因枪法也称为微粒轰击法，将外源 DNA 用钨粉或金粉微粒包裹成微弹，利用基因枪装置(图 4-3)通过火药爆炸或高压气体加速，将微弹加速到 300～600 m/s，穿过植物的细胞壁和细胞膜到达细胞，目的基因以未知的方式整合到植物基因组中进行遗传表达。而后通过细胞和组织培养技术，再生出植株，筛选出其中转基因阳性植株即为转基因植株。以小麦转化为例，基因枪介导的转化法在小麦遗传转化中起着举足轻重的作用。1992 年，Vasil 等采用基因枪法获得了第一株转基因小麦。随后，Weeks 等利用基因枪技术将 *Gus* 和 *Bar* 基因导入了小麦，建立了基因枪转化小麦的技术体系。1994 年，我国赵天永等报道了以小麦茎尖分生组织为受体的基因枪法转基因研究。1996 年，夏光敏、陈乐玫、杜立群和王小军等分别报道了基因枪法小麦转基因的研究工作，之后有关基因枪法小麦转基因的研究报道持续上升。2000 年，成卓敏等报道通过基因枪法获得抗大麦黄萎病毒的转基因小麦，与对照相比，转基因小麦对大麦黄萎病毒表现出延迟发病的作用。目前，我国通过基因枪法进行的小麦转基因研究报道达 100 余篇，约占小麦转基因报道总数的 34%，基因枪法已成为小麦中仅次于花粉管通道法的主要转基因方法。

图 4-3 高压气体基因枪

目前，科学家们利用基因枪法已经在烟草、豆类和大多数禾本科农作物、果树、花卉和林木等植物上获得转基因植株。与其他转化方法相比，基因枪法转化的主要优点是受体植物范围广泛，避免了原生质体培养再生植物困难的问题以及农杆菌的宿主范围限制；操作简单，转化时间短，可实现多基因共转化。但是，基因枪介导的转化法的缺点也很明显：外源DNA整合的位点不固定，较容易出现多拷贝现象，造成转基因沉默；在轰击过程中基因易断裂，导致出现嵌合体；此外，基因枪法费用较昂贵。

三、花粉管通道法

花粉管通道法是指在授粉后向受体植物的子房注射含目的基因的DNA溶液，利用植物在开花、受精过程中形成的花粉管通道，将外源DNA导入受精卵细胞，并进一步整合到受体细胞的基因组中，随着受精卵的发育而成为携带目的基因的新个体。该方法于20世纪80年代初期由我国学者周光宇提出。我国目前推广面积最大的转基因抗虫棉就是用花粉管通道法培育出来的。花粉管通道法在小麦、玉米转化中的应用也很普遍，玉米按常规方法套袋授粉，授粉后约20 h进行转化。在距穗轴1～2 cm处剪掉花丝和苞叶，再将苞叶里面的花丝剪去少许使其低于苞叶，每穗中均匀地滴注质粒DNA溶液25～30 μg，套袋并等待收获。收获后的种子通过抗性标记和聚合酶链式反应(PCR)技术进行鉴定。

花粉管通道法转化成功与否取决于经花粉管进入胚囊的外源DNA能否参与受精，所以选择适宜的时间导入外源基因是转化成功的关键因素。由于自然条件复杂多变，不同地区或同一地区不同时段的温度、湿度有显著差异，所以需充分考虑各影响因素确定最佳导入时间。该方法的最大优点是有效地利用了自然生殖过程，不依赖组织培养人工再生植株；方法简便经济，不需要装备精良的实验室和昂贵的仪器设备。缺点是转化效率较低，工作时间受花期限制，操作需要经验，对于小花农作物操作难度较大。

四、其他方法

以上方法是目前植物转化中使用较多的转基因技术，科学家利用这些转基因技术进行了广泛的植物基因功能研究，也为培育各类优良性状植物品种奠定了基础。除了以上介绍的方法，植物转基因方法还有病毒介导的转化法、聚乙二醇(polyethylene glycol，PEG)介导法、显微注射法、电击法、超声波导入法、低能离子束介导法等。聚乙二醇介导法将在微生物转化部分详细介绍。低能离子束介导法是20世纪90年代初我国创建的一项植物转基因技术，它利用离子束对植物细胞壁的溅射和刻蚀作用，使细胞表面形成许多微通道，为外源基因进入细胞提供了路径。该技术以植物成熟胚为材料，不受季节限制，操作简便，同时可进行大批量处理，尤其在介导外源物种大分子转移方面具有优势，曾被美国《遗传工程新闻》列为国际生物技术研究的热点之一。

第二节 动物转基因技术

动物转基因技术是通过将外源性目的基因整合到动物染色体上，使其在体内整合和表达，获得表达外源基因动物的技术。该技术广泛应用于转基因动物育种、基因功能研究、药用蛋白生产和器官移植等方面。迄今为止，能够被有效地用来进行转基因动物研究的途径和技术主要有以下几种。

一、受精卵原核显微注射法

20 世纪 70 年代，科学家 Jaenisch 与 Mintz 合作，首先利用显微技术将猿猴空泡病毒 40(simian vacuolating virus 40，SV40)DNA 注入小鼠囊胚中，成功获得转基因嵌合小鼠，但转入的外源 DNA 并没有进入生殖细胞系，因此不能传代。1980 年，Gordon 等报道用显微注射法将外源 DNA 直接注射入小鼠受精卵的雄原核里，再将其受精卵植入假孕小鼠输卵管内，得到新生小鼠。通过使用分子生物学方法(如 PCR、Southern blotting 等)从所得到的新生小鼠中筛选出基因组中整合有转基因的小鼠，即转基因阳性小鼠。自此，建立了显微注射法制备转基因动物的基本方法，广泛应用至今。1982 年，Palmiter 等首先尝试用 DNA 工程技术构建质粒载体，表达大鼠的生长激素。用显微注射技术成功得到个体超大的“超级小鼠(super mouse)”。这是第一个人工设计的转基因动物，其影响极大地推动了转基因动物技术的发展和应用。随后，显微注射转基因技术得到不断的发展和推广，广泛地用于小鼠、大鼠、家兔、牛、羊、猪等动物的转基因研究。

受精卵是动物有性生殖的起源，在受精卵细胞质中，精子与卵子的遗传物质分别形成雄原核和雌原核，其中雄原核体积较大。利用显微注射技术将构建成的载体 DNA 直接注射入受精卵的雄原核中，并将注射的受精卵移入假孕母体输卵管继续发育，获得转基因动物个体(图 4-4)。该方法转化效率较高，操作简便，实验周期短，其转基因的片段长度没有严格限制，适用的动物物种广泛。该方法也有一定的缺陷：转基因的整合是随机的，整合的位点、拷贝等均难以精确控制，需要的仪器设备精密昂贵。但由于转化效率高，受精卵原核显微注射法仍是获得转基因动物的常用方法。

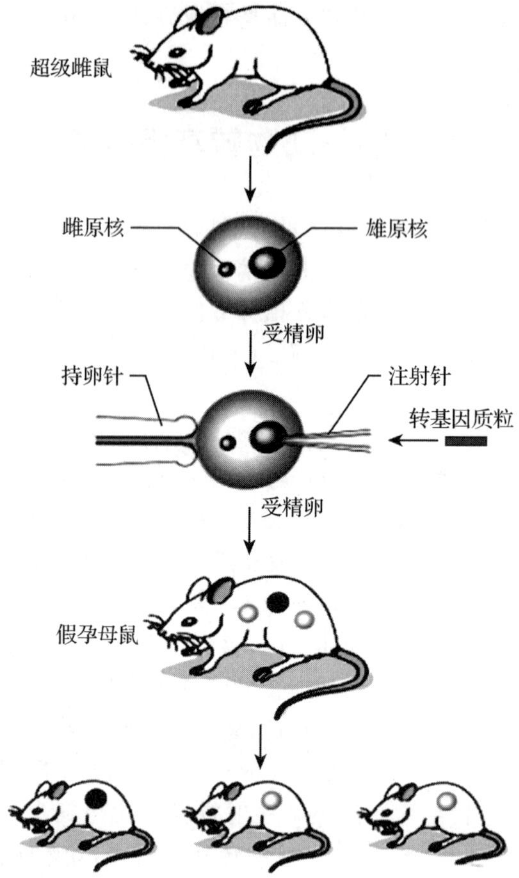

图 4-4　显微注射制备转基因小鼠示意图

二、胚胎干细胞转化法

胚胎干细胞(embryonic stem cell,ES)是多潜能细胞系,从早期胚胎的内细胞团经体外抑制分化培养而来。当 ES 被注入囊胚后可参与包括生殖腺在内的各种组织嵌合体的形成。体外培养胚胎干细胞,利用脂质体转染、电穿孔或病毒感染等基因转移技术将载体 DNA 转入胚胎干细胞,DNA 通过随机插入或者同源重组的方式整合到胚胎干细胞的基因组中。通过抗性标记筛选转染的细胞,得到阳性细胞。把被转染的阳性细胞注射进感受态胚囊,并将感受态胚囊移植进假孕母鼠的体内,产生嵌合体转基因小鼠,通过利用生殖系嵌合子代设计适当的交配育种,获得纯系。

该系统基因转移操作简便，体外培养细胞阶段即可进行阳性细胞筛选，提高了筛选效率。该系统最大的限制是获得稳定的胚胎干细胞系难度较大，1981 年，科学家成功分离出小鼠 ES 细胞，直到 1998 年，才获得人类 ES 细胞，但是家畜类动物的胚胎干细胞一直很难获得。2021 年，中国农业大学、四川农业大学、中国科学院动物研究所、中国科学院北京基因组研究所、东北农业大学等多家单位联合攻关，历时数年，成功建立了猪胚胎多能干细胞系。这也是目前国际上首次成功建立的家畜干细胞传代次数最多(传代 260 次以上)、可进行多次基因编辑操作的猪胚胎干细胞系，该成果有望在生猪优良品种培育、异种器官移植、人类疾病模型、生命科学基础研究等领域广泛应用。

三、逆转录病毒法

逆转录病毒法主要利用逆转录病毒 DNA 的长末端重复(length terminal repeat，LTR)区域具有启动下游基因转录的功能，将外源基因连接到长末端重复下游，包装成高滴度病毒颗粒，直接感染受精卵或显微注入囊胚腔中，携带外源基因的逆转录病毒 DNA 可以整合到宿主染色体上。获得转基因嵌合体后代，再经过一代繁殖得到转基因动物。逆转录病毒感染法的优点是操作简单，外源基因的整合率较高。病毒载体法特别适用于家禽的转基因个体制备，禽类由于其生殖系统和胚胎发育的特殊性，适用于哺乳动物的多种转基因制备技术(如原核注射法、胚胎干细胞转化法)均难以在家禽上使用。而使用病毒载体法，只需在新生受精蛋的胚盘下腔注入重组有外源基因的慢病毒载体，就可获得转基因鸡嵌合体，整合效率高并且生殖嵌合的比率高。Koo 等利用逆转录病毒法成功制备出可稳定遗传和高表达 GFP 的转基因鸡。Mdzdziak 等使用逆转录病毒法成功获得 *lacZ* 转基因鸡，在转基因鸡中，*lacZ* 不但可稳定遗传，且在肌肉和肝脏中都获得了高表达。令人兴奋的是，Lillico 等利用慢病毒载体成功制备出组织特异性表达重组药用蛋白的转基因鸡，而且病毒整合和传代过程中外源基因并没有被沉默迹象，表明转基因鸡的研究已开始步入功能转基因时代。我国科学家也成功获得了 GFP 稳定转基因鸡，到 F_2 代依然可以在血液和组织中检测到外源基因。可见，逆转录病毒法在家禽转基因中发挥了巨大作用，与其他基因转移方法相比，逆转录病毒法将外源 DNA 整合到受体细胞基因组中效率高。该方法的缺点是载体容量有限，病毒衣壳大小有限，不能插入大的外源 DNA 片段，只能转移小片段 DNA(≤10 kb)。

四、体细胞核移植法

以体外培养的哺乳动物体细胞为材料，将外源基因导入体细胞作为核供体，将该体细胞的细胞核移入去核的卵细胞中，对其进行激活，再将发育得来的胚胎移入代孕动物，获得转基因动物。该系统不仅具有“胚胎干细胞转化法”的全部优点，而且物种适用面广，无须经过嵌合体育种就可直接获得纯合个体，实验周期短，效率高。1997 年，Wilmut 等利用绵羊的乳腺上皮细胞作为核供体，首次培育出了克隆绵羊“多莉”，这是体细胞核移植法制备转基因动物的代表。随后，体细胞核移植法培育的克隆牛、羊、猪等相继获得成功。食蟹猴是在进化上与人类最相近的非人灵长类动物。2018 年，我国科学家通过体细胞核移植法成功获得两只克隆猴，取名“中中”和“华华”，它们分别于 2017 年 11 月 27 日和 12 月 5 日诞生(图 4-5)。克隆猴的诞生标志着我国已率先在国际上开启以猴作为实验动物模型的新时代。通过微卫星分析和线粒体基因单核苷酸多态性(SNP)分析，两只克隆猴的核基因组信息与供体体细胞完全一致，而线粒体基因型则与卵母细胞供体一致。

图 4-5　克隆猴“中中”和“华华”(新华社记者金立旺　摄)

体细胞核移植法的优点是：转基因动物制备效率高，得到的动物个体绝大多数与供核亲本一致，可以保持亲本的优良性状。这种方法最大的缺点是体细胞的分化程度高，恢复全能性困难。此外，该转化体系过程复杂，需要的仪器设备高端。

五、精子介导的基因转移

将精子细胞(通常是灭能后，即细胞膜被破坏后)与转基因载体 DNA 混合共浴后，将精子头部直接注射入卵细胞，经过人工授精的受精卵移入假孕母体输卵管继续发育获得转基因动物个体。该技术涉及的基因转移方法简便，效率高，育种所用的体外授精技术已经相当成熟，动物育种不经过嵌合体，实验周期短。但从目前的研究结果来看，该体系和“受精卵显微注射”方法一样，具有目的基因整合的随机性和无法早期验证修饰案例等缺点，成功的例子不多，还有待进一步的研究。鉴于体外授精技术比较成熟，该途径也可能成为较有效的 GOF（gain of function）转基因动物的建立技术，也可以作为进行生殖系细胞基因治疗的实验研究途径。

六、基因打靶法

基因打靶技术是建立在胚胎干细胞与同源重组技术基础之上的一种转基因技术，其利用同源重组原理，定向改造细胞或生物个体遗传信息。基因打靶技术可以根据研究需求，经同源重组对宿主胚胎干细胞中的 DNA 进行定点删除、替换、插入等改造，随后利用胚胎干细胞的全能性使其发育为个体，最终获得具有特定遗传修饰的转基因动物。这类传统的基于胚胎干细胞和同源重组实现的基因打靶技术又被称为完全基因打靶。目前，完全基因打靶技术在鼠胚胎干细胞和个体遗传改良中的应用已经非常成熟，但由于该技术对胚胎干细胞和同源重组操作技术的依赖性，其推广应用会受限于稳定胚胎干细胞系的获得。此外，在胚胎发育早期对某些必需基因进行完全敲除往往会导致某些动物（包括小鼠、果蝇等）胚胎发育缺陷甚至致死，这些因素均严重制约了完全基因打靶技术在大多数动物转基因研究中的应用。

基于位点特异性重组系统的条件基因打靶技术起源于 20 世纪 80 年代，借助于位点特异性重组酶和预先引入宿主基因组的重组酶特异识别位点，能够在宿主特定发育阶段的组织或细胞中实现目标基因的时空特异性敲除，这种方法可有效避免对胚胎干细胞进行完全基因打靶操作（主要是胚胎发育必需基因的完全敲除）所引起的胚胎致死现象。由于条件基因打靶技术不再完全依赖于胚胎干细胞，所以该项技术已显示出可在果蝇、蚊子等昆虫的细胞和个体基因组水平实现靶基因定点修饰的潜力。条件基因打靶技术可实现基因置换、倒置和组织特异性敲除等多种操作。

在转基因动物研究中，上述几种方法比较常用。另外，人们还探索了一些其他方法，如畸胎瘤细胞介导法、受体介导法、高效微弹法、扎刺法、激光导入法、磷酸钙共沉淀法等。

第三节　微生物转基因技术

微生物转基因技术是指将外源基因通过构建表达载体并转入受体菌中，使其插入受体菌染色体中并表达，产生所需要的目标产物，因此而获得新的菌株(修饰后的转基因菌株)、新的产品制备法(之前产品制备量少，现在可大规模生产)和新的品种等的技术。转基因获得的菌株，也称为工程菌，在医疗卫生、环境保护等多方面发挥作用。糖尿病患者所需要的胰岛素以及部分疫苗、抗生素等均是通过工程菌获得。本章主要介绍细菌、真菌和病毒相关的转基因技术。

一、细菌转基因技术——细菌感受态细胞的制备及化学转化法和电击转化法

细菌转化整个过程包括感受态细胞的制备和质粒转化，大肠杆菌转化感受态细胞制备后可在 −70 ℃长期保存。细菌质粒的转化方法主要有化学转化法($CaCl_2$ 法)和物理转化法(电击法)。以大肠杆菌为例，化学法($CaCl_2$ 法)最先是由 Cohen 于 1972 年提出。其原理是细菌处于 0 ℃的 $CaCl_2$ 低渗溶液中，细菌细胞膨胀成球形，转化混合物中的 DNA 形成抗 DNA 酶的羟基-钙磷酸复合物黏附于细胞表面，经 42 ℃短时间热击处理，促使 DNA 复合物穿透细胞膜，进入细胞。在丰富培养基上生长数小时后，球状细胞复原并分裂增殖，被转化的基因在受体菌中表达。经选择性培养基筛选，即可选出所需的转化子。将获得的阳性菌液用甘油保存在−70 ℃冰箱中，需要时活化即可。Ca^{2+} 处理的感受态细胞，其转化率一般能达到 $5\times10^6\sim2\times10^7$ 转化子/μg 质粒 DNA，可以满足一般的基因克隆试验。例如在 Ca^{2+} 的基础上，联合其他的二价金属离子(如 Mn^{2+}、Co^{2+})、二甲亚砜(DMSO)或还原剂等物质处理细菌，则可使转化率继续提高 100～1 000 倍。化学转化法简单、快速、稳定、重复性好，菌株适用范围广，感受态细菌可以在−70 ℃保存，因此被广泛用于外源基因的转化。对于大的 DNA 片段或部分受体菌，化学转化法不足以满足实验需求，这时可使用电击转化法。电击转化法的基本原理是利用瞬时脉冲电场作用于受体细胞，使细胞膜组分被极化，并在细胞膜两边产生电位差。当电位差超过某一临界水平，细胞膜局部被击穿，形成一些可逆孔洞，孔径大小足以让 DNA 分子进入细胞。随着脉冲场强的不断增强，DNA 转化效率提高，但同时细胞大量死亡。因此，使用合适的脉冲强度和电击时间对转化效率很重要。

二、真菌转基因技术——聚乙二醇介导的原生质体转化方法

真菌在工业、农业和医药卫生行业发挥重要作用，一些真菌是重要的工业菌，

可以用于生产酶、有机酸等物质，青霉素和头孢菌素等抗生素都是用真菌生产的。此外，还有很多真菌是植物或动物致病菌，可以通过研究致病真菌基因的功能，为开发绿色农药靶标提供理论基础。因此，随着真菌基因组测序的完成，真菌也进入了功能基因组时代。自 1973 年，Tratum 实验室首次报道粗糙脉孢霉的 DNA 转化以来，真菌遗传转化研究得到了迅速的发展，建立了 PEG-$CaCl_2$ 介导的遗传转化、电击介导的遗传转化、农杆菌介导的遗传转化等多种方法。本节主要介绍 PEG-$CaCl_2$ 介导的原生质体遗传转化方法。

PEG-$CaCl_2$ 介导的真菌遗传转化以原生质体为感受态细胞，将质粒 DNA 加入受体细胞悬浮溶液中，悬浮溶液含一定浓度的 PEG、$CaCl_2$，转化在 pH 8～9 条件下进行。PEG 在高 pH 情况下能够促进原生质体细胞与外源 DNA 的融合，其通过电荷间相互作用与外源 DNA 形成紧密的复合物，受体细胞通过内吞作用将这些复合物吸收到细胞内。随后外源 DNA 进入细胞核，并整合到受体基因组中。原生质体制备与再生是 PEG 转化法的关键，通常利用细胞壁降解酶消化细胞壁获得真菌的原生质体，目前常用的细胞壁降解酶有纤维素酶、果胶酶、半纤维素酶等。制备原生质体时一般采用幼嫩菌丝、分生孢子和担孢子。影响原生质体制备和再生的因素很多，包括液体培养基的成分、菌丝体的培养温度、菌丝体的生长期、制备原生质体的溶菌温度和溶菌时间等。

三、病毒转基因技术

病毒转基因技术在疫苗生产中广泛应用，其中腺病毒载体是较为成熟的平台。腺病毒是无包膜的双链 DNA 病毒，具有很强的感染人体细胞的能力。腺病毒载体中与腺病毒复制相关的关键基因片段被剪切掉，但保留了其侵染人体细胞的能力，使其成为不能复制但能侵染人体的病毒，称作复制缺陷型腺病毒载体。以腺病毒载体新冠疫苗为例，新冠病毒主要包括 4 种蛋白，分别是刺突蛋白（spike protein，S 蛋白）、核衣壳蛋白（nucleocapsid，N 蛋白）、膜蛋白（membrane protein，M 蛋白）、包膜蛋白（envelope protein，E 蛋白）。其中 S 蛋白位于病毒表面，与病毒的传染能力密切相关，其以三聚体形式存在，三聚体可形成受体结合区，通过结合人体的血压控制蛋白 ACE2 侵入人体。腺病毒载体新冠疫苗中，用人 5 型腺病毒（Ad5）作为载体，把新冠病毒 S 蛋白的基因构建到腺病毒基因组。外壳仍然是腺病毒的正常外壳蛋白，但里面的基因是编码新冠病毒 S 蛋白的基因。因此，人体接种疫苗后，借助腺病毒较强的侵染能力，使载体迅速进入人体细胞。在细胞内把编码新冠病毒 S 蛋白的基因释放出来，在细胞质中合成 S 蛋白，由 S 蛋白激发人体产生一系列的免疫反应，而不具有复制能力的腺病毒载体则被人体代谢掉。

第四节　我国转基因研究现状及转基因技术未来的发展趋势

我国是较早开展农业转基因技术研发的国家之一。20 世纪 80 年代以来，国家高技术研究发展计划(863 计划)、国家重点基础研究发展计划(973 计划)先后对棉花、水稻、大豆等作物的转基因技术研发进行部署，我国基础研究整体水平显著提升，在国际上占有重要的一席之地。2008 年，国家启动转基因生物新品种培育重大专项，这是农业领域唯一的科技重大专项，资助金额高达 200 亿元，我国农业转基因技术进入快速发展期。2021 年，中央一号文件提出要“打好种业翻身仗”，加快实施农业生物育种重大科技项目，深入实施农作物和畜禽良种联合攻关。2023 年，中央一号文件再次提出“全面实施生物育种重大项目”，并明确指出“加快玉米大豆生物育种产业化步伐，有序扩大试点范围”。转基因技术作为发展最成熟、应用最广泛的生物育种技术，成为必须抢占的科技制高点。在国家大力支持下，我国转基因技术获得长足进展。基因克隆及作用机理解析从零星少数到数百个，挖掘了重大育种价值基因 300 多个，涉及优质、高产、抗病虫、耐逆、耐除草剂、养分高效利用等多种优异性状。转基因技术实现质的突破，获得相关发明专利近 3 000 项。转基因产品种类也在不断丰富。国产抗虫棉市场份额占比达 99%；3 个耐除草剂大豆和 4 个抗虫耐除草剂玉米相继获得生产应用安全证书；抗虫大豆和水稻、耐旱玉米和小麦、抗蓝耳病猪等已形成储备。在科研队伍方面，我国转基因研发队伍逐渐壮大。经过多年努力，我国已进入转基因研发第一梯队，成为继美国之后的第二研发大国，基本实现了“自主基因、自主技术、自主品种”，为转基因产业化应用打下了坚实基础。

目前，我国已建立了水稻、小麦、玉米、大豆、棉花等主要农作物转基因技术体系，获得了拥有自主知识产权的新基因上百个和一批具有潜在应用价值的新基因，水稻基因组及重要功能基因克隆研究居世界先进水平，为利用转基因技术培育作物新品种奠定了坚实的基础。目前，我国的玉米和大豆仍大量依赖进口，我国 2021 年大豆品种试验亩产在 149～236 kg，玉米品种试验亩产在 565～1 043 kg，接近或者超过美国大田的亩产水平。但从我国大田单产水平看，大豆、玉米品种平均单产只有试验单产的 70%左右，与国际先进水平还有很大差距。面对国际上竞争日益激烈的转基因市场，应充分利用转基因新技术培育环境友好、资源节约、有利健康、高产优质的转基因作物品种，在科学评估、依法管理基础上，推进转基因新品种产业化。

在充分肯定转基因技术巨大潜力的同时，不能忽视其存在的问题。首先，转基因生物技术虽然已取得较大进步，但仍然不能放松转基因生物技术的基础研究，否则将无法持续发展。任何大的应用成果的发现都依托于一定的基础研究成果，我们仍需在基因克隆、基因表达、大片段 DNA 转移技术、信号传导与基因调控等基础研究方面下大功夫，才能使转基因动植物生产不断向前发展。其次，在从事转基因动植物生产时，不能忽视对基因的安全性评价的工作，应制定相对完善的基因安全释放管理办法，使高新技术成果既能及时应用于生产，又具有可靠的食品和环境安全。

我国转基因生物技术的发展必须从我国的实际情况出发，以现阶段农业、农村和环保问题的重大战略需求为导向，以产品和产业发展为根本目的，以加强创新和推进产业化为重点，以实施人才、专利和标准三大战略为手段，从战略高度上进行统筹规划。国家在政策和资金上重点支持有关的基础研究项目，培育自主创新能力，力争在相关领域取得重大突破。同时，要培育和壮大一批具有国际竞争力的农业生物技术企业，为实现我国农业生物技术和农业、农村经济可持续的跨越式发展创造良好条件。

思考题

1. 请简述 3 种植物转基因技术，并指出每种技术的优缺点。
2. 简述转基因技术发展在保障国家粮食安全和肉蛋奶资源方面的作用。

第五章

国内外转基因生物的有关法律法规

提要：为了确保食品安全和保护环境，许多国家都实施了相应的转基因法规。本章重点介绍国内外有关转基因生物的法律法规。

第一节　我国有关转基因生物的法律法规

我国政府十分重视转基因生物安全管理问题。自 20 世纪 80 年代后期，原国家国家科学技术委员会就已着手准备起草国家生物安全管理的条例，并于 1993 年正式发布《基因工程安全管理办法》。农业部（现农业农村部）据此于 1996 年发布《农业生物基因工程安全管理实施办法》，成立了农业生物基因工程安全委员会和安全管理办公室。随着国内外农业生物技术的迅速发展以及全球经济一体化进程的加快，农业部《农业生物基因工程安全管理实施办法》已不能适应新形势下生物安全管理的需要。为了进一步加强农业转基因生物安全管理，保障人类健康和动植物、微生物安全，保护生态环境，促进农业转基因生物技术研究，我国于 2001 年 5 月 23 日以国务院 304 号令发布了《农业转基因生物安全管理条例》，这是我国颁布的第一部有关转基因生物安全的行政法规，最新一次修订为 2017 年 10 月 7 日。该条例针对农业转基因生物的定义、管理主体、研究、试验、生产、加工、经营、进出口等方面作出了相关规定。为了便于有效实施和实际操作，又于 2002 年 1 月 5 日分别以农业部第 8 号令、第 9 号令和第 10 号令发布了《农业转基因生物安全评价管理办法》（2022 年 1 月 21 日修订）、《农业转基因生物进口安全管理办法》（2004 年修订）和《农业转基因生物标识管理办法》（2004 年修订）3 个配套规章。《农业转基因生物安全评价管理办法》主要针对农业转基因生物对人类、动植物、微生物和生态环境构成的危险或者潜在的风险进行评价。农业农村部设立农业转基因生物安全管理办公室，负责农业转基因生物安全评价管理工作。《农业转基因生物进口安全管理办法》主要针对在中国境内从事农业转基因生物进口活动的安全管理。国家农业转基因生物安全委员会负责农业转基因生物进口的安全评价工作，农业转基因生物安全管理办公室负责农业转基因生物进口的安全管理工作。《农业转基因生物标识管理办法》主要针对在中国境内销售列入农业转基因生物标识目录（由国务院农业行政主管部门商国务院有关部门制定、调整和公布）的农业转基因生物应当进行标识，未标识和不按规定标识的，不得进口或销售。转基因标识和安全性没有关系，采取标识制度，主要是保障消费者的知情权。

随后我国陆续出台了一系列相关管理办法。2002 年颁布的《进境动植物检疫审批管理办法》适用于对进出境动植物检疫法及其实施条例以及国家有关规定需要审批的进境动物（含过境动物）、动植物产品和需要特许审批的禁止进境物的检疫审批。2004 年颁布的《进出境转基因产品检验检疫管理办法》规定对各种方式（包括贸易、来料加工、邮寄、携带、生产、代繁、科研、交换、展览、援助、赠送以及其他方式）进出境的转基因产品必须经过检验检疫。国家质量监督检验检疫总局负责全国进出境转基因产品的检验检疫管理工作，国家质检总局设在各地的出入境检验检疫机构负责所辖地区进出境转基因产品的检验检疫以及监督管理工作。2002 年颁布的《转基因食品卫生管理办法》规定转基因食品作为一类新资源食品，须经卫生部（现国家卫生健康委员会）审查批准后方可生产或者进口。未经卫生部审查批准的转基因食品不得生产或者进口，也不得用作食品或食品原料，同时转基因食品的食用安全性和营养质量要符合有关法律、规章、标准的规定。2006 年颁布的《开展林木转基因工程活动审批管理办法》规定转基因林木的研究、试验、生产、经营和进出口活动必须经过审批。开展林木转基因工程活动，应当符合林木转基因工程活动安全技术标准和技术规范，具备相适应的安全设施和措施，确保林木转基因工程活动的安全。国家林业局（现国家林业和草原局）负责全国林木转基因工程活动安全监督管理工作。2006 年颁布的《农业转基因生物加工审批办法》（2019 年 4 月 25 日修订）规定从事农业转基因生物加工的单位和个人应当取得加工所在地省级人民政府农业行政主管部门颁发的《农业转基因生物加工许可证》后，方可从事农业转基因生物的加工，同时要符合并具备有关法律、法规规定的设立条件。

我国于 2020 年 10 月 17 日通过了《中华人民共和国生物安全法》，自 2021 年 4 月 15 日起施行。这是我国首部针对生物安全设立的法律，是生物安全领域的一部纲领性、综合性、系统性的立法，也标志着我国转基因农业法律制度的全面建立。该法共计十章八十八条，涵盖了生物安全风险防控制度，防控重大新发突发传染病、动植物疫情，生物技术研究、开发与应用安全，病原微生物实验室生物安全，人类遗传资源与生物资源安全，生物恐怖与生物武器威胁，生物安全能力建设和对违法者追究的法律责任。

该法第四章中明确规定：①国家加强对生物技术研究、开发与应用活动的安全管理，禁止从事危及公众健康、损害生物资源、破坏生态系统和生物多样性等危害生物安全的生物技术研究、开发与应用活动。从事生物技术研究、开发与应用活动，应当符合伦理原则。②从事生物技术研究、开发与应用活动的单位应当对本单位生物技术研究、开发与应用的安全负责，采取生物安全风险防控措施，制定生物安全培训、跟踪检查、定期报告等工作制度，强化过程管理。③国家对生物技术研究、开发活动实行分类管理。根据对公众健康、工业农业、生态环境等造成危害的风险程度，将生物技术研究、开发活动分为高风险、中风险、低风险三类。生物技术研究、开发活动风险分类标准及名录由国务院科学技术、卫生健康、农业农村等主管部门根据职责分工，会同国务院其他有关部门制定、调整并公布。④从事生物技术研究、开发活动，应当遵守国家生物技术研究开发安全管理规范。从事生物技术研究、开发活动，应当进行风险类别判断，密切关注风险变化，及时采取应对措施。⑤从事高风险、中风险生物技术研究、开发活动，应当由在我国境内依法成立的法人组织进行，并依法取得批准或者进行备案。从事高风险、中风险生物技术研究、开发活动，应当进行风险评估，制定风险防控计划和生物安全事件应急预案，降低研究、开发活动实施的风险。⑥国家对涉及生物安全的重要设备和特殊生物因子实行追溯管理。购买或者引进列入管控清单的重要设备和特殊生物因子，应当进行登记，确保可追溯，并报国务院有关部门备案。个人不得购买或者持有列入管控清单的重要设备和特殊生物因子。⑦从事生物医学新技术临床研究，应当通过伦理审查，并在具备相应条件的医疗机构内进行；进行人体临床研究操作的，应当由符合相应条件的卫生专业技术人员执行。⑧国务院有关部门依法对生物技术应用活动进行跟踪评估，发现存在生物安全风险的，应当及时采取有效补救和管控措施。

该法的制定对维护我国国家安全，防范和应对生物安全风险，保障人类生命健康，保护生物资源和生态环境，促进生物技术健康发展提供法律保障。同时该立法的实施也充分体现了党和国家对植物保护工作的高度重视和植物保护在国家生物安全中的重要地位，植保科技工作者肩负着建设新时代国家生物安全保障体系的历史使命。

2017 年 1 月至 2023 年 2 月，我国农业农村部累积处理并通报了 51 起违反农业转基因生物安全管理的违规行为，主要涉及违规开展农业转基因试验，从事农业转基因环境释放试验，开展农业转基因研究、试验未向农业农村部农业转基因生物安全管理办公室报告，非法生产、经营、加工转基因种子等活动，以及研究、试验、生产过程中存在控制措施不到位等问题。

2019 年，国际农业生物技术应用服务组织发布的《2018 年全球生物技术/转基因作物商业化发展态势》报告指出，2019 年全球有 26 个国家和地区种植转基因作物，种植面积超 1.9 亿 hm^2，其中美国、巴西、阿根廷、加拿大和印度的转基因农作物种植面积占全球转基因作物种植面积的 91%。我国自 1998 年开始开展抗虫棉花转基因技术，并且已大规模商品化生产应用，包括美国孟山都公司研制的抗虫棉在内，截至 2019 年，我国转基因棉花种植面积累计推广 4.7 亿亩，减少农药使用 70%以上，国产抗虫棉市场份额达到 99%以上。目前，我国批准种植的转基因作物只有抗虫棉花、番木瓜和杨树。批准进口用作加工原料的转基因农产品有大豆、玉米、棉花、油菜、甜菜。此外，转基因耐贮存番茄也有小规模的种植。

目前，我国现有的转基因生物安全立法初步形成了一个相互联系、相互配合、相互补充、内部基本协调一致的有机整体。同时国务院建立农业转基因生物安全管理部际联席会议制度，由农业、科技、环境保护、卫生、外经贸、检验检疫等有关部门的负责人组成，负责研究、协调农业转基因生物安全管理工作中的重大问题。农业农村部负责全国农业转基因生物安全的监督管理工作。

具体而言，我国转基因生物管理的法律法规主要包括《农业转基因生物安全管理条例》《农业转基因生物安全评价管理办法》《农业转基因生物进口安全管理办法》及《农业转基因生物标识管理办法》。其中，《农业转基因生物安全管理条例》是基础性的法规，它规定了农业转基因生物的广告审查、进口与出口管理、安全管理、防范措施等基本要求。《农业转基因生物安全评价管理办法》详细规定了安全评价的程序和标准，确保转基因生物的安全性和可控性。《农业转基因生物进口安全管理办法》专门针对进口的农业转基因生物，规定了进口的安全管理措施和审批流程。《农业转基因生物标识管理办法》则规定了转基因生物产品的标识要求，以确保消费者能够明确识别购买的产品是否为转基因产品。这些法规共同构成了我国转基因生物安全管理的法律框架，旨在确保转基因生物的研究、试验、生产、加工、进口、销售等各个环节的安全性和可控性，保护消费者权益，同时也符合国际上的相关标准和要求。

第二节 国外有关转基因生物的法律法规

一、美国

美国是世界上最早建立并执行转基因生物安全监管体系的国家。在1976年制定了世界第一部关于生物安全管理的技术法规《重组DNA分子研究准则》,该准则主要对实验室研究进行安全管理。在1986年颁布了《生物技术管理协调框架》,确立了转基因生物由美国食品药品监督管理局(FDA)、美国环保署(Environmental Protection Agency, EPA)和美国农业部(U. S. Department of Agriculture,USDA)3个监管机构共同管理以及相关政策法规和监管原则。USDA主要负责保证转基因生物的农业和生态安全。FDA的主要职责是监管转基因生物制品在食品、饲料以及医药等领域中的安全性。EPA则主要是监管转基因作物的杀虫特性及其对环境和人的影响。该协调框架以"实质等同性原则"和"个案分析原则"作为监管的指导原则,确保了美国转基因生物的健康发展。美国又于2017年发布了《2017生物技术管理协调框架》以及附件《现代化生物技术产品法规的国家战略》,包含了各种生物技术产品及相关部门管辖的产品和法规及详细的审批监管流程。美国在2002年颁布了5项涉及转基因农作物安全问题的法案,其中3项法案较为重要。①《转基因农作物和动物农民保护法案》(HR4812)。该法案旨在为可能因转基因种子、植物或动物在经济上受到危害的农民提供保护,以确保农民在与有关生物技术公司交易中免受损失。②《转基因食品知情权法案》(HR4814)。该法案要求对含有转基因物质的食品或由转基因物质制成的食品实行标识制度,其要点包括:食品公司应对含有转基因物质的食品或由转基因物质制成的食品进行标识;食品药品监督管理局应对产品进行定期检测;允许自愿性的非转基因食品标识;确保标识的精确性。③《转基因生物责任法案》(HR4816)。该法案旨在针对转基因生物造成的损害确定相应的责任,其要点包括:转基因生物所造成的负面影响由制造该转基因生物的生物技术公司承担;对于由转基因生物所造成的损害,农民有权获得赔偿;制造转基因生物的生物技术公司不得推卸其责任。2020年开始实行《国家生物食品信息披露标准》,该标准是强制执行转基因食品标识的法律依据。对含有转基因成分超过5%阈值的食品必须强制标识。

二、英国

英国的生物安全立法较为完善。20世纪70年代末，英国开始了生物安全领域的立法工作。1978年，英国颁布了《卫生与安全法》。此后，英国又颁布了诸多法律法规，其内容主要涉及以下3个方面。

其一，转基因生物的封闭使用。在1992年颁布了《转基因生物封闭使用管理条例》，并于1998年和2001年对该条例进行了重新修订。该条例最主要的依据是欧盟关于封闭使用转基因生物的第90/219/EEC号指令。根据该条例，从事转基因生物工作应对有可能危及人类健康及环境的风险进行评估，并保存试验记录；应建立地方基因修饰安全委员会并为风险评估提供咨询；应按规定对所有活动和使用的生物划分等级；初次开展工作或特定的后续活动，应将使用控制设施的目的通告给卫生与安全管理局(HSE)，其中有些活动还需要卫生与安全行政部批准后才能进行。在英国，卫生与安全管理局和环境、运输及政区部主管转基因生物封闭使用的相关法规的实施，但与申请人直接接触的一般是卫生与安全管理局。卫生与安全管理局在收到申请人的申请书后，将副本提交至国家环境大臣或者苏格兰事务大臣、威尔士事务大臣并获其同意后，方可签署许可。如果国家环境秘书处需要申请人提供进一步的信息，则需通过卫生与安全管理局提出该要求。根据部门间协议，卫生与安全行政部以环境部的名义负责对所有开展转基因活动的设施进行监督和管理。卫生与安全管理局有权强制执行转基因生物封闭使用相关法律法规。

其二，转基因生物的有意释放。根据1990年英国《环境保护法》，英国1992年颁布了《转基因生物释放和市场化管理条例》。根据该条例，转基因生物释放或投放市场需向国务大臣提出许可申请。申请人应随申请提供详细资料及对环境的风险评估报告。根据其《环境保护法》英国国务大臣建立环境释放咨询委员会(ACRE)。该委员会是一个独立机构，由具有相关科技、医学、兽医及农业专业的人员以及来自工业领域的专家、环境保护团体和公众利益团体成员组成，负责对所有申请的审批及立法问题提供咨询。

其三，转基因食品和饲料安全。早在1991年，英国就发布了关于食品安全评估程序的规范。1992年，英国农业、渔业和食品部(MAFF)就转基因食品的道德与伦理问题开展研究，认为如果食品中包含涉及伦理问题的基因或者植物中含有动物基因，则对于此类食品必须明确标识。1996年，英国在其《食品安全法》框架下发布了关于食品标识的条例，其中规定需要进行特殊标识的食品包括：不等同于现有食品的来自转基因生物的食品、包含现有食品中不存在的物质且有可能对某些人群产生影响的食品、包含现有食品中不存在的物质且涉及伦理问题的食品、包含或者由转基因生物组成的食品。1997 年，英国又制定了《新食品和新食品成分管理条例》(258/97/EEC)，作为《关于有意向环境释放转基因生物的指令》的补充，首次建立了转基因食品的许可和标识制度，尝试保证转基因食品在安全可控的前提下进入零售市场，且能够以标识的告知方式给予消费者选择权。2003 年颁布了《转基因食品和饲料管理条例》(No 1829/2003)，该条例规定了转基因生物用于食品和饲料的审批流程以及进行食用和环境风险评估的原则等。同年还颁布了关于转基因生物可追踪性和标识及由转基因生物制成的食品和饲料产品的可追踪性的第 1830/2003 号条例，该条例规定对含有转基因生物成分的食品和饲料需要进行标识，且具有可追溯性。

2023 年 3 月 23 日，英国政府颁布了《基因技术法案》。该法案允许在英格兰内使用包括基因编辑技术使植物获得更有利的抗旱和抗病能力，进而减少化肥和杀虫剂的使用。该法案还允许通过基因编辑等技术对动物进行精准育种。但该法案表示会分别针对研究和市场建立两个信息发布系统。该法案的提出表明英国对转基因生物正在采取更加支持创新的监管方式，进而促进可持续和高效的农业及粮食生产。

三、德国

作为欧盟成员国的德国分别于 1990 年和 2002 年出台了《基因工程法》和《胚胎干细胞保护法》。在 2006 年德国对《基因工程法》进行了第三次修订，规定从事培育转基因农作物的人员要在其所在地的主管部门进行登记备案，且从业人员在培育转基因农作物时采取分区规划和强制隔离等措施；在运输转基因生物时也要做好隔离防护措施，避免转基因农作物花粉传播带来基因污染引发环境危害。

欧盟是目前世界上对转基因生物安全监管最严格的地区。欧盟对转基因生物监管的法律体系主要包括横向一般性法规和针对产品的纵向法规。横向法规对转基因生物监管进行了规定，纵向法规则对新食品、种子等产品的管理进行了具体规定。欧盟各成员国还有本国各自的农业转基因生物安全管理法规体系，各成员国根据本国国情和利益情况进行修订和调整。目前，欧盟转基因管理主要由新成立的食品安全总署(EFSA)负责。

2001 年，欧盟又重新修订了《关于基因改造生物有意释放环境释放的指令》2001/18/EC(替代了 90/220/EEC)，在该指令下，规定了转基因生物商业性与非商业性释放的程序要求，非商业性释放一般限于试验范围，对其信息公开的要求仅限于在已经申请批准释放的转基因生物由于新的信息表明将会给人类健康造成威胁而需要采取紧急补救措施的情形下;商业性释放也以是否首次申请为依据,在决策程序中对信息公开提出不同的要求。该指令还要求各成员国负有环境预防义务,遵循风险预防原则。2014 年,欧盟在《关于转基因生物有意环境释放的指令》(2001/18/EC)的基础上,对种植申请法规流程进行了修改(指令 EU 2015/412),这项新指令将在转基因植物的种植问题上赋予成员国更多的自主权,是否在本国领土上种植转基因作物由成员国自行来决定。

四、澳大利亚

澳大利亚在 2000 年颁布了第一部关于生物安全的《基因技术法》,目前,已形成以《基因技术法》为核心,其他相关法规为补充的较为完整的生物安全法规体系。《基因技术法》主要监管转基因生物,禁止从事与转基因生物的任何活动,保护人类身体健康和环境安全。但是该法律包括 4 种例外情形:其一,一般性的行为,是指开展的活动只会产生很低的风险;其二,风险显著很低,是指该转基因生物活动只会对人类产生比较低的风险;其三,需要申请执照,是指从事的活动比风险显著很低的风险程度要高;其四,申请执照之后,在一段时间过后证明从事的转基因生物技术行为不会对人类及环境产生影响,即可在登记处登记解除行为限制。该法规还对转基因生物封闭性活动和转基因生物体的一般性环境释放进行评估。2019 年,澳大利亚卫生部基因技术监管办公室提出的《基因技术法规修正案》正式生效。该法案规定,如果基因编辑技术没有引入外源基因,则被认为使用该技术产生的生物体与自然存在遗传变化的生物体风险相同,不受该监管办公室监管。同时,该机构禁止与生殖相关的基因编辑技术。澳大利亚作为联邦制国家,联邦政府与各州签订了《基因技术协定》,形成了统一的管理体系,共同管理转基因生物安全,保护澳大利亚的人民健康和生态环境。截至 2020 年,澳大利亚大陆所有州都取消了转基因作物种植禁令。

五、新西兰

新西兰在 1993 年颁布了《生物安全法》,随后在 1996 年又颁布了专门监管转基因生物活动的法律《危险物质和新生物体法》。该法律规定必须得到主管部门环境风险管理局的同意方可进行有关“新生物体”的研究、开发、进口、田间试验及释放等活动。只有当环境风险管理局认为其研究的转基因没有风险或者利益对于危害有压倒性优势时,才会办理许可证,并将许可对所有公众公开,公众可以申请举行听证会,听证会是否举行由国家环境部最高长官决定。同时,新西兰政府专门设有转基因生物咨询委员会,主要负责转基因生物相关知识的宣传,降低公众对生物环境安全的恐慌。

六、巴西

巴西于1995年制定了《生物安全法》,这是巴西第一个关于转基因的法律。随后,在2005年又制定了《巴西生物安全法》,这是对1995年生物安全法的全新修订。巴西目前转基因生物安全监管的机构主要包括生物安全内部委员会(CIBio)、国家生物安全理事会(CNBS)、国家生物安全技术委员会(CTNBio)和注册与监督机构(OERF)。《巴西生物安全法》主要内容主要涉及以下2个方面。

其一,管理范围的界定。在巴西范围内,凡是从事转基因生物及转基因生物衍生物的制造、培育、生产、运输、转移、进出口、储存、研究、商品化、消费和废弃物处理的工作,均受该法律的监督管理。该法律不适用于利用以下转基因技术活动:诱变基因、利用动物杂种细胞形成体细胞并加以利用;植物的细胞融合;非病原体自然的自我克隆。同时该法界定了违法行为,并制定了具体制裁措施,如警告、罚款、停止转基因生物的相关活动、中止或吊销注册、许可或授权以及禁止在5年内与公共管理机关签订任何协议等。如果未得到相关监管部门授权,将转基因生物释放或排放到环境,进行商业化应用等违规行为,将会被处以监禁。

其二,管理机构及其职责。《巴西生物安全法》对各管理机构的职责、任务和运转机制做出了明确的规定。CNBS的主要职责有:在国家层面上制定法规和指南;分析转基因生物及产品应用的社会经济效益和国家利益;决定是否能够批准转基因生物及产品商品化应用。CTNBio的职责:监测和评定转基因生物及产品的风险指标;对从事转基因产品的化验室、机构和企业进行认证;执行转基因产品销售的审批权,但需经委员会中2/3成员的同意。CIBio的职责:任何从事转基因相关研究或商业化应用的公私营机构都应该设立的内部组织,负责信息(包括风险评估结论)通知、预防及审查项目、资料提供、活动和项目跟踪、事故和疾病调查等。

七、日本

日本也是世界上较早进行生物安全立法的国家之一。1979年8月,日本颁布了《重组DNA实验管理条例》,至今已修订多次。此后,日本通产省(MITI)、厚生劳动省(MHLW)和农林水产省(MAFF)分别颁布了各自的转基因生物安全准则。转基因作物的安全监管由MHLW、MAFF、环境省(MOE)和文部科学省(MEXT)4个部门共同负责。其颁布的生物安全立法主要涉及以下5个方面。

其一,转基因生物工业化准则。1986年,日本通产省颁布了旨在推动和规范生物技术在化学药品、化学产品和化肥生产领域应用的《转基因生物工业化准则》。

该准则要求根据受体的安全性、所重组 DNA 分子的特性和转基因生物与受体性质的比较等因素进行安全性评价，并规定了 5 类安全性等级；对于每类安全性等级，该准则都规定了相应的操作规则，其中主要包括设备维护、工作人员的保健和免疫接种、转移、采样、废弃物处理以及储存和运输等方面的内容；此外，该准则还对法人、经营者、业务主管、工人、安全生产委员会和安全负责人的职责以及教育培训和健康管理等问题做出了较为详细的规定。

其二，重组 DNA 实验准则。1987 年，日本科学技术厅颁布了适用于在封闭设施内重组 DNA 研究的《重组 DNA 实验准则》。该准则将重组 DNA 实验划分为 7 个物理控制等级和 2 个生物控制等级；在实验之前，从事该项工作的研究机构必须依据受体、外源 DNA、载体和转基因生物的特性进行安全评估，并据此选择相应的物理和生物控制等级；研究机构主管人员负责实验计划的审批并对该实验的安全性负责；所有重组 DNA 研究机构均须建立生物安全委员会，为机构负责人审批实验计划提供咨询；实验室及研究机构主管人员应了解相关的法规和安全技术，并负责人员培训工作；农林水产省负责重组 DNA 活动的审批。

其三，农林渔业及食品工业应用重组 DNA 准则。1992 年，日本颁布了《农林渔业及食品工业应用重组 DNA 准则》。该准则适用于 3 个方面：在本地培养的转基因生物或进口的可在自然环境中繁殖的转基因生物，用于制造饲料产品的转基因生物，用于制造食品的转基因生物。该准则针对转基因实验动物、转基因植物和转基因微生物分别做出了相应的规定。该准则的最近一次修订是在 1995 年。2003 年，农林水产省发布了《转基因食品标识标准》，对在本国流通的转基因食品进行标识。该标识制度适用于 5 种农作物产品，包括大豆、玉米、马铃薯、油菜籽、棉花，以及由上述作物产品加工后重组。

其四，规制转基因生物保护生物多样性法。2003 年，日本制定了《规制转基因生物保护生物多样性法》及其实施细则。2004 年，经济产业省、厚生劳动省和农林水产省分别发布了《有关规制转基因生物保护生物多样性法》第 32 条规定的省令；财务省、厚生劳动省、农林水产省、经济产业省、环境省发布了《对进行转基因生物等进行第二类使用中的工业使用时必须执行的防止扩散措施进行规定》的省令；内阁根据《规制转基因生物保护生物多样性法》第 24 条第 1 款规定也发布了政令。其中，《规制转基因生物保护生物多样性法》最为重要。该法主要规定了转基因生物的第一类使用、第二类使用、生物检查、信息提供和出口措施等 5 方面内容。

其五，其他方面的相关立法。1989 年，日本科学技术厅颁布了《转基因生物野外试验管理准则》；1991 年，厚生省（现为厚生劳动省）颁布了《转基因食品管理准则》,2001 年又颁布了《转基因食品检验法》等。目前,日本政府正在起草有关转基因产品进出口和销售的法规,以防止转基因产品对人类健康和生态系统造成危害。该法将要求农场和其他相关行业保证其转基因产品对人类健康和生态系统的安全性,并要求农场继续监视其转基因产品可能造成的长期影响;此外,该法还要求政府在出现问题时命令停止销售并回购相关产品。

八、韩国

随着韩国各类转基因作物总进口量逐年增加,韩国先后出台了 16 部关于转基因生物管理法律和制度规定。最早于 1997 年实施了《遗传重组实验条例》,对转基因生物研发实验可能存在的风险和应该采取的防护措施进行了规定。为了保障国民健康和环境安全,韩国在 1999 年和 2002 年出台了《转基因食品及添加剂风险评估文件检验指南》和《转基因农产品环境风险评估指南》,要求对转基因食品和农产品要进行风险评估,并详细规定了风险评估的程序和结论。为了保护消费者的知情权和选择权,韩国在 2000 年先后出台了《转基因农产品和食品强制性标识》和《转基因食品标识标准》等法规,强制性要求生产商对转基因成分含量超过 3% 的产品进行标识,但是对用转基因作物加工的油脂和糖浆产品给予转基因标识豁免权,理由是油脂和糖浆中无法检测到转基因成分。2001 年,出台了《转基因作物抽样和检测方法条例》,详细规定了转基因作物的取样和检测程序,包括检测机构的职责以及对检测结果的分析和解释。2004 年,韩国实施了《韩国生物安全框架》,详细规定了生物安全的法律和行政制度以及风险评估和管理制度,建立了更加合理、高效的国家生物安全体系。2022 年,韩国食品药品安全部发布《转基因农产品和水产品的标识及安全检查条例》修订案。本次修订内容主要包括:①规定安全检查机构的申请费用和变更审批申请费用分别为 26 万韩元和 13 万韩元;②安全检查员在采集检查样本时,应向农产品和水产品生产者发放样本收集明细表,以提高检查的透明度;可通过委托专业机构进行样品采集和分析,以加强残留物检测分析的专业性;③安全性调查机关负责人应确认经营者是否履行对违反生产阶段安全标准的农水产品的措施事项;④明确规定取消安全性检查机构指定的加重处罚标准。

九、泰国

2022 年,泰国政府公报发布了《转基因食品法》和《转基因食品标识法》。其中,《转基因食品法》规定了转基因食品(同样适用于基因编辑食品)的相关范畴、质量标准和安全评估标准,禁止生产、进口和销售法规批准之外及未经安全评估的转基因食品。《转基因食品标识法》规定了转基因标识的具体图案、背景颜色等，并禁止使用“不含转基因成分”等类似标语误导消费者。

第三节　国际协议

一、生物多样性公约

生物多样性公约(Convention on Biological Diversity，CBD)是联合国环境规划署于1992年6月1日发起，1993年12月29日正式生效的一项保护地球生物资源的国际性公约(附录2-1)。该公约旨在保护濒临灭绝的植物和动物，最大限度地保护地球上的多种多样的生物资源。中国在1992年6月11日签署，并于2021年10月11—15日，在我国昆明举行了《生物多样性公约》缔约方大会第十五次会议(COP15)第一阶段会议。《生物多样性公约》中只有第8条涉及转基因生物的规定，即每一缔约国应尽可能并酌情制定或采取办法以酌情管制、管理或控制由生物技术改变的活生物体在使用和释放时可能产生的危险，即可能对环境产生不利影响，从而影响到生物多样性的保护和持续利用，也要考虑到对人类健康的危险；防止引进、控制或消除那些威胁到生态系统、生境或物种的外来物种。

2000年1月29日，《生物多样性公约》缔约方大会通过了《卡塔赫纳生物安全议定书》(Cartagena Protocol on Biosafety，CPB，以下简称《议定书》)。该《议定书》是一份有关保护生物多样性和人体健康而控制、管理生物技术改性活生物体越境转移、过境、装卸和使用的国际性法律文件，目标是保护生物多样性不受由转基因活生物体带来的潜在威胁。它于2003年9月11日正式生效。中国在2000年8月8日签署了《议定书》，并于2005年9月6日正式成为《议定书》缔约方。《议定书》中有关转基因生物安全的规定主要体现在复审制度、紧急应急制度和包装、运输和标识制度。

二、技术性贸易壁垒协定

技术性贸易壁垒协定(Agreement on Technical Barriers to Trade，TBT，以下简称《TBT协定》)。《TBT协定》是世界贸易组织下设的货物贸易理事会管辖的，专门协调国际贸易中有关技术法规、标准和合格评定程序方面的问题，于1995年1月1日开始执行，每3年末进行一次审议。《TBT协定》管辖范围主要是工业品和农产品的技术性贸易壁垒，包括正文和3个附件。正文主要规定了专门术语、采用的国际标准、透明度要求和对贸易不得造成不必要障碍(即需要满足必要性测试要求）等方面的内容。附件主要规定了标准、技术法规和合格评定程序的定义、技术专家小组、关于标准制定的良好行为规范等内容。《TBT 协定》中有关转基因生物安全主要体现在转基因产品的标签要求上。

三、实施卫生与植物卫生措施协定

实施卫生与植物卫生措施协定（Agreement on the Application of Sanitary and Phytosanitary Measures，SPS，以下简称《SPS 协定》）。《SPS 协定》是在乌拉圭回合中达成的一项新协议，隶属于世界贸易组织多边货物贸易协议项下，于 1995 年 1 月 1 日开始执行，每 3 年末进行一次审议。《SPS 协定》的管辖范围是食品和动植物领域的检验检疫措施。该协议是为了避免一些国家更多地和不合理地使用卫生与植物卫生检疫措施形成新的非关税贸易壁垒而制定的。《SPS 协定》包括正文和 3 个附件。正文主要规定了非歧视、科学依据、风险评估、最小贸易限制、协调、临时措施、非疫区（有科学证据表明某种特定有害生物没有发生，并且在一定时期内该状态可由官方予以维持的区域）和透明度等内容。附件主要规定了卫生与植物卫生措施的定义、透明度具体要求以及控制、检查和批准程序等内容。《SPS 协定》中关于转基因生物安全主要体现在对转基因生物安全进行风险评估上，评估需以科学依据为基础；如无科学依据或科学依据不充分，需各成员国积极寻求必要信息，进行客观评估。

有关生物安全方面的法律法规见附录 2、附录 3 和附录 4。

思考题

1. 我国《生物安全法》产生的背景如何？
2. 《生物多样性公约》的目的是什么？

推荐阅读

转基因农作物商业化种植 20 余年为人类带来巨大效益

据国际农业生物技术应用服务组织统计，1996—2018 年间，全球转基因农作物累计种植 400 多亿亩，共增产粮食 8.22 亿 t，减少了 8.3% 的化学农药使用量，按照有效成分计算约 77.6 万 t，仅在 2018 年全年就减少 CO_2 排放 2 300 万 t，相当于 1 530 万辆汽车一年的碳排放总和。

第六章

外来有害生物及其危害

提要：外来有害生物是另一重大生物安全风险。很多外来入侵物种对生态系统形成破坏的同时，还会对农林牧渔产生破坏，甚至危害粮食安全。本章重点介绍外来有害生物及其危害、生物武器及其防范。

第一节　外来有害生物的概念与界定

外来有害生物(alien pest)是指由于人为或自然因素被引入新生态环境，并对新生态系统、物种及人类健康带来威胁的外来物种。在定义上与目前广泛使用的外来入侵物种有相似之处。要准确理解这一概念，首先要明确外来物种的定义(或者称非本地的、非土著的、外国的、外地的物种)。外来物种(alien species)是指那些出现在其过去或现在的自然分布范围及扩散潜力以外的物种(或种以下的分类单元)，包括其所有可能存活、继而繁殖的部分、配子或繁殖体。如果从生态系统的角度考虑，在某个生态系统中原来没有某个物种，通过人为有意或者无意地从其他生态系统中引入这个生态系统中的物种就叫外来物种。许多外来物种并非天生就是有害的"入侵者"。譬如，小麦的原产地起源于西亚，芝麻原产地在印度和非洲，花生、玉米、西瓜、番茄等蔬菜水果的原产地也不在中国，而正是这些外来的粮食作物和蔬菜水果在中国的传播和进化，对中国的农业生产结构以及人们的饮食结构和饮食文化产生了深远的影响。

外来入侵物种(invasive alien species，IAS)通常是指出现在其过去或现在的自然分布范围以外，在当地的自然或半自然生态系统中形成自我再生能力，对生态环境、农林业生产和人类健康造成危害的物种。定义外来入侵物种的标准：①通过有意或无意的人类活动而被引入一个非本源的区域；②在当地的自然或人造生态系统中形成了自我再生能力，建立了可自我维持的种群；③造成自然生态系统或景观的明显变化，或给当地的自然或人为生态系统造成损害。

外来有害生物与外来入侵物种是两个不同的概念。首先，外来有害生物与外来入侵物种在概念的范围上就不同。外来有害生物是一类物种的总称，即所有的非本土的有害生物的统称。而外来入侵物种是具体到某个物种，其所指的是每一个非本土的入侵物种。外来有害生物带来的威胁可能是潜在的，也可能是已经造成的，即该外来物种即使未在当地形成自我繁殖的种群，也可定义为外来有害生物。例如当前检验检疫部门截获的非本地有害生物，地中海实蝇（*Ceratitis capitata*）、谷斑皮蠹（*Trogoderma granarium*）、小麦矮腥黑穗病菌（*Tilletia controversa*）、大豆疫病菌（*Phytophthora sojae*）、假高粱（*Sorghum halepense*）等有害生物。而外来入侵物种是指在自然或半自然生态系统或生境中建立了种群，并可自我维持，改变或威胁本地物种，这是外来入侵物种与外来有害生物最大的区别。另外，两个概念也有不同的涵盖范围，外来入侵物种是属于外来有害生物定义范围之内的，即外来有害生物包括外来入侵物种。根据外来物种入侵的"十分之一法则"，所有被引入的外来物种中，大约有10%在新的生态系统中可以自行繁殖，在可以自行繁殖的外来物种中又有大约10%能够造成生物灾害成为外来入侵物种。但几乎所有的外来有害生物都是潜在的外来入侵物种，其关键是该外来有害生物能否在新的生态体系中建立种群。

第二节　我国的外来生物入侵

生物入侵（biological invasion）是物种从原生地经自然或人为途径侵入新环境，对入侵地的生物多样性、农林牧渔业生产以及人类健康造成经济损失或生态灾难的过程，又有人称之为"生物污染"。生物入侵比化学污染造成的危害更加严重，因为物种可以进化并且通过繁殖增加，而化学污染不行。

外来有害生物能否成功入侵既取决于物种自身的生物学特征，如生活史性状、进化特征、基因组特征等，也取决于很多外部影响因素，包括入侵生态系统特征和人类社会经济活动等。据原国家环境保护总局调查，将外来有害生物的入侵途径分为有意引进、无意引进和自然扩散3种。第一，有意引进。引入用于农林牧渔生产、生态环境改造与恢复、景观美化、观赏等目的的物种之后演变为入侵种。例如加拿大一枝黄花（*Solidago canadensis*）为菊科一枝黄花属多年生草本，原产美国东北部与加拿大相邻处，20世纪30年代中期作为观赏植物被引种到我国，到了21世纪初在我国形成暴发趋势，在河南、浙江、江西、安徽、湖南、江苏等十几个省份都有较大范围蔓延，人们口中的“幸福草”变成了“恶之花”，形成严重的生物入侵。第二，无意引进。是外来生物通过依附于进境邮件、运输工具、进境货物或进境货物载体等途径进入我国。例如源自北美洲的松材线虫(*Bursaphelenchus xylophilus*)，就是1982年由进口设备的木制包装箱带进我国境内的，由其引起的松材线虫病已成为近几十年来我国发生最严重、最危险的重大林业病害，对我国的天然林保护和林业生态环境建设造成重大威胁。第三，自然扩散。通过各种自然条件，如鸟类的迁徙、河流和风力等自然因素条件传入我国。

我国地域辽阔，生态系统复杂多样，来自世界各地的大多数外来物种都可能在中国找到合适的栖息地，因此，我国是世界上遭受外来入侵物种危害最严重的国家之一。目前，我国外来生物入侵现状有以下特点。

(1)种类多，来源广泛

我国的入侵生物学研究起步相对较晚，在20世纪90年代才出现关于外来入侵类群的一些统计分析，但是近年来随着生物入侵危害的进一步加剧，各级政府相关部门以及科学家越来越重视生物入侵的研究与管理工作，取得了许多重要进展。自2003年起，我国先后发布了外来入侵物种管理名单，如2003年6月国家环境保护总局和中国科学院公布了《中国第一批外来入侵物种名单》，共16种(附录1)。其后又连续发布了第二批至第四批，共包括71种外来入侵物种。这些名单的制定都综合考虑了物种的空间范围(原产地在境外)、时间范围(国内首次发现记录)、影响特性(对生态环境、经济发展和/或人类健康产生负面影响)以及管理界限。生态环境部发布的《2020中国生态环境状态公报》显示，截至2020年年底，全国已发现660多种外来入侵物种，219种已入侵国家级自然保护区。在660多种外来入侵物种当中，最多的是入侵植物，有370种，占到一半多；其次是动物，有220种，占到1/3。为有效防范外来入侵生物的危害，2021年4月9日我国在综合考虑各方面因素的基础上，对660多种外来入侵生物在去除一些有争议或待核实的种类外，正式对外发布了《中华人民共和国进境植物检疫性有害生物名录》(附录5)，该名录共包含有害生物446种(属)，其中昆虫148种(属)、软体动物9种、真菌127种、原核生物59种、线虫20种(属)、病毒及类病毒41种(类)、杂草42种(属)。上述工作为我国有效防控外来物种侵害发挥了重要的作用。

(2)入侵面积大，被入侵的生态系统类型多样

我国幅员辽阔，跨越50个纬度，5个气候带，生态系统复杂多样。因此，来自世界各地的大多数植物都可能在我国找到合适的栖息地，再加上我国边境线和海岸线较长，使得生物入侵较为容易，入侵生物的分布面积很广。在我国34个省(自治区、直辖市)，除极少数位于青藏高原的保护区外，或多或少都能找到外来植物。

目前，中国几乎所有的生态系统，森林、水域、湿地、草地、城市居民区和农业区，都能见到外来物种入侵的现象。

(3)入侵范围不断扩大，潜在危害大

松材线虫病是由松材线虫(*Bursaphelenchus xylophilus*)引起的毁灭性森林病害，我国于 1982 年在江苏南京中山陵的黑松林中首次发现松材线虫病，当年仅有病死树 256 株，截至 2020 年，该病已蔓延至全国共 18 个省(自治区、直辖市)726 个县级行政区 5 479 个乡镇级行政区，发生面积 180.92 万 hm^2，病死松树数量 1 947.03 万株(李计顺等，2021)。美洲斑潜蝇(*Liriomyza sativae*)在我国大陆地区海南三亚于 20 世纪 90 年代首先发现，随即在临近的广东、广西、福建发现其暴发成灾，目前已扩散至全国大部分地区，并造成严重的经济损失。薇甘菊(*Mikania micrantha*)是一种危害经济作物和森林植被的害草，属菊科假泽兰属的多年生藤本植物，原产于中美洲和南美洲。1919 年在中国香港歌赋山采集到薇甘菊标本，1984 年首次在深圳发现，目前，薇甘菊广泛分布于广东沿海各地，尤其是珠江三角洲地带，对自然植被、人工林、园林绿地、果园、农场等绿地生态环境造成了极大的危害，被称为“植物杀手”。

第三节　外来有害生物的危害

生物入侵是全球变化的重要因素，被认为是陆地和淡水生态系统中本土物种灭绝的主要驱动因素之一，是世界自然保护区的主要威胁之一，极大改变了世界各地的生境。外来生物在其原产地有许多防止其种群恶性膨胀的限制因子，其中捕食和寄生性天敌的作用十分关键，它们能将其种群密度控制在一定数量之下。因此，那些外来物种在其原产地通常并不造成较大的危害，但是，一旦它们侵入新的地区，失去了原有天敌的控制，其种群密度则会迅速增长并蔓延成灾。随着国际经济形势的发展和全球经济一体化进程的不断加快，世界贸易自由化越来越成为一种趋势。以此为背景的国际大环境为外来物种的入侵、传播和扩散创造了条件，特别是世界各国在共享生物多样性资源中对物种资源的引进与交换，更加增大了外来物种的入侵风险。外来物种的入侵在给世界很多国家造成不可逆转的生态危害的同时也造成了巨大的经济损失。

一、外来有害生物对生态安全的危害

1. 改变物种组成，破坏生物多样性

在自然界长期的进化过程中，每种生物作为生态系统的一个有机组成部分在

其原产地的自然环境中各自处于食物链相应的位置，它们相互制约、相互协调，将各自的种群限制在一定的栖息环境并维持一定的数量，形成了稳定而平衡的生态系统。当一种生物传入一新的栖息环境后，由于缺乏足够的生态阻力，极易扩散蔓延，形成单优群落，与本土物种竞争生存空间，造成本土物种数量减少乃至灭绝。

紫茎泽兰（*Ageratina adenophora*）是多年生丛生型半灌木状草本植物，原产于美洲墨西哥至哥斯达黎加一带，是广泛传播的世界性害草之一。紫茎泽兰约于20世纪40年代由中缅边境传入我国云南省，现已在西南地区蔓延成灾。紫茎泽兰不仅与本地物种争夺水分、阳光、养分、生存空间，而且还分泌化感物质抑制本地生物的生长，其侵入草场、林地和撂荒地后很快形成单种优势种群，导致原有的植物群落衰退和消失，严重影响生物群落的结构与功能，打破了群落内物种共存的生态格局。

水葫芦（*Eichhornia crassipes*）原产于南美洲，最初作为花卉被引入中国，20世纪50年代还曾作为猪饲料推广种植。可自20世纪90年代以来，却成为中国南方水域的环境公害。据报道，昆明滇池1 000 hm^2 的水面上布满水葫芦，疯长的水葫芦以茂密的植株遮蔽着阳光，汲取水中的养分和氧气，致使许多原生物种死亡。20世纪60年代以前，滇池主要的水生植物有16种，水生动物68种，但到了80年代，大部分水生植物相继消亡，鱼类也从68种下降到30种。

此外，研究发现外来有害植物通过与本土近缘物种杂交，减少本土物种基因型在生物群落基因库中的比例，甚至杂交后代可造成本土物种的消失，从而降低生物遗传多样性。例如入侵物种日本虎杖（*Fallopia japonica* var. *japonica*）在欧洲与本地种大虎杖（*F. sachalinensis*）通过种间杂交创造新的基因组合，杂交体间的有性繁殖可加速日本虎杖的入侵并增加其种群数量。

2. 破坏生态系统，诱发生态灾难

外来物种入侵被人们形象地称为生物污染，这种污染极大地威胁着生物多样性，造成本土物种数量减少乃至灭绝，改变着土著种群、群落和生态系统的结构和功能，生态系统水平的改变会改变水、矿物质和能量循环，而物质和能量循环、生产力及生物量直接影响人类社会，对整个生态系统的平衡和人类社会的生存与发展潜藏着巨大的危害。例如薇甘菊的大量繁殖扩散，致使森林大片死亡，破坏了野生动物赖以生存的生态环境，昔日自由生活的猕猴现在必须依靠人工饲养。其实，类似薇甘菊的外来入侵物种还有许多，如福建、上海等沿海地区出于防浪护堤、保护滩涂等考虑，从20世纪60年代开始起引种，并在20世纪80年代大力推广的大米草（*Spartina anglica*）就是典型一例。让人始料不及的是，这种根系发达的外来植物繁殖能力极强，肆意生长的大米草与沿海滩涂本地物种争夺生存空间，致使红树林大量消亡，滩涂荒废，并有迅速蔓延之势。飞机草（*Chromolaena odorata*）原产中美洲，于新中国成立前后从中缅、中越边境传入我国云南南部，现已广泛分布于云南、广西、贵州、四川的很多地区并以较快的速度向北推移，仅云南目前发生面积就达 2 470 万 hm^2。飞机草在其发生区总是以漫山遍野密集成片的单一植物群落出现，大肆排挤本地植物，侵占宜林荒地，影响林木生长和更新；并侵入经济林地，影响栽培植物生长；堵塞水渠，阻碍交通。它在西双版纳自然保护区的蔓延已使穿叶蓼等本地植物处于灭绝的边缘，依赖于穿叶蓼生存的植食性昆虫同样处于灭绝的边缘。

针对目前外来入侵物种将成为危害中国生物多样性和生态环境主要因素的实际情况，专家们呼吁，必须尽快构建生态安全网，预防外来物种的入侵，清除外来物种入侵对环境造成的危害，维护生态安全。首先，建立健全相关法律法规。加强对农林和养殖业等有意引进外来物种的监督管理，实行引进许可证制度，从源头上控制外来物种的入侵。其次，建立监测预警系统。针对贸易往来频繁的国家，收集对方产品存在的病虫害、草害等资料，再分析其起源、分布、传播途径与危害程度，建立起一个防止外来入侵物种的信息库。设立自上而下的层层监测网络系统，防范有害生物的入侵。再次，推广应用快速检测技术。通过生物分子学等高新技术，为社会提供快速检测外来有害生物的手段。同时，尽快出台细致的技术指南与规则，指导人们积极防治外来有害生物的侵害。

二、外来有害生物对农林牧渔业的危害

外来有害生物入侵除了危害生态环境外，对农业、林业、畜牧业、水产业、园艺等均可造成直接的经济损失，同时一些外来有害生物成功入侵后，要彻底根除极为困难，防治费用极其高。

从经济影响来看，最近的一项评估表明，全球仅农业生产每年因外来入侵物种危害而导致的经济损失就高达约 3.5 万亿元，其中，中国遭受的农业经济损失约 7 000 亿元/年，位列全球第一。草地贪夜蛾（*Spodoptera frugiperda*），是近年来给我国农业带来了巨大威胁的外来入侵物种，它是鳞翅目夜蛾科灰翅夜蛾属的一种蛾，原产于美洲热带地区，是联合国粮食及农业组织（FAO）预警的世界性重大农业害虫。FAO 对 12 个非洲国家评估表明，草地贪夜蛾 2018 年为害玉米损失达 1 770 万 t，相当于数千万人一年的口粮。基于草地贪夜蛾对全球粮食安全的威胁，FAO 于 2019 年 12 月发起全球草地贪夜蛾防控行动，旨在动员组织各方力量，建立全球合作机制，有效控制草地贪夜蛾的发生为害和降低向新地区的扩散风险。草地贪夜蛾自 2018 年年末大举入侵我国以来，目前在我国 20 多个省份已有发现，

对上千万亩农作物造成威胁，导致严重的经济损失。

林业方面，新中国成立以来，先后有松材线虫病、美国白蛾、松突圆蚧、日本松干蚧、湿地松粉蚧、双钩异翅长蠹、红脂大小蠹、松针褐斑病、杨树花叶病毒病等重要的森林有害生物传入我国。自 2000 年以来，中国平均每年新发现 1 种对林业资源构成威胁的入侵害虫。外来林业有害生物在中国年均发生面积 280 多万 hm^2，年均造成损失 700 多亿元，约占林业有害生物全部损失的 64%。在我国严重发生的几种危险性森林有害生物中，其中危害最严重的当属松材线虫病，自 20 世纪 80 年代初传入我国后迅速扩散蔓延，所到之处松林连片枯死，截至 2020 年，病死松树已达到 1 947.03 万株，造成了上千亿元的经济损失。20 世纪 70 年代末，美国白蛾在辽宁省丹东市首次发现后，疫情不断扩散，暴发时几乎食光所有绿色植物叶片，给农林业生产带来巨大的损失；80 年代初随木材贸易从美国传入的红脂大小蠹，经过一段时期的潜伏增殖后，于 1999 年在山西省大面积暴发，使大片油松林在数月之间毁灭，目前已经蔓延到河北、河南和陕西等省；湿地松粉蚧和松突圆蚧在传入我国东南沿海地区后，同样是迅速扩散蔓延，造成大量松树死亡。这些有害生物在造成巨大经济损失的同时，也给森林生态系统造成极大的破坏。

在水产养殖领域，许多外来鱼类品种都是作为养殖良种从国外引进。养殖者为了更大幅度地增加产量、缩短生产周期以及降低生产成本，不断尝试引进新的养殖品种。尼罗罗非鱼（*Oreochromis niloticus*）是原产于热带、亚热带的暖水性鱼类。20 世纪 70 年代长江水产研究所首次从尼罗河苏丹境内引进尼罗罗非鱼，之后湖南、北京、广东和上海又分别从埃及、苏丹、泰国、菲律宾和美国引进该鱼种，这些鱼很快作为养殖良种在我国大力推广养殖。在养殖过程中一些尼罗罗非鱼逃逸到自然环境中，并逐渐在自然水系建群扩散。目前，尼罗罗非鱼已在我国南方地区的自然水系中广泛分布，对我国可能带来巨大的生态危害，被列入第三批生物入侵种名单，是被列入外来入侵物种名单的 4 种鱼类之一。尼罗罗非鱼的危害主要体现在 2 个方面：①挤占生态位。尼罗罗非鱼适应能力很强，对生存环境水质要求不高，且繁殖力强、食性杂，会与本地物种在食物和空间等方面形成强烈竞争，在自然水域形成优势种群，造成本地鱼种减少或消失，物种多样性趋于单一。尼罗罗非鱼的筑巢行为对水体的扰动，还会破坏水底植被，进而影响其他水生生物的生存。②污染环境。围隔试验表明，尼罗罗非鱼会增加水体营养负荷，引起浮游植物生物量增加，水体透明度降低，其上行效应明显大于下行效应。

三、外来有害生物危害人类健康，破坏公共设施

外来入侵生物不仅对生态环境、农林业及渔业生产带来巨大的损失，而且直

接威胁人类健康。例如原产地为南美洲亚马孙河流域的福寿螺(*Pomacea canaliculata*),其繁殖系数大、世代重叠、缺乏天敌,严重危害庄稼的正常生长,威胁生物多样性,而且能够传播人兽共患病。研究发现外来入侵物种豚草(*Ambrosia artemisiifolia*),其产生的花粉是引起人类花粉过敏症的主要病原物,所导致的"枯草热"会对人体造成极大的危害。源自南美洲的红火蚁(*Solenopsis invicta*),其拉丁名意指"无敌的蚂蚁",是全球公认的百种最具危险入侵物种之一,目前在我国广东、江西、四川等地区都有发现,其繁殖能力惊人,一个蚁巢可繁衍10多万只红火蚁。红火蚁生性凶猛,常把蚁穴筑在居民区附近,当蚁穴受到干扰后,会表现出很强的攻击性。人被其叮蜇后,轻者皮肤受伤部位出现瘙痒、烧灼样疼痛和红肿,过敏体质者可引起全身红斑、瘙痒、头痛、淋巴结肿大等全身过敏反应,甚至发生过敏性休克而引起死亡。红火蚁还常把蚁巢筑在电缆箱、变电箱等电器设备中,进而造成电线短路或设施故障,给电力设施安全运行带来隐患。

四、外来有害生物作为生物武器的危害

外来有害生物不仅可以导致入侵地动植物被动地受损害,其本身也可作为生物武器加以使用。例如炭疽杆菌(*Bacillus anthracis*)引起的炭疽(anthrax)。炭疽是由炭疽杆菌引发的一种草食动物(牛、羊、骆驼等)的急性传染病。炭疽杆菌形成的孢子具备在自然界长期生存的能力,干燥的孢子能存活几十年。人感染炭疽的渠道有3种:呼吸、饮食和皮肤渗透。感染炭疽杆菌后,潜伏期可以持续数小时甚至几天,这一阶段的病症主要表现为流感症状,如持续高烧、不断咳嗽、胸口疼痛等。随后病菌很快就会发作,肺部功能遭到破坏,严重缺氧,最终不治身亡。炭疽并不是无药可治。自发现炭疽的病原是炭疽杆菌后,研究人员相继研究出了抗炭疽血清,用于治疗和紧急预防,还研究出了无毒炭疽芽孢疫苗,用于预防。此外,磺胺和抗生素也能够抑制炭疽感染,条件是在没有受到感染前1周服药可以有效预防,或在接触炭疽杆菌后的48 h内使用可以治疗。

第四节 生物武器及其历史

生物武器旧时称细菌武器,是由生物战剂和施放装置构成的一种作战武器,以生物战剂杀伤有生力量或毁坏植物等。生物战剂是指能够满足军事目的与使用技术要求,对人畜造成大面积杀伤,对农作物实施大面积破坏的致病微生物和由此产生的传染性物质的总称,它是构成生物武器杀伤力的物质基础和决定因素。

有历史资料表明,生物武器的研究大约有100年的历史了,但是,人类首次真

正的生物战却发生在1783年3月。当时，正在俄亥俄宾夕法尼亚地区进攻印第安部落的英国的亨利·博克特上校使用计谋把从医院拿来的天花病人用过的毯子和手帕，送给两位敌对的印第安部落首领。几个月后，天花在俄亥俄地区的印第安部落中流行起来。此后，在第一次世界大战和第二次世界大战期间，生物武器不时地被一些国家用于战场。还有一些国家很早就成立了专门的生物武器研究所，如第二次世界大战时日军设在我国平房屯的731部队，美国的达格威实验场、陆军传染病研究所等。生物武器一般都具有以下特点：一是致病性强，人或牲畜吸入或接触到细菌孢子就会致病；二是容易释放，通过气溶胶、牲畜、植物、信件等释放传播，容易批量生产；三是具有潜伏期，潜伏期最短的至少也有3～6 h，一般是3～4 d，一般潜伏期的症状不明显，难以及时发现。

一、可用于制作生物武器的微生物和微生物基因组研究

据统计，可用于制造生物恐怖的微生物包括：病毒类有汉坦病毒、克里米亚刚果出血热病毒、利夫热山谷热病毒、埃博拉病毒、马尔堡热病毒、淋巴细胞性脉络丛脑膜炎病毒、阿根廷出血热病毒、玻利维亚出血热病毒、拉沙热病毒、森林脑炎病毒、登革热病毒、黄热病病毒、鄂木斯克出血热病毒、流行性乙型脑炎病毒、西方马脑炎病毒、东方马脑炎病毒、基孔肯雅病毒、阿尼昂尼昂病毒、委内瑞拉马脑炎病毒、天花病毒、猴痘流感病毒、艾滋病病毒、疱疹病毒。

细菌及其他类微生物有炭疽芽孢杆菌（炭疽）、土拉热弗朗西斯菌（土拉菌病）、布鲁氏菌（布鲁氏菌病）、类鼻疽伯克氏菌（类鼻疽假单胞菌病）、伯克考克斯氏菌（Q热）、鼻疽伯克氏菌（鼻疽）、伤寒沙门菌（伤寒）、志贺菌（痢疾）、五日热巴尔通氏体（战壕热）、立氏立克次氏体（斑点立克次氏体病）、鹦鹉热衣原体（鹦鹉热）、恙虫病东方体（恙虫热）、粗球孢子菌（球孢子菌病）、杜波组织胞浆菌（组织胞浆菌病）、弓形虫（弓形体病）、血吸虫（血吸虫病）、耶尔森氏菌（鼠疫）、普氏立克次氏体（斑疹伤寒）、霍乱弧菌（霍乱）、梅毒螺旋体（梅毒）。

人类的研究伴随人类基因组计划的顺利开展和实施，微生物基因组计划因其具备的诸多优势成为生命体基因组研究的重要分支。通过对微生物基因组的深入研究，可以揭示微生物的遗传机制，发现重要的功能基因并且能在此基础上发展疫苗，开发新型抗病毒、抗细菌、抗真菌药物，将对有效地控制新老传染病的流行，促进医疗健康事业的发展产生巨大影响。从分子水平上对微生物进行基因组研究，为探索微生物个体以及群体间作用的奥秘提供了新的线索和思路。为了充分开发微生物（特别是细菌）资源，1994年美国发起了微生物基因组研究计划（MGP）。通过研究完整的基因组信息，获得开发和利用微生物重要功能基因的信息，不仅能

够加深对微生物的致病机制、重要代谢和调控机制的认识，更能在此基础上发展一系列与我们的生活密切相关的基因工程产品，包括接种用的疫苗、治疗用的新药以及诊断试剂和应用于工农业生产的各种酶制剂等。

世界权威性杂志《科学》曾将微生物基因组研究评为世界重大科学进展之一。目前几乎所有主要病毒科的代表株都已完成基因组测序工作，可能与生物恐怖相关的细菌包括鼠疫、斑疹伤寒和霍乱的病原生物已完成了全基因组测序工作，其他近 200 种微生物的基因组测序项目正在进展之中。生物武器给社会大众造成的心理阴霾长久挥之不去，进行积极的防御成为全世界人民共同的心声，微生物基因组的研究，则可为该目标的实现解决最根本性的问题。通过基因组的研究，从分子本质上发现和了解病原微生物的致病机制，发现高效的抗原组分基因、药物作用靶点等，并在此基础上有针对性地开发和发展更为有效的诊断和防治的方法，包括快速诊断方法的建立、高效新型疫苗和新型药物的研制等，都在为积极有效地实施生物武器防御奠定坚实的基础。

目前，我国的微生物基因组研究水平已经达到国际先进水平，先后多种微生物的全基因组序列测定工作已经完成，包括弗氏 2A 志贺菌、腾冲嗜热菌、钩端螺旋体、表皮葡萄球菌、黄单胞菌以及我国维生素 C 生产关键菌株 KV 菌，占国际上已报道完成的全基因组测序项目的 1/10。

目前，已经发现的与病原微生物抗药或耐药相关的基因有近 20 种，其中绝大多数药物为临床一线用药。随着现代生物技术的飞速发展及其在微生物基因组研究领域中的大量应用，科学家们研制了许多对人民健康、生活和生产有益的基因工程产品。因此，我们应该善用现代科学技术这把双刃剑，避危害、多造福，使微生物基因组研究在生物武器的防御计划中发挥应有的作用。

二、生物武器的防范

从 1972 年开始，世界上有 143 个国家签署了《禁止生物武器公约》，要求禁止发展、生产、储存和使用攻击性生物武器。要求禁止的生物战剂有埃博拉病毒、结核杆菌、天花病毒、霍乱弧菌、炭疽杆菌、甲肝病毒、乙肝病毒、森林脑炎病毒等 38 种对人、动物、植物有攻击性的微生物。

另外，1980 年，世界卫生组织宣布已在全球消灭了天花。世界各国都早已停止接种牛痘，美国是在 1972 年停止接种牛痘的，其他国家在 20 世纪 80 年代初也停止了接种牛痘疫苗。而天花病毒的免疫期只有 10 年，这就是说，不仅美国，而且包括中国在内的全世界的人，都已不再具备天花病毒免疫力。在我国，尤其是 30 岁以下从来没有接种过牛痘的年轻人成了最容易受到天花病毒感染的弱势人群。

对这些微生物的防护，在技术上主要有：侦、检、防、消、治5个方面。侦，即侦察易带有病原体的传染源。检，即检测细菌或病毒的种类，找到治疗的突破口。目前，细菌战剂都可以检测出来。防，即采取预防措施，如戴防毒面具、戴防疫口罩、穿防生化衣和注射疫苗等。消，即消灭细菌和病毒等的病原体。治，即用抗生素等药物治疗受感染的人或动物、植物等。

一个国家要应对"生物恐怖"，首先，要储备足够批量的疫苗，有充足的药物和手段，来保证应对一些突发事件。其次，要完善防生物武器系统，建立完整快捷的预防、报告、检测、治疗系统。要对邮件发送和进口岸货物加强管理和检测，进一步完善国内反生物恐怖措施。

我国2021年4月15颁布实施的《中华人民共和国生物安全法》第七章专门就"防范生物恐怖与生物武器威胁"做出了规定，明确国家采取一切必要措施防范生物恐怖与生物武器威胁。同时规定禁止开发、制造或者以其他方式获取、储存、持有和使用生物武器。禁止以任何方式唆使、资助、协助他人开发、制造或者以其他方式获取生物武器。该法明确，国务院有关部门制定、修改、公布可被用于生物恐怖活动、制造生物武器的生物体、生物毒素、设备或者技术清单，加强监管，防止其被用于制造生物武器或者恐怖目的；国务院有关部门和有关军事机关根据职责分工，加强对可被用于生物恐怖活动、制造生物武器的生物体、生物毒素、设备或者技术进出境、进出口、获取、制造、转移和投放等活动的监测、调查，采取必要的防范和处置措施；国务院有关部门、省级人民政府及其有关部门负责组织遭受生物恐怖袭击、生物武器攻击后的人员救治与安置、环境消毒、生态修复、安全监测和社会秩序恢复等工作；国务院有关部门、省级人民政府及其有关部门应当有效引导社会舆论科学、准确报道生物恐怖袭击和生物武器攻击事件，及时发布疏散、转移和紧急避难等信息，对应急处置与恢复过程中遭受污染的区域和人员进行长期环境监测和健康监测。该法同时明确，国家组织开展对中国境内战争遗留生物武器及其危害结果、潜在影响的调查。国家组织建设存放和处理战争遗留生物武器设施，保障对战争遗留生物武器的安全处置。

以美国为例，为了提高各州以及地区公共卫生部门应付生化恐怖袭击，特别是生物武器袭击的能力，美国疾病控制与预防中心制定了一份非常全面的计划指南，其中有关生物恐怖袭击的计划指南是其重要部分，内容涉及了生物恐怖的各个方面，是各州应对生物恐怖的指导性文件。

1. 定义

美国疾病控制与预防中心将针对美国公民的撒播病毒、细菌以及其他毒素的故意行为定义为生物恐怖袭击。除了一般的空气悬雾状传播以外，食物、饮水或昆虫，都有可能是生物武器的传播工具。公共卫生官员必须准备向公众发布各种生物制剂的预防措施，包括一些在美国很少见的病原。

根据危险性由大至小的顺序，将生物制剂分成 A、B、C 三大类：A 类包括天花病毒、炭疽杆菌、鼠疫杆菌、肉毒杆菌、土拉热杆菌等；B 类包括勃氏考克氏体、布鲁氏菌、马鼻疽、α 病毒（脑脊髓炎）、蓖麻毒素、梭状芽孢杆菌 ε 毒素、葡萄球菌、沙门菌、痢疾杆菌、大肠杆菌 O157：H7、霍乱弧菌、*Cryptosporidium parvum*；C 类包括 Nipah 病毒、汉坦病毒、蜱传出血热、蜱传脑炎病毒、黄热病毒、多抗药性的结核杆菌。

2. 监测和流行病学调查

公共卫生部门的官员应该知道生物恐怖袭击通常导致与众不同的疾病或死亡，临床医生、兽医、实验室技术员以及监测数据的工作人员对早期检测非常重要。生物恐怖袭击监测的两个主要目标是事件的早期检测以及疾病的追踪。相关的权威调查部门必须及时获得监测数据，监测计划必须指明监测信息如何被进一步调查以及这些信息如何被及时传递到地区和州的紧急应对官员那里。事件发生以后需要加强监测机制来管理疾病的暴发和进程，计划应该包括强化现有的监测机制、监测力量、监测报告以及信息管理能力。各州的生物恐怖应对计划还应该考虑使用其他监测系统，如危机准备信息交换系统以及全国电子疾病监测系统。

3. 实验室诊断

在生物恐怖袭击的应对中，实验室对于样品的检验显得尤其重要，应该对检测重要生物制剂做好准备，通过实验室应对网络来更好地实现样品的收集、转移、检测等工作。

4. 实验室的能力分级

根据检测生物制剂能力由低到高，将实验室依次分成 A、B、C、D 4 类。A 类实验室：有初步排除特定生物制剂的能力，并可将样品送至更高一级实验室做进一步检测；B 类实验室：各州或地区的公共卫生实验室，具有生物安全 2 级的设施，能够检测特定的生物制剂，进行抗生素耐受性试验；C 类实验室：具有生物安全 3 级的设施，能进行核酸扩增、分子标记以及毒性试验；D 类实验室：能够进行所有种类的试验，能够检验新的分析方法，检测遗传重组，提供特殊的试剂。

5. 运输

所有生物制剂的运输都必须遵循美国疾病控制与预防中心发布的规定，详情可参阅《微生物和生物医学实验室的生物安全》。

6. 医疗管理

应对生物恐怖袭击的医疗管理主要包括预防服务和医学治疗两方面,预防服务包括提供抗生素、疫苗以及其他药物对疾病进行预防。

7. 限制流动

(1)各州和地方的检疫隔离。有关紧急公共卫生措施方面的法律比较陈旧,而且各州之间都不相同,为了应对世界范围内的传染病的发生需要合适的紧急公共卫生措施,同时公共卫生官员及其律师应该充分了解有关授权采取紧急卫生措施的法律法规。

(2)联邦检疫隔离。卫生和公共服务部主任有权发布条例防止传染性疾病传入美国并在各州之间传播。这些条例可分成两组:一组防止疾病在各州之间传播,另一组防止疾病传入美国。

限制人员跨州流动:限制人员跨州流动的条例集中在"42 联邦行政条例"中,要求流动人员提供许可证和相关报告,并有权留置有关人员,当这些条例还不能发挥应有作用时,可采取联邦行动来阻止疾病传播,美国疾病控制与预防中心的条例主要针对人员流动,美国食品药品监督管理局(FDA)的条例主要针对动物以及其他产品。对国外人员、运输工具、动物和物品的检疫隔离:美国疾病控制与预防中心根据"42 联邦行政条例"对来自国外的可疑人员进行留置、隔离、观察,以防止疾病的进入和传播。该条例对来自国外的运输工具、动物以及物品也做出了相应规定。

(3)联邦检疫隔离的管理。美国疾病控制与预防中心负责审查和更新有关的管理条例。

8. 后果管理

(1)工作人员的防护。工作人员的防护应根据危害的种类来制定相应的措施,美国疾病控制与预防中心将受到生物恐怖威胁的工作人员分成两大类:职业接触人员和潜在的职业暴露人员。

与传染病人有职业接触的人员:将病人转移到医疗场所的第一接触人员(警察、消防员等)、医护人员、处理临床样品的实验室工作人员、与病人有接触的卫生部门工作人员。当生物制剂还未明确时,所有以上工作人员都应该遵守标准防范措施,涉及手套、防护服、脸罩等多方面,一旦生物制剂的性质确定,则应与当地的卫生部门联系,咨询针对性的防护措施。对于转移病人的第一接触人员,除了采取上述措施以外,还应该同时采取以下的防护措施:开启救护车的通风系统,使车内的空气得到最大限度的交换;对于通过空气传播的疾病,病人应该戴上外科口罩、可重复使用的呼吸器,如果需要还可使用氧气面具;运送不同疾病的病人,采取相应的呼吸保护措施。

潜在的职业暴露(包括生物传播装置的处理)人员。相应的安全措施和个人保护方法可以有效降低工作人员处理生物传播装置的危险。对于危险性相对较低的情况,已经有相应的隔离和识别方法。对于危险性较高的装置,现场指挥人员应该与当地的卫生和执法部门协商采取相应的防护方法。

(2)病人的清洁。直接对被污染的部位进行清洁,通常情况下只需经常洗澡。

(3)大规模护理。在大规模护理的医疗场所必须具有快速有效地鉴别、转移病人的能力,以便防止生物制剂的进一步扩散。

(4)环境问题。绝大多数生物制剂都对环境因素敏感,离开人体后不能存活很长时间,因而总体来说,生物制剂对环境不构成威胁。

思考题

1. 我国第一批公布的外来有害生物有哪些?
2. 外来有害生物的入侵途径有哪些?
3. 生物武器都有哪些特点?如何防范?

第七章

外来有害生物的风险评估

提要:有害生物的风险评估在国际贸易中迫切需要,也是保护我国生物安全的必要法律手段,外来有害生物风险评估包括对其入侵全过程(进入、定殖、扩散、暴发)的风险评估,评估方法分为定性评估和定量评估。本章对近年较为流行的定量评估方法如利用 SOM 进行外来有害生物的定殖风险研究、利用物种分布模型进行外来有害生物的潜在地理分布研究、利用@RISK 对外来有害生物的潜在经济评估等进行介绍。

第一节　外来有害生物风险评估的必要性

外来物种的入侵给经济发展、生态环境和人类健康造成了相当严重的危害,随着国家、地区间交往日益频繁,外来物种正在全世界范围内蔓延。我国是遭受生物入侵威胁与损失最为严重的国家之一。在加入 WTO 以后,关税及贸易总协定(General Agreement on Tariffs and Trade,GATT)要求检疫管理在保护农业生产的同时,尽量减少对贸易的限制。各缔约方所采取的检疫措施必须建立在风险评估基础上,应考虑到对动植物生命或健康的风险性及对环境的针对性。2005 年中国加入签署《国际植物保护公约》(International Plant Protection Convention,IPPC),该公约第Ⅳ条明确官方国家植物保护机构的职责之一就是开展有害生物风险分析。随着全球化进程,进出口贸易不断增加,国际快递和跨境电商等新业态带来的外来物种入侵风险明显增加。1995 年 5 月,原国家动植物检疫局成立“中国植物有害生物风险分析工作组”,这一举动表明中国正式将 PRA 应用到中国植物检疫实践,标志着 PRA 作为正式环节纳入植物检疫工作中。

近些年，影响我国农业生产的红火蚁、加拿大一枝黄花和水葫芦等外来入侵生物种类繁多，且具有高度隐蔽性、无序散播性、灵活多变性和危害传递性等特征。这些入侵生物不仅破坏生物多样性，而且严重威胁我国粮食和重要农产品安全供给。《2019 中国生态环境状况公报》显示，全国已发现 660 多种外来入侵物种。新发、突发外来入侵有害生物不断增加，如草地贪夜蛾自 2019 年传入我国迅速扩散，给我国玉米产业造成了较大的经济损失。2020 年 10 月 17 日，我国第十三届全国人民代表大会常务委员会第二十二次会议通过了《中华人民共和国生物安全法》，于 2021 年 4 月 15 日开始施行。该法系统梳理了当前我国生物安全领域存在的主要风险，其中包括重大新发突发传染病、动植物疫情、生物技术发展、外来物种入侵和生物多样化等 8 方面。其中第十五条为：国家建立生物安全风险调查评估制度。国家生物安全工作协调机制应当根据风险监测的数据、资料等信息，定期组织开展生物安全风险调查评估。外来有害生物风险分析工作是外来有害生物入侵防控和动植物检疫措施制定的科学依据，因此，开展有害生物风险分析的研究是我国经贸制度走向国际规范化的迫切需要，也是保护我国生物安全的必要和法律手段。通过开展有害生物风险分析有利于积极主动实施有害生物防控策略，保护农林生产、生态环境和人民健康安全，并促进对外经济贸易发展。

第二节　外来有害生物风险评估的内容

从 20 世纪 80 年代末开始，有害生物风险性评估受到国际社会的重视。随着对其认识的深化，有害生物危险性评估的程序逐步完善和形成。根据联合国粮食及农业组织国际植保公约制定的《国际植物卫生措施标准》(International Standards for Phytosanitary Measures，ISPM)第 5 条 ISPM05，有害生物风险分析(pest risk analysis，PRA)的定义是："评价生物或其他科学和经济证据以确定某个生物是否为有害生物，该生物体是否应被限定，以及为此采取任何植物检疫措施的力度的过程。"PRA 是制定检疫性有害生物名录的基础，也是进出境植物检疫及国内植物检疫工作中对某一植物和植物产品(如粮食、水果、蔬菜、花卉、木材、种子种苗等繁殖材料等)实施具体检疫措施的根据。《国际植物卫生措施标准》第 2 条 ISPM02 有害生物风险分析框架中提出 PRA 包括开始(initiation)、风险评估(pest risk assessment)和风险管理(pest risk management)3 个阶段。有害生物风险评估是 PRA 的关键阶段。有害生物入侵(invasion)，一般包括进入(entry)、定殖(establishment)、扩散(spread)、暴发(outbreak)4 个主要过程。在进行有害生物入侵风险评估时，应分析、预测其入侵全过程的风险大小。PRA 的开始阶段内容包括 pathway(传入路径的确认,通常是需进出口的植物或植物产品)、pest(评估某种特定有害生物风险)、policy review(植物检疫措施或某种政策需要审查或修订)以及 organism(确定某一生物是否有害)。有害生物风险评估是指评估检疫性有害生物传入和扩散的可能性及其后果或评估种植用植物是管制的非检疫性有害生物的主要侵染源的可能性及管制的非检疫性有害生物对种植用植物的经济影响,其中包括对有害生物潜在地理分布、可造成潜在经济损失等方面的研究。有害生物风险管理则是指利用系统方法综合多项风险管理措施,对有害生物进行风险控制以达到进口国的检疫要求,包括对有害生物的综合治理、政策制定和行政管理等内容。国际植物检疫措施标准第 11 号、第 14 号和第 21 号分别从检疫性有害生物角度、综合治理角度和非检疫性限定有害生物方面,对风险分析提供了具体的指导。

有害生物风险评估是有害生物风险分析的关键阶段,一般认为,风险评估方法包括定性评估(qualitative assessment)和定量评估(quantitative assessment)。可靠的软件及模型是进行定量风险评估的关键,自 20 世纪 80 年代起澳大利亚、美国等发达国家的学者相继开发了 CLIMEX、@RISK、MaxEnt、GARP 及 SOM 等软件和模型,用于有害生物风险评估(pest risk assessment,PRA)。我国自 20 世纪 90 年代陆续引进相关模型及软件,并逐步开展有害生物风险评估相关研究探索,并取得了一定成效。

第三节　有害生物风险分析方法和步骤

海关总署采用定性、定量或者两者相结合的方法针对进境植物和植物产品开展风险评估,针对外来入侵有害生物的风险评估也可以分为定性和定量两种方法。世界自然保护联盟(International Union for Conservation of Nature,IUCN)基于外来物种的影响和类型建立了外来分类群对环境影响的分类标准(Environmental Impact Classification of Alien Taxa, EICAT)以及外来分类群对社会-经济影响的分类标准(Socio-Economic Impact Classification of Alien Taxa, SEICAT),可用于对外来物种进行分类。此外,澳大利亚、新西兰、美国等进行了如植物有害生物影响度量系统(Plant Pest Impact Metric System, PPIMS)、在线有害生物风险分析工具(PRA-Tool)等尝试;我国在 1994—1995 年创建的多指标综合评判法及模型得到了广泛认可和应用,沿用至今。多指标综合评判法是一种半定量评估模型,涉及 5 个一级指标和 14 个二级指标,基于指标间的数学关系,分别建立几何平均模型、权重平均模型、算数平均模型以及极值模型,最终计算得到危险性综合

评价值 R，之后通过 R 值的大小和风险阈值对有害生物的风险等级进行定性分析。多指标综合评判法是定性评估和定量评估结合的良好范例，得到了广泛应用，截至 2022 年 5 月，蒋青等关于多指标综合评判法的 2 篇文献分别累计被引用 162 次和 460 次，该方法被归属于半定量风险评估方法。

定量风险分析方法在对入侵物种的风险评估中应用更为广泛，国内外学者针对入侵物种的入侵过程如有害生物入侵可能性、入侵物种的潜在地理分布和入侵物种的潜在损失方面分别进行了大量的探索和研究，开发应用了多种软件和模型，以下针对外来有害生物入侵过程涉及的部分主流模型进行介绍。

一、外来有害生物的定殖风险

防治外来生物入侵最好的方法之一就是阻止它们的定殖，但是这取决于提前判断潜在入侵物种能否在该地区定殖。对于物种入侵新地区的机会，食物来源、生存和繁殖环境是其成功的基础。物种到达一个新环境成功定殖取决于入侵地的生物以及非生物因素，包括气候以及入侵地区生境的特殊环境条件。物种集合体(species assemblages)是在同时同地发生的一个组群的物种，这种集合不是立即创造的而是从一个简单的起始点随着不断地入侵形成的。具有相同物种集合体的地理区域应该具有相似的生物以及非生物环境允许指定的物种入侵。生物条件包括一个地区特殊的作物以及花园植物集合体，同时也能反作用于非生物环境，主要是气候条件，进而影响物种的分布以及多样性。另外，非生物因素也包括许多人类因素，如同样的入侵历史、进入途径、贸易的数量和类型、保护耕作的数量、检疫的有效性以及各个国家对已发现和报道的有害生物的可利用资源。这些有害生物在一个地区的特别结合综合了这些因素以及它们之间的相互关系，也就是说它们不是随机组合的而是包含了隐藏的可以用来分析生态群落的预测信息。简言之，如果两个地区有相似的物种集合体，那么它们很可能有同样的环境特征，因此在其中一个地区存在的物种很可能在另一个地区进行定殖。自组织映射网络(self-organizing map, SOM)，是一种人工神经网络类型(ANN)，SOM 正是利用有害生物集合体来进行研究，并不是单纯地只对一个物种进行研究，根据物种之间联系的权重来同时排序大量入侵生物在某个地区的定殖可能性。

SOM 广泛应用于通信、系统分析、统计模式识别等多个领域，近 10 年来被应用到入侵物种的定殖风险预测中。Worner 和 Gevrey(2006)研究了 844 种植食性昆虫在 459 个地理区域的定殖风险，利用 SOM 分析将高维数据降为二维空间，那么具有相似物种集合体的地理区域在地图或网格上就被组织成邻居，该研究根据全球昆虫集合体的非随机性组合的假设为判定潜在高风险的入侵生物提供了新方法。Paini 等利用 SOM 为美国及其 48 个州建立了前 100 种最可能定殖的昆虫，这 100 种昆虫在美国都有分布，对于每个州的外来物种来说都有可能从美国的其他州发现，证明近期的威胁来自美国的内部。Paini 等研究了世界广泛分布的 486 种真菌病原物，建立了入侵生物的虚拟世界来验证 SOM 并获得 96%～98%的成功率，证明了 SOM 的高效性。Morin 等研究了 6 690 种植物在 187 个地区的成为杂草的可能性。Singh 等研究了 43 个属 250 个种的植物寄生线虫，得到了澳大利亚各个州以及北部地区的植物寄生线虫的风险排序。在国内，中国农业大学李志红教授团队开展了基于 SOM 的有害生物定殖风险研究，如马兴莉利用 SOM 研究了东盟的 43 种重要经济实蝇在我国的定殖风险，Qin 等(2015)研究了 180 种重要经济实蝇在 118 个国家的定殖风险，雷鸣研究了玉米上的 644 种昆虫、287 种杂草、251 种病原微生物以及 69 种病原线虫在全球以及我国各省的定殖风险，并为我国的玉米防控以及检疫名单的修订提供科学依据和支持。Qin 等利用 SOM 研究了 263 种储藏物甲虫在全球 171 个国家的定殖风险。

二、外来有害生物的潜在地理分布

潜在地理分布(国内也称适生性)的预测是入侵有害生物风险分析的重要组成部分，通过有害生物的分布信息、生物学信息以及气候地理数据等来预测目标有害生物在 PRA 地区的适生范围以及适生程度。在有害生物潜在地理分布的大量研究中，物种分布模型起着主导地位。物种分布模型(species distribution model, SDM)也称生态位模型(ecological niche model, ENM)，能够依据物种存在数据或丰富度结合环境因子提供统计该物种的生态位需求，投射到选定时空范围内，以概率形式反映物种对生境的偏好程度。其中常用的生态位模型包括以下 4 种：DIVA-GIS、GARP、CLIMEX 和 MaxEnt。其他的生态位模型还包括 HABITAT、Mahalanobis 距离法、生态位因子分析(ENFA)、广义线性模型(GLM)、广义相加模型(GAM)、分类回归树(classification and regression trees, CART)、支持向量机(SVM)等。除了生态位模型的方法，还有早期的农业气候相似距技术以及自建生物模型等。

MaxEnt 是由美国普林斯顿大学开发的一种基于最大熵理论的物种分布预测模型。在统计学中，最大熵的原则是保留全部的不确定性从而将风险降到最低，即在预测中满足所有的已知条件，对未知条件不做任何假设，这样概率分布才最均匀，预测风险最小，而此时概率分布信息的熵最大。应用到生态领域，可以表述为物种在没有约束条件的情况下会尽最大的可能进行扩散，接近均匀分布。MaxEnt 就是基于最大熵模型在 Java 环境下编写出的算法，根据物种已知分布点及分布区的环境变量运算出预测模型来模拟物种在未发生地的潜在分布情况及适生程度，由于其精准度优于其他模型且易于使用的优点被广泛应用。2006 年至今，在物种分布以及生态位模型的研究方向，利用 MaxEnt 软件包工具的研究成果已超过 1 000 篇。其中 Petitpierre 等利用 50 种在欧亚大陆、北美和大洋洲的陆地入侵植物首次大规模验证了生态位的保守性证明生态位模型（MaxEnt）适合生物入侵以及对气候变化的反应的研究于《科学》杂志发表。最近几年，关于 MaxEnt 的使用方法以及使用偏差和评价也有相应研究成果发表，如前期分布数据的收集中改正样点偏差的重要性，全球生物多样性信息机构（GBIF）数据库中的空间偏差对模型物种的地理分布的影响，样点偏差以及模型的复杂性对 MaxEnt 预测表现的影响，利用曲线下面积（AUC）来区分物种分布模型，通过对该方法的不断开发探索和研究，日后在其应用中会更加科学准确及广泛。

自从 R 语言出现以来，大多数用于分析和预测物种分布的算法可以在同一个数据平台上联合运行，这也大大提升了建模的稳定性以及模型运行的精度。R 语言是物种分布建模中最为常见的建模环境，其最主要优势在于免费和开源，同时该语言是专门为统计和数据分析开发的语言，各种功能和函数稳定且易于操作，另外值得关注的是，在该语言中可调用的程序包（package）与函数全部可读，这使得对函数以及源代码的调整和改良变得非常便利。近年来，随着技术条件的进步，越来越多的空间数据处理程序包被开发，在 R 语言中增加了地理信息系统（GIS）的相关操作，以及 R-ArcGIS Bridge Workflow 的开发，使建模以及建模结果处理更便利，也为在 R 语言中成功建构物种分布模型打下良好的基础。近些年来很多科研工作者都提倡利用数据、算法、模型和预测的集合建模，并提倡尽可能基于同一建模平台不同模型算法进行建模预测。此外，基于不同算法的几个软件包已经发展得很好，如 biomod、biomod2、dismo 和 sdm 等。

基于 R 语言平台，多模型的使用或者组合模型的构建有效地提升了建模的效果。biomod2 是一个基于 R 语言的物种分布预测的集成平台，其为 biomod 包更新后的版本，biomod 由法国格勒诺布尔第一大学高山生态实验室、瑞士洛桑大学生物医学学院、西班牙马德里国家自然博物馆生物多样性与进化学部以及葡萄牙埃武拉大学共同研发，可在官方网站免费下载，当前软件版本为 3.4.6，通过继承多种不同的深度学习模型，处理模型中物种与环境之间的关系，使用多种评估指标对多个模型的可靠性进行评判，并预测物种的分布情况、气候变化对物种分布的影响。其主要功能为，使用多种算法和多种评价方法构建 SDM 模拟物种分布，预测气候变化条件下的物种的分布、扩散情况，并评估参与建模因子的重要程度，与之前方法相比，其提供的多种模型能够在一定程度上互相补充，进而提升当前 SDM

建模结果的准确性。biomod2 平台提供有 10 种独立建模方法，分别是人工神经网络(artificial neural network，ANN)、分类回归树分析(classification tree analysis，CTA)、柔性判别分析(flexible discriminant analysis，FDA)、广义相加模型(generalized additive model，GAM)、助推法(generalized boosting model，GBM)、广义线性模型(generalized linear model，GLM)、最大熵模型(MaxEnt)、多元适应回归样条模型(multiple adaptive regression splines，MARS)、随机森林(random forest，RF)、表面分室模型(surface range envelop，SRE)。

对于 SDM 的构建，不同建模目的、物种生态位特征以及已拥有的建模数据基础都会影响最终模型算法的选择。以上模型各有优缺点：表面分室模型(SRE)需要已知分布点数据，其优点为算法简单，易于使用，但其结果逻辑布尔值，不考虑变量共线性，不区分变量权重，参数僵化；广义线性模型(GLM)需要存在缺失数据，能够处理因变量呈现二项分布、泊松分布等离散型分布特征的数据建模问题，其适用性强，但模型参数欠缺灵活性，需要根据环境变量选择多项式和回归参数，过程复杂且精度较低，无法处理复杂的响应曲线，得到的拟合函数无法描述数据特征；广义相加模型(GAM)需要存在缺失数据，能够实现非参数平滑，进而使其成为半参数方法，能够降低建模过程的复杂性，且不需要从具体函数参数中假定出响应曲线的形状，但响应曲线形状由数据驱动，限制较大，描述的变量之间的关系更为复杂，不方便给出预测因子的标准参数函数；助推法(GBM)只需要存在点数据集，采用多种迭代的计算方式，精度相对较高，但响应曲线类型单一，多为梯形曲线，无法把握数据特征，运行结果复杂；分类回归树分析(CTA)需要存在缺失数据集，能避免极值影响，不需考虑数据分布形式，结果简单，应用方便，但模型结果并不是连续变量，分类精度不高，在选取复杂度参数和判断最优值时有缺陷；多元自回归样条模型(MARS)需要存在缺失数据集，不需要对物种和环境变量之间的基本功能关系作出假设，不需要预先定义函数形状，能进行分段拟合并分组，及时对函数做出非线性响应，变量的选择采用交叉验证，也可进行向前、向后的变量选择，但在运行过程中，每次对非线性函数必须选择其节点，中间不可间断或跳过；人工神经网络(ANN)，需要存在缺失数据集，善于描述解释变量和相应变量之间的非线性关系，使其更适合复杂的系统建模，但此模型缺乏透明度，随机性大，导致运行过程复杂，多次运行的结果都有差异；最大熵模型(MaxEnt)只需要存在点数据，且预测结果精确，能够利用较少的采样点得到较为精确的结果，并具有简单易操作的模型界面，但又由于界面良好的封装性，无法调整相应的程序；柔性判别分析(FDA)需要存在缺失数据集，其非参数算法改进参数估计过程，响应函数简单，但在建模过程中，信息损失较严重；随机森林(RF)需要存在缺失数据集，融合了回归和分类算法，误差较低，多个不同决策树共同拟合一个分类树，但容易产生过度拟合问题，计算耗时。

近期研究表明，在比较了多种分布模型的精确度后，发现预测精度会随着建模算法的不同而发生很大的变化，而且最终未能通过模型精度评价证明某个物种分布模型优于其他分布模型，因此越来越多的研究开始通过组合模型的方式进行建模。Vieilledent 等采用卫星图像分析的原始数据集和 3 种物种分布模型 GLM、GAM、MaxEnt 的集成建模方法来估算物种的环境生态位；韩欣娆等基于 biomod2 平台的 5 种常用的生态位模型来构建集成模型对草地贪夜蛾的潜在分布，降低了单一模型预测的不确定性；Yaqin 等调用了 biomod2 平台中 9 种模型对中国的 3 种据有高度入侵性的菊科植物进行了入侵性评估；Sung 等基于 biomod2 中 6 种不同的物种分布模型（SDM）模拟红火蚁在当前气候条件下的潜在分布；Zhu 等利用包括 GAM、GLM、GBM、RF、MaxEnt 等 5 种单一模型在基于 biomod2 平台构建集成模型和分散模拟来评估亚洲蜂的潜在入侵传播。

三、外来有害生物的潜在经济损失评估

曾士迈对有害生物所造成的损失解释中，包括了产量、品质、防治费用等方面的直接损失和对环保、商贸、加工等方面的间接损失；还包括了对农业生产者的原生损失和对消费者、社会、国家的次生损失。@RISK 是基于蒙特卡罗随机模拟方法（Monte Carlo method），利用概率分布对各种可能出现的结果进行模拟，最后统计得出构成风险的各种事件发生的概率，并对风险的不确定性进行定量预测的软件。与此同时，@RISK 工具具有灵敏性分析的功能，使用此功能，我们可以分析出对输出结果影响最大的输入变量基于@RISK 对入侵生物造成经济损失的研究，近年来国内外均有报道。@RISK 软件中常用概率分布包括贝塔（Beta）分布、计划评审技术（Pert）分布、均匀（Uniform）分布和二项（Binomial）分布、正态（Normal）分布等，风险量化分析中常用 Pert 分布，该分布利用变量给定的最大值、最小值和最可能值进行模拟，得到的计算结果较现实。通过收集、整理有害生物的潜在地理分布、对寄主的为害率、损失率，寄主植物的种植面积、产量、价格、防治成本、防治效果、效益校正系数等数据基础上，通过设置节点和不同场景包括防治及不防治场景、直接损失及间接损失等场景构建有害生物潜在经济损失评估模型，采用@RISK 软件对各节点数据进行函数拟合，并对输出项进行蒙特卡罗模拟从而对潜在经济损失进行定量预测，并通过相关或回归分析对重要的风险驱动引自进行识别和排序，确定对结果影响最大的输入变量。

Cook 等针对香蕉束顶病毒从损益平衡式的收益成本角度出发，得出该病毒每年可给澳大利亚带来 15.9 万～270 万澳元的经济损失。方焱等对南亚果实蝇对我国南瓜产业造成的经济损失进行了评估，预测造成的经济损失在 3 741.5 万～2 315 783.08 万元，并发现南瓜受南亚果实蝇感染后产量损失率对最终结果影响最大。Darbro 等从对消除白纹伊蚊的意愿程度的角度构建模型，利用随机模拟的方法得出不同场景下，每年防治白纹伊蚊需要投入的防治费用，结果显示，消除白纹伊蚊的人均执行成本为 1～4 澳元，然而白纹伊蚊一旦定殖，政府每年投入公共卫生的人均费用为 0.5～1.3 澳元。孙宏禹等对瓜实蝇和我国苦瓜产业造成的经济损失进行评估，预测不防治场景下的经济损失总量可达 440 757.51 万～2 348 173.45 万元，投入防治后可挽回经济损失在 223 259.26 万～1 067 075.85 万元。Taylor 和 Cook 对葡萄霜霉病在不防治场景下对西澳大利亚葡萄产业造成的经济损失进行了评估，预测在开始入侵后的 30 年中平均每年造成的损失为 730 万澳元，标准差为 260 万澳元，在入侵后第 20 年造成的经济损失最大。

四、外来有害生物风险评估技术体系

中国农业大学李志红教授团队根据 20 余年从事 PRA 研究和应用的经验，综合考虑有害生物入侵过程、现有风险评估模型和软件的适合性以及风险评估的现实需求，提出现阶段适合于我国的有害生物风险分析定量评估集成技术体系（图 7-1）。如图 7-1 所示，这一技术体系包括 5 个定量评估模块（针对多种有害生物的定殖可能性评估模块、针对某种有害生物的入侵可能性评估模块、针对某种有害生物的潜在地理分布预测模块、针对某种有害生物的潜在损失预测模块、针对有害生物的入侵风险综合评估模块），第 1～5 模块依次相接，每一模块均有可供选择的定量评估模型和软件作为技术支撑，第 1～4 模块的评估结果为第 5 模块提供具体风险信息，同时 7 个基础数据库（有害生物地理分布数据库、有害生物检疫截获数据库、有害生物生物学和危害数据库、寄主数据库、地图数据库、交通运输数据库以及气象数据库）为各评估模块提供必要的数据支撑。如果 PRA 的起点是某一植物或植物产品，建议选择第 1～5 模块依次进行评估；如果 PRA 的起点是某一有害生物，则建议选择第 2～5 模块依次完成评估。上述集成技术体系贯穿了有害生物入侵的全过程，能够对 2 个起点的 PRA 实现全方位的风险评估。

该技术体系已成功应用至境外玉米种子输华有害生物风险分析工作中，采用“SOM＋MatLab”技术筛选出玉米主要有害生物 1 251 种，并进行了风险排序；在

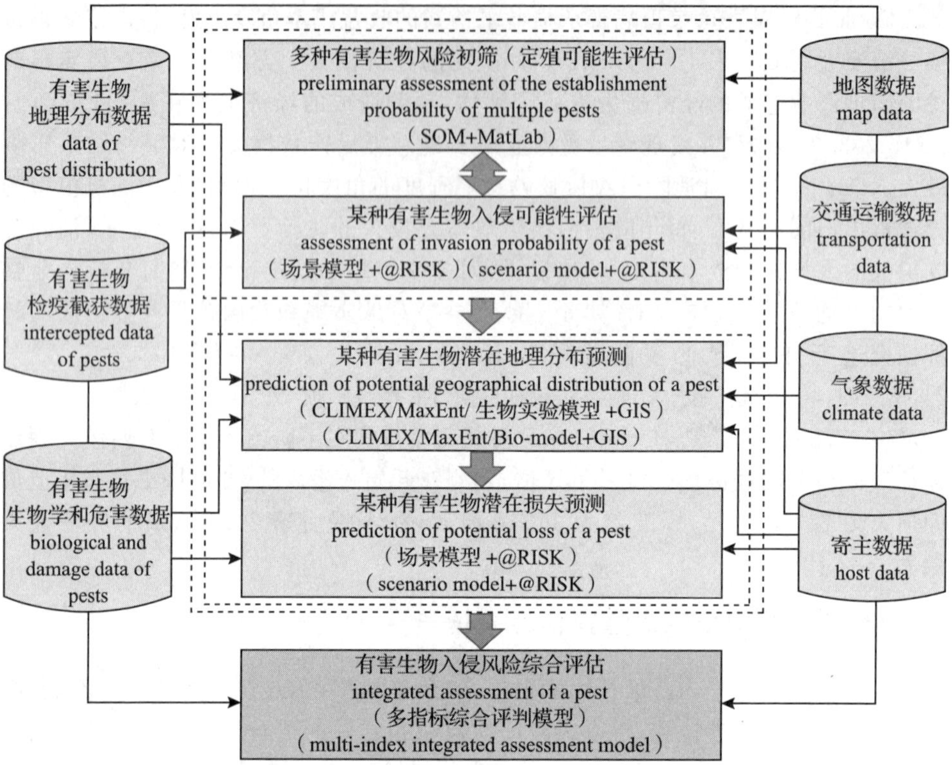

图 7-1 有害生物风险分析评估集成技术体系

此基础上，针对玉米褪绿斑驳病毒（MCMV）、玉米矮花叶病毒（MDMV）、玉米内州萎蔫病菌（*Clavibacter michiganensis* subsp. *nebraskensis*）、玉米细菌性枯萎病菌（*Pantoea stewartii* subsp. *stewartii*）和玉米褐条霜霉病菌（*Sclerophthora rayssiae*）这 5 种代表性玉米种子病原物，结合其在我国的适生区预测结果，采用“场景模型＋@RISK”技术预测了其对我国玉米产业造成的潜在经济损失。该研究是我国首次系统开展境外玉米种子输华风险分析，也是对上述定量评估集成技术体系的首次应用，在国外玉米引种检疫审批工作中发挥着重要作用。目前，该技术已被推选为 2023 年度农业农村部的主推技术，未来将在外来有害生物的风险评估中发挥更多的作用。

有害生物风险评估体系中的模型和软件均有其产生的时代背景和技术基础，针对有害生物风险分析定量评估的不同内容，各具特色、各有优势和不足。在开展 PRA 实际工作中，对于相关的模型和软件的选择，应注意以下 3 个方面：一是要根据 PRA 工作的要求和需求，二是要把握各个定量评估模型和软件的特点，三是要依据对各个定量评估模型和软件的熟练程度。

目前，国内相关部门针对外来有害生物的风险评估尚以定性评估为主，外来有害生物风险评估方法的不断完善和发展将促进我国各类植物检疫性有害生物名录的修订工作，提升我国有害生物入侵防控的水平。针对“一带一路”沿线国家和地区等的生物入侵防控需求，通过技术培训、短期互访及长期合作等方式，促进我国有害生物风险分析定量评估集成技术体系走向国际，帮助和指导西亚、东南亚、非洲等主要贸易国家和地区做好有害生物入侵防控工作，为今后 PRA 相关国际标准的制修订奠定基础，进一步发挥了我国《国际植物保护公约》签约国的作用，提升全球生物入侵防控的能力。

思考题

1. 外来有害生物的风险评估包括哪些方面？
2. 我国研发的多指标综合评判方法属于定量评估吗？
3. 简述有害生物风险评估未来的发展趋势。

第八章

外来有害生物的管理

提要:外来入侵物种管理是维护国家生物安全的重要举措。针对外来有害生物进行风险评估、检验检疫和应急防控是科学管理外来有害生物的必要手段。

生物安全意义重大,2020 年 2 月,习总书记在中央全面深化改革委员会第十二次会议上强调,要从保护人民健康、保障国家安全、维护国家长治久安的高度,把生物安全纳入国家安全体系,系统规划国家生物安全风险防控和治理体系建设,全面提高国家生物安全治理能力。为了维护国家安全,防范和应对生物安全风险,保障人民生命健康,保护生物资源和生态环境,促进生物技术健康发展,推动构建人类命运共同体,实现人与自然和谐共生,制定了《中华人民共和国生物安全法》,于 2021 年 4 月正式施行,这是在生物安全领域中的一部基础性和综合性法律。为了防范和应对外来入侵物种危害,保障农林牧渔业可持续发展,保护生物多样性,根据该法,农业农村部、自然资源部、生态环境部、海关总署联合发布了《外来入侵物种管理办法》,自 2022 年 8 月 1 日起正式施行。该办法是对外来入侵物种管理的一部完整、综合的规范性文件,进一步明确了外来入侵物种管理的各项细则。外来入侵物种管理是维护国家生物安全的重要举措,应当坚持风险预防、源头管控、综合治理、协同配合和公众参与的原则。

第一节　风险评估在外来有害生物管理中的作用

一、风险分析在有害生物管理中的重要性

改革开放以来,我国国际贸易迅猛发展,大量有害生物通过各种途径进入我

国。我国外来有害生物入侵数量呈现上升趋势,成为世界上遭受外来物种入侵危害严重的国家之一。有害生物对农业生产和生态环境危害严重,根除极为困难。对外来有害生物进行风险评估是阻止有害生物入侵最经济有效的措施。有害生物的危险性程度主要由 3 个方面决定,即该有害生物进入可能性、进入后能否扩散和定殖,以及可能产生的危害后果。这 3 个方面是相互制约,缺一不可的。首先,我们所评价的有害生物应有进入我国或进入 PRA 地区的可能,如果没有可能,则有害生物风险评价结束;其次,有害生物进入 PRA 地区后要能够定殖和建立种群,如有害生物不能建立种群,即使危害再大,其风险仍低;再者,对我国农牧业、动物和人类以及对社会和生态环境的危害以及受害植物的经济重要性直接关系到有害生物危险性的高低。农业农村部会同有关部门制定外来入侵物种名录,实行动态调整和分类管理,建立外来入侵物种数据库,制修订外来入侵物种风险评估、监测预警和防控治理等技术规范。

外来有害生物危害严重,对我国农业和牧渔业造成重大影响。面对当前新形势,为防范外来有害生物传播危害,保障我国生态安全、农业生产和人体健康,国家林业和草原局、农业农村部和海关总署等六部门制定了《重点管理外来入侵物种名录》。该名录包含植物、昆虫、植物病原微生物、植物病原线虫、软体动物、鱼类、两栖动物和爬行动物等 8 个类群 59 种,其中植物有紫茎泽兰、藿香蓟和空心莲子草等 33 种,昆虫有苹果蠹蛾、红脂大小蠹和美国白蛾等 13 种,植物病原微生物有梨火疫病菌和亚洲梨火疫病菌等 4 种,植物病原线虫有松材线虫 1 种,软体动物有非洲大蜗牛和福寿螺 2 种,鱼类有鳄雀鳝、豹纹翼甲鲶和齐氏罗非鱼 3 种,两栖动物有美洲牛蛙 1 种,爬行动物有大鳄龟和红耳彩龟 2 种。以上是当前重点关注和防控的外来入侵物种对象。该名录自 2023 年 1 月 1 日起正式施行。

病虫害风险评估是植物病虫害流行学的一部分。狭义上,风险评估是确定新发病虫害(国内或国外)的流行潜能与经济方面的影响;广义上,风险评估已经延伸到生产,特别是园艺作物和高价值作物或具有战略价值的作物,估计常发病虫害季节性发生情况的风险。由于国际贸易的发展,种子和植物材料的交流日益频繁,危险性有害生物传播的可能性增大。新的耕作制度和气候环境条件的变化,使病虫害的发生更加复杂和具有不确定性。因此,对植物病虫害风险评估具有重要意义,病虫害风险评估在生物安全方面发挥着重要作用。做好植物病虫害风险评估可为国家政策制定和投资决策提供风险信息,有利于植物病虫害宏观管理。

二、风险评估案例

由小麦矮腥黑穗病菌(*Tilletia controversa* Kühu,TCK)引起的小麦矮腥黑穗病(wheat dwarf bunt disease)是国际检疫性病害,我国尚无该病害的发生。国际上有15个国家和地区将其列为检疫的对象,我国将其列为进境一类危险性有害生物。此病害一旦发生,很难防治或根除,对小麦生产具有毁灭性危害,流行年份甚至造成绝收。该病原菌寄生范围广,能够危害禾本科18个属的70多种植物,主要侵染大麦、小麦和黑麦等农作物,发生危害遍及美洲、欧洲、大洋洲和亚洲等40多个国家和地区。我国是世界上主要的小麦生产国,产量位居世界第一,TCK一旦传入我国将造成巨大的损失。

1972年,我国首次从美国进口的小麦中检测出TCK,自此我国杜绝携带TCK的小麦进入我国。从1974年起,我国一直禁止美国西北部7个州和大湖区3个州及其他TCK疫区小麦出口到我国。基于中美小麦贸易的重要性以及病害危害的严重性,对小麦矮腥黑穗病在我国发生危害的风险分析一直是两国专家的研究热点。自1993年开始,美国农业部农业研究服务局组织了一个多国工作组,根据FAO制定的国际性标准,于1998年完成了中华人民共和国进口美国含有矮腥孢子的磨面用小麦的风险分析。在1999年签订《中美农业合作协议》之前,TCK一直是中美农业贸易中的重要问题。关于小麦矮腥黑穗病在我国的扩散危害的风险,中美双方都做了大量工作。

研究表明,冬麦区的长时间积雪可导致TCK的发生和流行。1986年,美国研究人员Trione和Hall基于气象卫星的NOAA/NESDIS图,分析了1966年11月至1982年2月间我国主要冬麦区是否有30 d持续积雪情况,并对TCK的潜在适合生长区进行了研究。结果表明,在这16年中,我国冬麦区仅有11个农田有持续积雪,其中仅1个地区1年内有积雪,4个地区有2年连续积雪,9个地区在非连续年份以上有积雪。因此,他们认为在中国的主要冬小麦区,在时间和空间上很难满足小麦矮腥黑穗病的发生条件,发生危害的可能性很小。美国农业部为了让美国小麦及其产品顺利进入中国市场,在1993—1998年组织美国、瑞典、德国、墨西哥和加拿大等国家的专家开展了"中华人民共和国进口美国磨粉用小麦携带矮腥黑穗病菌冬孢子的风险评估"的专项研究。该项研究主要目的是评估中国从美国进口加工小麦而传入TCK的潜在风险以及对中国小麦生产的不利影响。该风险评估主要由3个部分组成,评估经过装卸、运输、储存、制粉、麦麸和施肥等可能的传播途径传入田间的TCK孢子量;利用气象数据,作物环境资源综合模型(CERES)、小麦生长模型(MODWHT3)以及TCK的最低环境要求等,建立地理植物病理学模型,分析在中国可能引起产量损失的地区;根据美国在重病区蒙大拿州和犹他州1993—1996年田间试验数据获得引起病害的孢子阈值,评估某地区田间的孢子量是否能够达到引起病害的孢子浓度。通过分析,美方认为仅仅3.8%的中国冬麦区（贵州、湖南、甘肃、四川、陕西和新疆的少数地区）可能发病，由于美国出口到中国的小麦中 TCK 孢子含量低，所以中国从美国进口带菌小麦传入 TCK 的风险概率很低。

进口小麦是 TCK 传入我国的一个重要途径，曾多次从进口美国小麦、加拿大小麦和欧洲小麦中截获 TCK。由于 TCK 的潜在威胁，早期我国专家学者对 TCK 在我国定殖和扩散进行了大量的分析。1995 年，魏淑秋等应用生物气候相似距对小麦矮腥黑穗病在我国定殖的可能性进行了研究。以国外小麦矮腥黑穗病的流行地区之一的华盛顿州斯波坎为中心与中国各地麦区进行生物气候相似距计算，将我国麦区发病的危险程度划分为 5 个区域，即极高危险区、高危险区、局部发生区、偶发区和低危险区。新疆、青藏高原和部分黄土高原和内蒙古等西北高原麦区，冬季土表持续低温期长，通常有积雪，小麦矮腥黑穗病极易发生流行，是高危险区。2002 年，陈克等按照 FAO 制定的“有害生物风险分析准则”参考美方的做法，结合 18 年的气象数据利用地理信息系统（一种在计算机软硬件支持下，把各种地理信息按照空间分布及属性，以一定的格式输入、存储、检查、更新、显示、制图、综合分析和应用的技术系统）分析了 TCK 在中国冬麦区定殖的可能性。用计算有效积温的方法替代了简单的阈值判断，改变了美方代表进行的 TCK 风险分析不合理的部分，补充、修正了气象资料、小麦生育期等基础数据，将我国冬麦区划分为高、中、低风险区和基本不发生区 4 类。最终计算出高中风险区约占全国冬麦区总面积的 19.3%，这与美方 1998 年提出的“中华人民共和国进口美国磨粉小麦携带小麦矮腥黑穗病菌冬孢子风险评估”的结论相差较大。

在我国的冬小麦种植区选多点进行在严格控制条件下的 TCK 冬孢子接种试验，对风险分析结果进行验证，为制定安全的植物检疫措施和保障中国小麦的安全生产提供科学依据。鉴于 TCK 的危害，继续进行 TCK 有害风险分析，从以前的风险分析中总结经验，加强基础生物学与流行学的研究，获得更加全面的数据，对 TCK 在我国的定殖发生可能性进行准确定量的评估具有重要意义。

三、国内外风险评估平台

对进境植物及植物产品开展有害生物风险分析，对保障我国农林业和生态安全具有重要的意义。国内外大量的专家学者针对具体的有害生物开展了大量的工作，结合气候统计学方法如 MaxEnt、CLIMEX 和 BIOCLIM 等模型，以及 Arc/Viw 和 Arc/Info 等地理信息系统进行适生区分析。分析有害生物在 PRA 地区的适生可能性、发生危害的程度及可能扩散的范围，能够科学预判从而有效遏制外来生物的入侵。

草地贪夜蛾繁殖能力强，传播扩散迅速，自从2016年年初抵达西非后，该虫已经扩散到绝大多数非洲国家。近年来，进一步扩散到近东和包括中国、印度和日本在内的数十个亚洲国家。2019年，草地贪夜蛾首次迁飞入侵我国云南，快速向江南、江淮地区扩散蔓延，并进一步向北方地区扩散，对我国粮食及农业生产构成严重威胁。联合国粮食及农业组织建立了对草地贪夜蛾监测预警平台（https://www.fao.org/fall-armyworm/en/），设计了便于农户使用的应用程序，搭建了一个收集数据，即时提供全球、国家和地区范围的虫害状况的平台，为草地贪夜蛾的风险评估提供了可靠的数据来源。欧盟建立了有害生物风险分析平台CAPRA（Probabilistic Risk Assessment）（https://ecapra.org/），可用于不同类型的自然灾害分析，为了便于风险分析组建了CAPRA-GIS软件，可以进行下载分析。在英国援助组织（FCDO）和国际合作总局（DGIS，荷兰）资助下，国际应用生物科学中心（Centre Agriculture Bioscience International，CABI）建立了有害生物风险分析在线分析网站（https://www.cabi.org/PRA-Tool/），旨在帮助国家植物保护组织（National Plant Protection Organization，NPPO）快速评估风险，防止入侵性病虫害的传播，从而促进植物商品的持续贸易。

为深入贯彻习近平总书记有关“筑牢国家生物安全屏障”指示精神，落实我国生物安全法要求，切实履行海关职责，坚决守牢国门关口，海关总署国际检验检疫标准与技术法规研究中心2022年开发建设了“国门生物安全基础数据信息资源平台”（http://www.pestchina.com/#/），以期为国门生物安全保障提供充分可靠的基础数据信息支撑。该平台立足国家生物安全战略需求和国门生物安全保障需要，定位于生物安全国家战略资源平台的海关分平台，通过汇聚全球植物有害生物、动物疫病病原、人类传染病病原、外来入侵物种以及其他管制性生物基础信息，构建生物物种标准代码库，部署智能风险评估、智能预警、智能处置、可视化展示等应用工具，夯实国门生物安全风险防控的科学基石，打造生物安全国家战略资源平台的重要支柱，构筑引领全球生物安全治理的坚强后盾。

第二节　外来有害生物的检验检疫

一、外来有害生物境外预检

重视对境外有害生物发生、流行情况的跟踪、收集、分析、预测和对国内有害生物的监测、调查及环境影响评价工作，建立国内外有害生物发生、流行信息数据库，实现资源共享。要加强与国外相关部门的磋商，在双边检疫协定或议定书中明确进口检疫要求。加强对有害生物传入风险较大的动植物及其产品的境外预检工作，降低外来有害生物传入的风险。做好对向我国输出动植物及其产品与食品的国外生产、加工、存放单位的卫生注册登记工作，从源头预防。为了保障贸易的顺利进行，同时防止有害生物的入侵，我国采取了一系列的措施对外来有害生物进行境外预检。例如海关总署关于进口埃及鲜食石榴植物检疫要求（公告〔2022〕72号），规定输华果园应实施良好农业操作规范，包括维持果园卫生条件、清理落果、季末剪枝等，并执行有害生物综合治理，包括有害生物监测、化学或生物防治、农事操作等控制措施。在贸易开展的前2年内，埃及相关方应按照2%的比例对每批输华石榴进行抽样检查，如2年内没有发生植物检疫问题，抽样比例降为1%。如发现中方关注的检疫性有害生物活体，整批货物不得出口中国，并视情况采取暂停果园、包装厂措施，直至埃及相关方查明原因并采取改进措施。通过一系列的预检措施，防止外来有害生物的入侵。

尤其是对于种子、苗木等一些繁殖材料，预检更要加强。《外来入侵物种管理办法》规定因品种培育等特殊需要从境外引进农作物和林草种子苗木、水产苗种等外来物种的，应当依据审批权限向省级以上人民政府农业农村、林业草原主管部门和海关办理进口审批与检疫审批。属于首次引进的，引进单位应当就引进物种对生态环境的潜在影响进行风险分析，并向审批部门提交风险评估报告。审批部门应当及时组织开展审查评估。经评估有入侵风险的，不予许可入境。

依法严格外来物种引入审批，强化引入后使用管控，任何单位和个人未经批准不得擅自引进、释放或者丢弃外来物种。开展从境外引进农作物和林草种子苗木、进境动植物及其产品风险分析，规范外来物种引入检疫审批和入侵风险评估，实行外来物种分级分类管理。加强外来物种引入后使用和经营行为的监督管理，使用和经营单位或个人要采取安全可靠的防范与应急处置措施，防止引入物种逃逸、扩散造成危害。加大对未经批准擅自引进、释放或者丢弃外来物种行为的打击力度。2023年中央一号文件提出，要严厉打击非法引入外来物种行为，实施重大危害入侵物种防控攻坚行动，加强“异宠”交易与放生规范管理。

二、外来有害生物检验检疫

外来有害生物具有入侵性强、危害严重和根除困难等特点，口岸及边境是防控外来生物入侵的第一道关口。《中华人民共和国进出境动植物检疫法》（附录4-7）明确了检疫对象包括进出境的动植物、动植物产品和其他检疫物，装载动植物、动植物产品和其他检疫物的装载容器、包装物，以及来自动植物疫区的运输工具。进一步加强对进出境动植物检疫法律、法规规定应检物的检疫。对不符合我国有关法律、法规、双边检疫协定或议定书等规定的，作除害、退回或销毁处理，并依照国际通行做法通报输出国家和地区，必要时可采取限制直至禁止进口等措施。要进一步加强进境旅客携带和邮寄应检物的检疫工作，积极创造条件，采用X光机、检疫犬等有效手段，切实提高检出能力。对违规携带、邮寄入境的应检物作退回或销毁处理，并按有关规定处以罚款。海关、交通、民航、铁道、邮政等部门要积极配合出入境检验检疫部门的工作。持续巩固和提升口岸把关能力，从强化潜在风险分析、严格检疫审批、强化贸易渠道和非贸易渠道检疫监管、严格检疫处理、严厉打击违法违规行为等方面全链条加强外来入侵物种口岸防控，坚决筑牢口岸检疫防线，严防外来物种通过口岸入侵，维护国门生物安全。

2021年全年截获有害生物59.08万种次、检疫性有害生物6.51万种次，首次检出致死粒线虫、铃兰短体线虫、北美齿小蠹等4种危险性有害生物，将番茄褐色皱果病毒等5种有害生物增补入《进境植物检疫性有害生物名录》。对26个国家和地区的动植物产品发布禁令公告29份，退回、销毁不合格农产品584批，涉及44个国家(地区)。2022年上半年全国海关共截获检疫性有害生物173种，3.1万种次；境外预检淘汰不合格动物4.2万头，淘汰率21.16%。首次从进境种苗中截获光滑拟毛刺线虫、波斯茎线虫。有效防范了疯牛病、非洲马瘟、高致病性禽流感、松材线虫、红火蚁、地中海实蝇、小麦矮腥黑穗病菌、番茄褐色皱果病毒、玉米褪绿斑驳病毒等重大动植物疫情疫病和外来入侵物种通过口岸传入，保护了我国农林牧渔业生产安全、生态安全和人民身体健康。

我国每年进口大量松木，其中很多来自松材线虫病发生国家。海关从进口松木中检出多种活的检疫性有害生物，包括松材线虫(*Bursaphelenchus xylophilus*)、南部松齿小蠹(*Ips grandicollis*)、美雕齿小蠹(*Ips calligraphus*)等，其中，仅2021年1—8月，我国就从来自美国的进口松木中检出松材线虫414批。这些松木在出口前都进行了去皮或熏蒸处理，且出口国出具的植物检疫证书均标注不带松材线虫，但检出松材线虫等检疫性有害生物的情况仍居高不下。为防止松材线虫传入，根据我国相关法律法规和国际植物检疫措施标准，经风险评估，海关总署决定对进口松材线虫发生国家松木植物检疫要求进行调整，2022年2月1日正式实施。与现有松木检疫要求相比，调整的进口松木检疫要求从源头管控和不合格处置角度提出了3条加严措施：一是强化源头管控。原木出口前，输出国植物检疫主管部门须对每批拟输华原木进行松材线虫实验室检测及检疫处理，确保不带松材线虫。二是指定进境口岸。进口松木须从指定口岸进境，该口岸应位于我国确定的松材线虫疫区内。三是严格不合格处置。进境时，如检出松材线虫或天牛等活的有害生物，该批松木作退回或销毁处理。这些加严措施与国内疫区松材线虫防控措施做到了有效衔接，也符合国际规则。

三、进境动植物及其产品监管

外来入侵物种管理的重点措施之一就是要加强全链条监管，《外来入侵物种管理办法》对外来入侵物种源头预防、监测预警、治理修复等方面作出规定，从各个环节加强外来入侵物种防控，构建全链条防控体系。其中，从规范引种管理、强化口岸防控和加强境内检疫 3 个方面对加强源头预防提出明确要求；从开展调查监测、发布预警预报和规范信息发布 3 个方面加强外来入侵物种监测预警，及时掌握外来入侵物种状况；明确规定了外来入侵植物、外来入侵病虫害、外来入侵水生动物的防控措施，并要求因地制宜采取种植乡土植物、放流本地种等措施，对外来入侵物种发生区域进行生态系统恢复。

在加强入境检疫的同时，强化进境动植物及其产品在运输、生产、加工、存放、使用和销售过程中的防疫检疫监督管理。海关、农业农村和林业等部门要密切配合，组织开展对重大外来有害生物疫情的专项监测，发现疫情及时组织扑灭。进境动物、植物种子、种苗及其他繁殖材料要依法到指定的隔离场所进行严格的隔离检疫或试种，经隔离检疫或试种合格的，才能放行或分散种植。海关、边防、农业农村、林业、环保、工商和交通等部门截获的非法进境动植物及其产品，须就近通报或移交出入境检验检疫机构实施检疫，并按国家有关规定处理。

海关对进境植物繁殖材料的运输、加工、存放和隔离检疫等过程，实施检疫监督管理。承担进境植物繁殖材料运输、加工、存放和隔离检疫的单位，必须严格按照海关的检疫要求，落实防疫措施。引种单位或代理进口单位须向所在地海关办理登记备案手续；隔离检疫圃须经海关考核认可。进境植物繁殖材料到达入境口岸后，未经海关许可不得卸离运输工具。因口岸条件限制等原因，经海关批准，可以运往指定地点检疫、处理。在运输装卸过程中，引种单位、个人或者其代理人应当采取有效防疫措施。供展览用的进境植物繁殖材料，在展览期间，必须接受所在地海关的检疫监管，未经其同意，不得改作他用。展览结束后，所有进境植物繁殖材料须作销毁或退回处理，如因特殊原因，需改变用途的，按正常进境的检疫规定办理。展览遗弃的植物繁殖材料、生长介质或包装材料在海关监督下进行无害化处理。对进入保税区（含保税工厂、保税仓库等）的进境植物繁殖材料须外包装完好，并接受海关的监管。海关根据需要应定期对境内的进境植物繁殖材料主要种植地进行疫情调查和监测，发现疫情要及时上报。

第三节　外来有害生物的应急防控

一、外来入侵物种普查和监测预警

2021年，农业农村部、自然资源部、生态环境部、海关总署、国家林业和草原局联合发布《进一步加强外来物种入侵防控工作方案》（下称《方案》）。近年来，我国外来物种入侵防控工作取得积极成效，但仍存在入侵风险大、防控治理难、长效机制不健全等问题。《方案》明确了总体要求，不断健全防控体系，进一步提升外来物种入侵综合防控能力。到2025年，外来入侵物种状况基本摸清，法律法规和政策体系基本健全，联防联控、群防群治的工作格局基本形成，重大危害入侵物种扩散趋势和入侵风险得到有效遏制。到2035年，外来物种入侵防控体制机制更加健全，重大危害入侵物种扩散趋势得到全面遏制，外来物种入侵风险得到全面管控。

《方案》提出，以我国初步掌握的外来入侵物种为基础，在农田、渔业水域、森林、草原、湿地等各区域，启动外来入侵物种普查，通过3年左右的时间，摸清我国外来入侵物种的种类数量、分布范围、危害程度等情况。依托国土空间基础信息平台等构建监测预警网络，在边境地区及主要入境口岸、粮食主产区、自然保护地等重点区域，以农作物重大病虫、林草外来有害生物为重点，布设监测站（点），组织开展常态化监测。强化跨境、跨区域外来物种入侵信息跟踪，建设分级管理的大数据智能分析预警平台，强化部门间数据共享，规范预警信息管理与发布。

农业农村部会同有关部门建立外来入侵物种普查制度，每10年组织开展一次全国普查，掌握我国外来入侵物种的种类数量、分布范围、危害程度等情况，并将普查成果纳入国土空间基础信息平台和自然资源“一张图”。建立外来入侵物种监测制度，构建全国外来入侵物种监测网络，按照职责分工布设监测站点，组织开展常态化监测。建立外来入侵物种信息发布制度，全国外来入侵物种总体情况由农业农村部有关部门统一发布。自然资源部、生态环境部、海关总署、国家林业和草原局等主管部门依据职责权限发布本领域外来入侵物种发生情况。

源头预防监测预警，建立风险预警和快速反应机制。为确保我国农业、林业生态安全，海关总署每年都派遣检疫专家到境外对高风险动植物及其产品实施产地检疫，以降低有害生物传入的风险。此外，还根据境外有害生物发生流行动态、入境检验检疫截获有害生物等情况，及时发布风险预警通报，并会同农业农村部发布禁令公告，采取快速反应措施。目前，全国有县级以上的农业植物检疫机构2 000多个，专职植物检疫人员1万多名。检疫人员长期战斗在第一线，工作兢兢业业、认真负责，有效地控制了有害生物的扩散和蔓延。同时，目前国内已深入开展了多种检疫性有害生物的快速鉴定、监测和控制技术攻关研究，通过加强与科研、教学单位的联合与协作，加强国际合作与交流，加快国外先进技术的引进、开发和应用，建立了必要的技术储备。

收集周边国家及主要贸易伙伴的疫情发生信息，定点定期进行田间调查、空中孢子捕捉、灯光诱捕、昆虫性信息素诱集等。疫情监测内容有：对于现已发生的重大有害生物，主要是监测其疫情发生动态、危害情况、扩散蔓延范围及速度等；对于潜在重大有害生物，主要是监测高风险区域及周围主要寄主植物生长区内有无疫情发生。深化与“一带一路”沿线国家多双边动植物检疫合作，加强信息共享与技术交流，探索建立国际动植物疫情和外来入侵物种联合监测预警机制，解决彼此农产品贸易关注。加大发展中国家动植物检疫人员技术交流培训力度，推进对检疫基础薄弱国家动植物检疫实验室援建，努力实现动植物检疫合作领域政策沟通、贸易畅通。“十三五”以来已与“一带一路”沿线 58 个国家建立和畅通多、双边合作机制。

疫情监测是发现疫情和掌握疫情动态的有效手段，是做到“早发现、早报告、早阻截、早扑灭”疫情的重要前提。通过科学设置疫情监测点，规范监测方法，构建严密的有害生物疫情监测网络，为及时采取防控行动、进行有效防除提供保障。

二、外来入侵物种防控管理体制

《2020 中国生态环境状况公报》数据显示，2020 年我国已发现 660 多种外来入侵物种，71 种对自然生态系统已造成或具有潜在威胁并被列入《中国外来入侵物种名单》。对 69 个国家级自然保护区外来入侵物种调查数据显示，已有 219 种外来入侵物种入侵国家级自然保护区，其中 48 种外来入侵物种被列入《中国外来入侵物种名单》。外来入侵物种对我国生态系统和生物多样性构成严重威胁，对其进行有效防控刻不容缓。外来入侵植物的治理，可根据实际情况在其苗期、开花期或结实期等生长关键时期，采取人工拔除、机械铲除、喷施绿色药剂、释放生物天敌等措施。外来入侵病虫害的治理，应当采取选用抗病虫品种、种苗预处理、物理清除、化学灭除、生物防治等措施，有效阻止病虫害扩散蔓延。外来入侵水生动物的治理，应当采取针对性捕捞等措施，防止其进一步扩散危害。外来入侵物种发生区域的生态系统恢复，应当因地制宜采取种植乡土植物、放流本地种等措施。

加强外来入侵物种管理的总体思路是，坚持风险预防、源头管控、综合质量、协同配合、公众参与原则，突出重点领域和关键环节，建立健全管理制度，强化联防联控，全面提升外来入侵物种管理水平。《进一步加强外来物种入侵防控工作方案》要求加强农田、渔业水域等区域外来入侵物种治理，落实阻截防控（利用各种生物的、物理的、化学的等方法阻断有害生物的扩散和蔓延）措施，坚决守住粮食安全底线。当前重点做好草地贪夜蛾、马铃薯甲虫、苹果蠹蛾、红火蚁等重大危害种植业生产外来物种阻截防控，坚持分类施策、治早治小、全力扑杀，在关键区域布设阻截带，集成绿色防控技术模式，建立综合治理示范区。强化水生外来物种养殖环节监管，推进水葫芦、福寿螺、鳄雀鳝等水生外来入侵物种综合治理。加强对危害农业生态环境的紫茎泽兰、豚草等外来入侵恶性杂草的综合治理，加强生物防治和生物替代，稳妥开展集中灭除。

加强有害生物人才队伍的建设，形成专家智库，防止有害生物的扩散和危害。优化科技资源布局，加强外来物种入侵防控基础研究、关键技术研发、集成示范应用。在基础研究方面，加强对外来入侵物种认定标准、扩散规律、危害机理、损失评估等方面的研究。在关键技术研发方面，针对口岸查验、应急扑灭、生物防治和生态修复等关键环节，加快研发快速鉴定、高效诱捕、生物天敌等实用技术、产品与设备。在集成示范应用方面，开展综合防控技术试点示范，建设天敌繁育基地，探索社会化治理，形成可复制、易推广的综合治理技术模式和成果。

明确职责分工，建立外来入侵物种防控部际协调机制，多部门联合防控，密切配合、统筹协调解决外来物种入侵防控重大问题，协同抓好外来入侵物种防控工作。建立外来物种入侵防控专家委员会，加强防控工作政策咨询、技术支撑。落实外来物种入侵治理属地责任，各省（自治区、直辖市）人民政府要加强组织领导，完善政策措施，加强经费保障，落实防控要求。探索建立跨行政区域外来入侵物种防控联动协作机制。同时，有害生物入侵危害是全球性的，开展国际间合作与交流，建立与周边和有关国家、地区对有害生物的联防联控机制，为防止有害生物跨国传播、扩散和危害提供了有力保证。

引导公众参与，利用互联网、移动终端、广播电视等各种媒介，加强外来物种入侵防控科普宣传，形成全社会共同参与的良好氛围。建立生物安全信息共享制度，实现信息共享。结合全民国家安全教育日、国际生物多样性日、世界环境日等主题宣传活动，强化相关法律法规和政策解读，普及外来物种入侵防控知识。加强技术培训，提升基层人员外来物种入侵防控专业能力。将外来物种入侵防控作为大中小学国家安全教育的重要内容，探索参与式、实践式教育，引导提升广大青少年外来物种入侵防控意识。

三、外来入侵物种阻截防控

为切实控制重大植物疫情传播危害，防范生物安全风险，保障农业生产、生态环境和人民生命安全，根据《中华人民共和国生物安全法》《植物检疫条例》（附录

4-10)等法律法规,全国农业技术推广服务中心针对红火蚁、柑橘黄龙病、梨火疫病和苹果蠹蛾在我国的发生情况,制定了《2023年重大植物疫情阻截防控工作方案》。

1. 疫情发生趋势分析

据全国农业植物疫情监测调查,2022年全国农业植物检疫性有害生物在29个省(自治区、直辖市)的近1 350个县(市、区)发生面积2 100万亩次。预计2023年红火蚁、柑橘黄龙病等重大植物疫情发生面积938万亩,比2022年和2017—2021年均值分别增加4.2%和18.1%,部分地区存在重发和扩散风险,需加密监测网络、加大监测力度,主动采取科学防控措施,减缓疫情扩散,减轻危害损失。

红火蚁全国发生面积620万亩。其中,广东大部、海南大部、福建大部、广西中东部、江西南部、云南东部和南部、四川南部等区域总体偏轻发生,局部点片偏重发生;重庆大部、湖南南部、贵州南部、浙江中部和南部、湖北中部等区域零星点状发生。疫情在长江中下游和西南局部地区进一步扩散风险较高。

柑橘黄龙病全国发生面积200万亩,需预防控制面积2 000万亩次以上。其中,广西东北部、湖南南部、江西南部、海南中北部、云南中南部中等发生,脐橙、砂糖橘、宽皮橘种植区存在重发流行风险;福建大部、广东大部、云南北部偏轻发生;四川南部、贵州局部点片轻发生。疫情向重庆、湖北、湖南中北部和西部、江西中部、四川东部、浙江西部和北部扩散风险高。

梨火疫病全国发生面积55万亩,需预防控制面积420万亩次以上。其中,新疆大部梨、苹果产区中等发生,局部地区重发生,甘肃河西走廊部分县中等发生;浙江西北部、安徽南部、重庆东北部部分县零星轻发生。疫情向苹果、梨主产区进一步扩散风险较高。

苹果蠹蛾全国发生面积55万亩。其中,新疆大部、甘肃西部、黑龙江东部、吉林中部和东部、辽宁西南部、河北东北部、天津北部、内蒙古中西部、宁夏北部部分县偏轻发生,局部地区偏重发生。疫情向陕西北部、山东东北部、甘肃东部、河北中部、山西等苹果主产区扩散风险较高。

2. 思路目标

以习近平新时代中国特色社会主义思想为指导,立足国家总体安全观,坚持风险分析、源头预防、综合治理、检打联动。聚焦重大疫情,加强监测调查和综合治理,提升植物疫情早期感知和主动预防能力;聚焦重要渠道,加强检疫监管和应急防控,提升植物疫情快速诊断和应急响应能力;聚焦重点区域,严把检疫审批关和事中事后监管,提升植物疫情源头管控和除害处理能力。努力实现“两个确保”,即确保新发疫情不大面积蔓延危害,确保老疫情不大面积暴发成灾。

(1)红火蚁。组织开展红火蚁集中防控行动,力争疫情总体发生面积减少10%,

重发区危害程度降低，零星发生区疫情逐步根除，减少耕地撂荒和叮咬伤人事件。

(2)柑橘黄龙病。组织开展梢期柑橘木虱统防统治，集中清除染疫植株，力争重病区果园病株率控制在5%以下，中等发病区病株率控制在3%以下，轻度发病区病株率控制在1%以下。

(3)梨火疫病。组织开展花期预防性统防统治，集中清除病株、病枝，力争重病区果园病株率控制在5%以下，中等发病区病株率控制在3%以下，轻度发病区病株率控制在1%以下。

(4)苹果蠹蛾。组织开展应急防控和统防统治，力争普遍发生区蛀果率控制在3%以下，逐步压缩发生范围，零星发生区新疫情及时铲除。

3. 重点任务

突出分类处置、分区治理、综合施策，根据疫情发生危害特点，切实落实好以下3项重点任务。

(1)加强监测预警。加快完善重点区域病虫疫情监测网络，在沿边沿海、疫情重发、阻截前沿、关键通道和农产品集散地等高风险区，加密布设监测站点，开展网格化、系统化监测调查，织牢织密疫情监测网络。在重点时期、重点基地推行检疫协作机制，提升监测调查频次和覆盖面，提高疫情鉴定准确率和效率，保障重点区域生产安全。

(2)加强检疫监管。严格产地检疫和调运检疫，扎实做好产地检疫田间调查监测、室内检测鉴定，加大跨区调运重点种苗的现场检查、抽样检测、证书查验和抽样复检力度。红火蚁要加强对带土农作物苗木、带土观赏植物苗木、草坪草等高风险植物及植物产品的检疫监管。柑橘黄龙病重点加强柑橘苗木检疫，未经检疫的种苗不得出圃、不得入园，确保病桩病树得到有效清除。梨火疫病严禁从疫区调运高风险苗木与枝条，禁止在疫区育苗，严禁从疫区调运花粉。苹果蠹蛾重点加强寄主植物产品的调运检疫，强化对水果集散地和果品车辆的检疫检查。

(3)加强联防联控。加强部门间、省区间、县区间联合防控。疫情重发区及阻截前沿区，要多渠道争取、整合、利用财政资金，整建制统一推进疫情统防统治。红火蚁重点抓住春秋两季防控关键时期，采用"毒饵大面积诱杀＋粉剂定点灭巢"的二阶段处理法进行防控。柑橘黄龙病以统一防治木虱为关键，集成清除病株、健身栽培、补种健康苗木等配套措施。梨火疫病以花期统一施用化学药剂预防性保护为关键，集成病树病枝修剪、科学授粉等配套措施。苹果蠹蛾重点抓住成虫羽化高峰期开展化学防治，综合冬季清园、迷向防控、灯光诱杀、生物防治等配套措施。

4. 保障措施

(1)强化组织领导。各地按照本方案要求，制定推进计划和行动方案，及早安排部署，细化工作措施，强化督促指导。中心将组织开展全国性、区域性联合阻截防控行动，推动重大植物疫情防控取得实效。

（2）强化能力建设。制定重大植物疫情防控技术方案，组织技术培训，普及防控知识。防控关键时期组派精干力量深入生产一线，指导防控技术落到实处。

（3）强化宣传引导。采取中央和地方联动、广播和电视结合、报纸和网络呼应等多种方式，大力宣传植物检疫法规和相关知识，及时通报、曝光违法违规案件，切实提高全社会植物防疫检疫意识。

思考题

1. 简述植物检疫在外来有害生物管理中的作用。
2. 简述国内外风险评估案例及其意义。
3. 外来有害生物应急防控主要有哪些措施？

第九章

我国外来有害生物现状与对策

提要:外来有害生物的入侵,不仅给我国农业、林业和草业等方面造成巨大的经济损失,也给我国生态多样性和生态系统平衡等带来严重的破坏。本章通过分析我国外来有害生物的现状和危害以及外来入侵物种的控制方法,指出外来有害生物防控工作面临的挑战并提出应采取的控制对策。

民以食为天,食以安为先。我国是世界人口最多的国家,食品安全是维护国家稳定与发展的基础。随着经济全球化的推进,全球气候变暖以及生物物候期变化,加速了物种的迁移,外来物种入侵成为随处可见的非传统安全威胁,并会带来严重的经济损失。外来有害生物的入侵,不仅给我国农业、林业和草业等方面造成了巨大的经济损失,也给我国生态多样和生态系统平衡等带来严重的破坏。因此,需加强对外来有害生物的防控,采集必要的防治措施。本章通过分析外来有害生物的现状和危害以及外来入侵物种的控制方法,指出外来有害生物防控工作面临的挑战并提出应采取的控制对策,这对深入了解外来有害生物及防治对策,促进我国经济和社会发展具有十分重要的意义。

第一节　我国外来有害生物现状

我国是遭受外来入侵物种危害最严重的国家之一。目前,国际自然及自然资源保护联盟(IUCN)公布了全球 100 种最具威胁的外来入侵物种,其中入侵我国的就有 10 多种。《2020 中国生态环境状态公报》报道我国已发现有 660 多种外来入侵物种,包括动物 57 种,植物 461 种,昆虫 93 种,真菌 20 种,细菌 11 种,病毒 12 种,线虫 8 种,藻类 9 种。其中有 71 种外来入侵物种对我国自然生态系统已造成威胁或具有潜在威胁并被列入《中国外来入侵物种名单》，有219种外来入侵物种已入侵我国国家级自然保护区。21世纪传入我国的外来入侵物种有152种，其中作为资源被引入的有47种且均为植物。2022年上半年，全国海关共截获检疫性有害生物173种。2009年，外来入侵生物给当年带来的经济损失高达2 000亿元。目前，我国外来有害生物具有分布范围广和危害严重的特点，外来有害生物入侵危害呈现日益严峻的趋势，给我国农业、林业和草业等方面带来了严重的经济损失，对我国生态系统造成了严重的破坏。

我国进口粮食、水果、蔬菜和苗木等农产品贸易取得了巨大的进展，然而入侵的外来有害生物也不断增加。棉花枯萎病和黄萎病在20世纪30年代随美国棉花种子的引入而入侵我国。棉花枯萎病在棉花苗期可发病，严重的可引起大量幼苗死亡，可导致蕾铃脱落、铃重降低、纤维长度和断裂比强度降低。因其给世界各国带来重大灾难，棉花黄萎病被称为“棉花的癌症”。该病害是影响棉花产量和品质的主要因素之一，在我国各大棉区均有发生，混发时可造成20%～30%的产量损失，严重的可达60%。稻水象甲原产于北美洲，1988年在我国河北省唐山市唐海县被首次发现，现扩散到我国23个省(自治区、直辖市)463个县(市、区)。稻水象甲是水稻的毁灭性害虫，一般可导致30%左右的产量损失，严重的可导致水稻绝收。原产于巴西的美洲斑潜蝇在我国最早于1993年在海南发现。1998年已在21个省(自治区、直辖市)迅速蔓延，可寄生22个科110种植物，发生面积超过130万 hm^2，造成了蔬菜和瓜果减产甚至绝收。现已蔓延到全国菜区，其危害程度按作物排列，瓜类受害最为严重，其次是豆类和叶菜类蔬菜，其中黄瓜、西瓜、冬瓜、丝瓜、角瓜、菜豆、豇豆、番茄、芹菜等农作物受害较重。

党的十八大以来，我国通过科学推进大规模国土绿化行动，成为全球森林资源增长最多的国家。然而，外来林业有害生物呈现暴发式扩散，林业资源面临着来自外来有害生物前所未有的巨大压力。自2000年以来，我国平均每年新发现1种对林业资源构成威胁的外来有害生物，外来有害生物在我国每年平均发生面积约为280多万 hm^2，每年平均造成经济损失约为700多亿元，约占林业有害生物造成的全部经济损失的64%。2019年，国家林业和草原局第三次全国林业有害生物普查的结果显示，外来林业有害生物为45种，其中发生面积超过100万亩的有松材线虫、美国白蛾、松突圆蚧和紫茎泽兰。松材线虫病被称为“松树癌症”，引起该病的松材线虫是一级危害性林业有害生物，于1982年在我国首次被发现，在短短10年间，疫区已扩至江浙等6省，对黄山、张家界等风景名胜区构成了巨大威胁。美国白蛾为二级危害性林业有害生物，美国白蛾1979年从辽宁丹东进入我国，随后相继在山东、陕西、河北、上海等地出现，它可为害300多种植物，具有暴食性，常将成片的树林横扫殆尽，被称为“森林无烟的火灾”。松突圆蚧为二级危害性林业有害生物。松突圆蚧于1982年在我国广东省珠海市的马尾松林中首次被发现，目前在我国主要分布在台湾、香港、澳门、广东和福建等地。松突圆蚧主要危害松树树种，尤其在马尾松纯林中危害最大。松突圆蚧以吸食松针的汁液为食，致使受害部位的组织发黑、萎缩和腐烂，严重影响松树生长，发生严重时，可造成林木死亡。紫茎泽兰为三级危害性林业有害生物，1935年首次在我国被发现。首批外来入侵的杂草紫茎泽兰破坏草场、茶园和果园，堵塞水渠，且其含有的毒素易引发人畜过敏、中毒或死亡。紫茎泽兰可引起马匹的气喘病，仅1979年在云南省的52个县179个乡，发病马5 015匹，死亡3 486匹，甚至造成“无马县”。

外来杂草入侵可破坏自然环境，降低生态多样性，危害农业安全生产，毒害人畜，其对自然生态、农业生产和经济发展均具有危害。进境粮谷是携带检疫性杂草种子的重要载体。豚草原产于加拿大，其种子常常混在小麦和大豆等粮食作物中而被传播。20世纪三四十年代，普通豚草和三裂叶豚草开始进入我国东北地区，不久长江流域也发现豚草，主要分布在路旁、渠道、河岸和院落、果园等旱地。豚草蚕食了大片土地，导致作物大面积草荒，以致绝收，同时对生态环境造成较大威胁。豚草花粉还是引起人体一系列过敏性变态症状枯草热的主要病原。2003年，其被列入《中国第一批外来入侵物种名单》(附录1)，是全球十大恶性杂草之一。毒麦，原产于欧洲，20世纪50年代经由进口粮食和引种混杂等途径入侵我国。毒麦常与小麦等混生在一起，争夺水肥，影响作物产量，且其籽粒有毒，对人和动物均有毒害。人误食会引起头晕、昏迷、呕吐、痉挛和视力障碍等症状，重者中枢神经系统麻痹甚至死亡。牲畜误食出现趴卧、行走不稳和口吐白沫等症状，严重时可导致呼吸衰竭和瞳孔散大，呈昏睡状态。毒麦也是全球十大恶性杂草之一。假高粱，原产于地中海地区，20世纪初从日本被引入我国台湾，同一时期在我国香港和广东也被发现。假高粱对谷类、棉花、甘蔗和麻类苜蓿等30多种作物构成危害，抑制作物种子萌发和生长，造成产量降低，牲畜误食可造成中毒甚至死亡。假高粱也是全球十大恶性杂草之一。

人们为了某种需求，如作为饲料、护堤和观赏等无意引入了外来有害生物。加拿大一枝黄花原产于北美洲，1935年作为观赏性植物被引入中国，后来逃逸到自然环境中。经过漫长潜伏期，这种植物逐渐适应了我国江浙一带的气候和地理环境，近些年开始扩散蔓延。加拿大一枝黄花也是全球十大恶性杂草之一。凤眼莲又称为水葫芦，原产于南美洲，1901年作为花卉被引入中国，20世纪30年代还作为猪饲料被推广，但是诸多原因导致水葫芦没有被广泛推广利用。因其具有快速生长繁殖的特点，目前已在我国南方地区蔓延成灾，成片聚集堵塞河道，影响航道，且大面积污染水体，严重影响水生物的生长，破坏了水生物的生物多样性，是全球十大恶性杂草之一。2003 年，凤眼莲被列入我国第一批入侵物种名录，现已广泛分布在我国 20 多个省(自治区、直辖市)。空心莲子草，20 世纪 30 年代由侵华日军作为饲料引入我国，现已成为恶性杂草，可入侵水域和陆地多种生境，严重危害当地植物多样性。空心莲子草也是全球十大恶性杂草之一。大米草，20 世纪 60—80 年代作为护堤植物从美国和英国引入，2003 年其被列入我国第一批入侵物种名录，现已在我国疯狂扩散。其繁殖能力强，根系发达，不断蚕食空间，导致水生生物等窒息死亡和航道被淤，极大地破坏了生态环境，严重影响了沿海航运。大米草也是全球十大恶性杂草之一。互花米草，原产于美洲大西洋沿岸和墨西哥湾，因可使泥沙迅速沉降和淤积被称为“生态工程师”。互花米草于 1979 年从美国东部的乔治亚州、北卡罗来纳州和佛罗里达州引进我国，随后迅速在我国东南沿海各地蔓延，2003 年被列入中国第一批 16 种外来入侵物种名单。

另外，“异类”宠物市场的兴起，使得许多不可能进行远距离迁移的生物物种通过邮寄、携带甚至非法入境等方式进入我国境内，如鳄雀鳝、巴西所罗门蜘蛛、欧洲野蛮收获蚁、非洲发声蟑螂、亚洲雨林蝎子、剧毒澳洲红背蜘蛛等。鳄雀鳝，原产于北美洲，被作为观赏鱼引入我国。2022 年 7 月，河南汝州一公园湖内出现怪鱼，管理人员耗时一个月抽干湖内近 30 万 m^3 的湖水才被抓捕，有超过 3 000 万网友观看现场抓捕视频，经专家判定为鳄雀鳝。“异类”宠物被盲目放生或弃养等引发了众多新的生物安全、公共卫生安全和社会安全等问题。

第二节 外来入侵物种的控制方法

一、生物安全风险监测预警

植物疫情监测是通过技术手段对植物有害生物的发生、流行、变化等进行系统、完整、连续的调查和分析，研究其消长规律，从而掌握植物有害生物发生及发展变化的过程。2020 年 10 月 17 日发布的《中华人民共和国生物安全法》明确了国家建立生物安全风险监测预警制度和建立国家生物安全风险监测预警体系。该法第二十七条规定：“国务院卫生健康、农业农村、林业草原、海关、生态环境主管部门应当建立新发突发传染病、动植物疫情、进出境检疫、生物技术环境安全监测网络，组织监测站点布局、建设，完善监测信息报告系统，开展主动监测和病原检测，并纳入国家生物安全风险监测预警体系。”第六十条第二段规定：“国务院有关部门根据职责分工，加强对外来入侵物种的调查、监测、预警、控制、评估、清除以及生态修复等工作。”该法不仅明确了海关植物疫情监测的具体作用及定位，还增加了针对外来入侵物种的监测内容，疫情监测在维护国门生物安全中的作用更加突出。

二、人工防治方法

依靠人工捕捉外来害虫或拔除外来植物。人工防治适用于那些刚刚传入、定居，且还没有大面积扩散的入侵物种。我国人力资源丰富，人工防除可在短时间内迅速清除有害生物，但对于已沉入水里或土壤的植物种子，以及一些有害动物则无能为力；高繁殖力的有害植物容易再次生长蔓延，需要年年进行防治。例如对未开花的加拿大一枝花进行人工铲除，效果最佳。对互花米草的防治上，在互花米草的花期对高潮滩和低潮滩的互花米草分别进行 4 次和 3 次的刈割，可以有效控制互花米草，在其扬花期进行刈割可有效控制其有性繁殖和扩散。

三、机械防治方法

机械防治方法主要利用专门设计制造的机械设备防治有害植物。该方法对环境安全，短时间内也可迅速杀灭一定范围内的外来植物。利用机械打捞船在非洲的维多利亚湖等地控制水葫芦等水生杂草取得了一定的效果。我国云南省昆明市也曾设计制造过一艘机械打捞船清除滇池水葫芦，福建农业大学也曾帮助福建宁德地区设计制造“割草机”控制大米草，但均因技术等问题最终未获成功。通过物理学的各种途径防治也可控制外来有害生物，如黑光灯诱捕有害昆虫等。苹果蠹蛾于 1953 年首次在我国新疆被发现，是严重威胁苹果和梨等重要水果安全生产的外来有害生物。我国自主研发了苹果蠹蛾诱芯和板式、盆式与瓶式诱捕器，对苹果蠹蛾具有较好的诱捕效果。

四、替代控制方法

替代控制是一种针对外来植物的生态控制方法，其核心是根据植物群落演替的自身规律用有经济或生态价值的本地植物取代外来入侵植物。研究利用替代植物控制外来有害植物，应充分研究本地土生植物的生物生态学特性，如它们与入侵植物的竞争力、他感作用等，掌握繁殖、栽培这些植物的技术要点，并探讨本地植物的经济特性和市场潜力等，以便同时获得经济和生态效益。沈阳农业大学和辽宁省高速公路管理局合作，于 1989 年和 1990 年在沈大和沈桃高速公路两侧建立了 200 hm^2 的豚草替代控制示范区，所选取的替代植物包括紫穗槐、沙棘、草地早熟禾、小冠花和菊芋等具有经济价值的植物，示范区建成后三裂叶豚草的生物量由 30 kg/m^2 降到 0.2 kg/m^2，取得了良好的控制效果。探索利用本地的经济作物替代和控制外来杂草，是一种科学和有效的绿色防控外来杂草的绿色技术，也是国内外研究的热点。云南利用木豆生产速度快形成密丛的特点，大量种植木豆，从而阻止了阳性的紫茎泽兰的生长和蔓延。油菜是重要的油料作物之一，由于其生产速度快，株型高大，已被应用到外来入侵杂草的研究和应用中。例如有研究者利用油菜替代农田中入侵的紫茎泽兰、日本看麦娘、牛繁缕、稻搓菜和小籽虉草等。

五、化学防治方法

化学防治是指利用化学试剂防治外来有害生物，如除草剂、杀虫剂、激素和生长调节剂等。化学防治具有效果迅速、使用方便、易于大面积推广应用等特点，例如顽固性杂草白茅，因其生命力顽强，扩散能力极强，适生范围极广，使其无法有效防控，只能使用化学除草剂。又如来自南美洲的红火蚁，它们攻击性极强，使被攻击者感到瘙痒、疼痛和灼热，严重者可能出现过敏性休克甚至危及生命。目前，红火蚁的防治方法主要以实施有效的药剂灭除为主，包括饵剂诱杀和触杀。水葫芦的防治也主要是化学防治。目前，利用植保无人机通过喷施农药的方法防治水葫芦，可大大降低人工成本，提高工作效率。

六、生物防治方法

生物防治是指利用食物链中生物与其天敌的捕食关系，从外来有害生物的原产地引进食性专一的天敌将有害生物的种群密度控制在生态和经济危害阈值之内，维持与恢复原有生物多样性和生态平衡。生物防治的基本原理是依据有害生物-天敌的生态平衡理论，在有害生物的传入地通过引入原产地的天敌因子重新建立有害生物-天敌之间的相互调节、相互制约机制，恢复和保持这种生态平衡。因此，生物防治可以取得利用生物多样性保护生物多样性的生态结果。生物防治常用真菌防治、病毒防治、昆虫防治、植物化感和物种竞争等方法。例如松树蜂，是一种林木蛀干害虫，防治困难。松树蜂入侵澳大利亚，为控制该外来有害生物，从原产地引入了松树蜂的天敌姬蜂和瘿蜂，但发现防治效果不明显。新西兰首次发现寄生线虫（*Deladenus siricidicola*）可有效防治松树蜂并应用到了实际防治松树蜂的工作中。2003年，中国提出了“南紫北豚”的治理口号，其中南紫指的是紫茎泽兰，北豚指的是豚草。在紫茎泽兰的防治上，我国从原产地引进了其天敌昆虫泽兰实蝇和其他草食性昆虫对其进行控制，但受种种原因影响，目前其控草效果有限。我国现分离了多种链格孢菌属真菌菌株，其菌丝通过产生光谱触杀性毒素细交链孢菌酮酸，可使紫茎泽兰感染褐斑病，具有较广阔的应用前景。在美国白蛾的防治上，我国引进了美国白蛾的特优天敌白蛾周氏啮小峰用于防治美国白蛾，取得了良好的防治效果。同时，筛选出了防治美国白蛾的高毒力核型多角体病毒毒株，做到了该病毒的工业化生产。还提出了天敌昆虫和病毒综合利用模式：幼虫期喷洒核型多角体病毒，蛹期释放白蛾周氏啮小蜂，取得了长期持续控制美国白蛾的效果。

七、综合治理方法

我国植物保护的方针倡导"预防为主，综合防治"。有害生物综合治理就是将生物、化学、机械、人工、替代等单项技术融合起来，发挥各自优势，弥补各自不足，达到综合控制入侵生物的目的。综合治理并不是各种技术的简单相加，而是有机的融合，彼此相互协调、相互促进，最终达到控制有害生物入侵的效果。例如我国在松材线虫的治理，2002 年国务院办公厅发布的《关于进一步加强松材线虫病预防和除治工作的通知》是我国受国务院重视的单个入侵有害生物的治理文件。在国家的高度重视下，我们应用化学防治、物理防治和生物防治等方法，对松材线虫进行了有效控制。另外，在前文提到的"南紫北豚"的治理口号和需要下，我国科学家提出了生物防治、化学防治和替代控制一体化的豚草治理综合治理技术体系，开创了我国外来入侵杂草综合治理的先河。在美国白蛾控制上，我国以天敌昆虫和病毒综合利用模式为主，辅助早期监测、预测预报和适当的化学防治，使用群防群治和联防联治的防控策略，已完全控制了我国美国白蛾的数量。

第三节　我国应采取的控制对策

一、完善相关立法与加强组织管理

目前，我国针对外来入侵物种的管理法规散见于相关法律规范中。我国涉及外来物种控制问题的相关法规主要有《中华人民共和国进出境动植物检疫法》《中华人民共和国海关法》《中华人民共和国野生动物保护法》《中华人民共和国国境卫生检疫法》《中华人民共和国渔业法》《中华人民共和国海洋环境保护法》《中华人民共和国畜牧法》《中华人民共和国种子法》《中华人民共和国环境保护法》《中华人民共和国草原法》以及自 2021 年 4 月 15 日起施行的《生物安全法》和自 2022 年 8 月 1 日起施行的《外来入侵物种管理办法》，其中主要以《生物安全法》为主。该法是我国生物安全领域的一部基础性、系统性、综合性和统领性的法律。该法的实施标志着我国生物安全进入依法治理的新阶段，而其他相关法律由于立法的目的不同而均未明确提到关于外来物种的管理。例如《进出境动植物检疫法》，关注的内容主要是对农林业生产安全、动植物生命安全具有危害的动物疫病、寄生虫和植物等有害生物，且其中很多检疫性有害生物在我国尚没有分布，而对可能破坏生态系统和降低生物多样性的外来入侵物种在字面上却没有明确提及。在《生物安全法》出台前，这些法律在客观上对外来有害生物的管理起着重要的支撑作用。《生物安全法》规定了入侵物种管理原则和基本制度，但它的有效实施还需要通过相关法律法规的协调配合。但我国尚无专门管理外来物种的法律，而我国外来物种入侵形势严峻，因此，有必要细化外来物种入侵防控措施，推动修订完善《进出境动植物检疫法》等相关法律规定，进一步完善外来入侵物种风险评估。此外，已引进的外来物种也有可能存在潜在的风险。然而，我国尚缺少对外来物种入侵后的跟踪监测、使用和经营行为的监管等方面的制度。虽然《生物安全法》和《外来入侵物种管理办法》等提及了外来物种监测和预警的概念和规定，但其中的规定较为笼统，也没有明确具体的配套制度，难以对已入侵的外来物种进行追踪监测和有效治理。因此，需要建立一部专门针对外来入侵物种的综合性法律。

目前，《进出境动植物检疫法实施条例》和《国境卫生检疫法实施细则》等行政法规细化了相关的法律，但没有明确对外来物种的规定以及管理相关的规定。因此，需建立一套专门针对外来物种管理的行政法规。

进一步完善相关规章规定。2022 年 5 月 31 日，由农业农村部、生态环境部、自然资源部和海关总署联合颁布的《外来入侵物种管理办法》的正式实施，是继《生物安全法》之后我国维护生物多样性和保护国家生物安全的重要举措。国家对外来入侵物种的管理坚持风险预防、源头管控、综合治理、协同配合和公众参与的原则，采取外来入侵物种源头预防-监测预警-治理与修复的防护链条体系，明确了各部门的职责分工，确定了协同配合和引导公众参与的原则。

同时完善一些用于配套的名录。于 2022 年 12 月发布的《重点管理外来入侵物种名录》，于 2020 年 11 月修订发布《全国农业植物检疫性有害生物名单》，于 2021 年 4 月更新《中华人民共和国进境植物检疫性有害生物名录》，于 2023 年 3 月公布执行的《一类农作物病虫害名录》(附录 4-6)以及 2021 年 10 月修订的《中华人民共和国禁止携带、寄递进境的动植物及其产品和其他检疫物名录》等，这些名录的发布，不仅让有关部门在源头预防、监测预警和综合防控等方面有的放矢，还为公众识别外来有害生物和增强外来有害生物防范意识提供基础。从检疫防范方面考虑，还需制定口岸检疫性外来物种和潜在外来物种名录，从源头上防范外来物种的入侵。

加强现有管理组织体系的协调配合。可参考国外加强部门间的协作，可组织协调各部门间对外来入侵物种的防控。例如美国设立的管理外来物种入侵事务的国家入侵物种管理委员会和外来物种咨询委员会，主席由农业部部长、内政部长和商业部部长担任，成员则由国务卿、运输部、国防部、财政部和环保署的部门负责人员及官员组成。加拿大建立的共同决策外来入侵物种防控事项的委员会由农业和农产品部长、自然资源部长、环境部门领导和农产品部长组成，成员由各部门的高级领导和官员组成。我国《外来入侵物种管理办法》第四条和第五条明确了相关管理部门的职责和协调配合的原则。我国不同部门通过部级协调机制，全面提升了我国外来有害生物的管理水平。例如农业农村部、海关总署、生态环境部、自然资源部、国家林业和草原局联合制定了《关于印发进一步加强外来物种入侵防控工作方案的通知》以及农业农村部、交通运输部、国家卫生健康委员会、水利部、住房和城乡建设部、海关总署、国家铁路局、国家林业和草原局、国家邮政局联合印发《关于加强红火蚁阻截防控工作的通知》。我国应进一步深入加强部门间协作，强化联防联控和群防群控，突出关键环节和重点领域，全面加强外来物种的防控工作。此外，需加强国际对外来物种的防控合作，进一步加强多双边合作与交流，积极参与国际组织的相关活动，对外通报外来物种截获情况，敦促相关国家加强对源头的管理，切断传播途径，共同防范外来物种的跨境传播。

二、广泛开展公众参与和教育活动

防止生物入侵，需要全社会共同努力。近年来，旅客因缺乏生物安全知识携带或邮寄外来物种，包括水果、苗木和宠物等物种越来越多。这些外来物种一旦被释放、遗弃或逃逸，极有可能成为新的外来有害生物。因此，应充分调动公众的积极性，提高全社会防范意识，使全社会参与到防止生物入侵的行动中。通过互联网、移动终端、电视和报纸等新闻媒体以及专家讲座等宣传教育社会公众，加强对外来物种的科普知识，使他们认识到生物入侵的危害性。结合全民国际生物多样性日和国家安全教育日等宣传主题活动，让公众进一步明确外来物种种类，强化相关法律法规和政策的解读以及普及外来物种管理防控方法，引导公众提升法律意识，提高公众对外来物种防控的自觉性，杜绝随意放生外来物种的行为，形成全社会共同积极参与的良好氛围。针对不同类群的公众，制定科学的宣传战略，如大量印刷、发行、赠送关于生物入侵的科普性小册子，设置宣传展板，拉横幅，制作生动活泼的音像制品，向旅游者提供有关信息和行动建议，使他们了解人类旅游与生物入侵的关系，防止旅游带来新的有害生物入侵种。在有关检验检疫、生物引种、交通运输、国际贸易、旅游等重点行业的员工中，进行有针对性的宣传、教育和培训工作。对外来物种容易侵入的地区如岛屿、湖泊、自然保护区等的工作人员加强防范外来生物入侵，提高他们对早期有害生物入侵的警惕性，将生物入侵的危害降到最低程度。在广大青少年的教育上，将外来物种入侵现状和防控等方面作为学校在国家安全教育方面上的重要教学内容，探索参与式和实践式的教育模式，引导广大青少年增强对外来物种入侵的防控意识。此外，外来物种的普查、监测预警、检验检疫和防控等方面资金需求较大，需调动广大群众的积极性，提高社会资本的投入。

三、建立预防与风险预警机制

外来物种风险管理是对与外来物种相关的活动进行规制，以免入侵风险转化为实际损害的决策和管理过程。对于生物引种，在引入前应进行充分的、科学的评估、预测和测验，谨慎引种。生物引进不仅要考虑到当前，还应预测将来；不仅要看经济利益，还要看生态风险；不仅要考虑地区性问题，更要考虑全国性问题。品种培育等科研需要的外来物种的引入，引入后应加强引进物种的使用、观测和销毁等环节，防止其逃逸和扩散至野外，其他外来物种的引入需加强观察，释放后不断追踪，如发现问题应及时采取有效对策，并及时向有关部门及所在人民政府农业农村或林业草原主管部门报告，避免造成大面积危害。主管部门应加大对未经批准擅自引进、释放和丢弃外来物种等行为的打击力度。

加强外来物种的口岸检疫防控，深入推进“国门绿盾”专项行动。加强海关口岸检验设施设备的配置，提升实验室检测、鉴定和检疫等技术的水平，提高海关的检疫能力；加强对入境物品和货物、运输工具、快递、邮件、旅客行李和跨境电商等渠道的检验检疫；发挥海关的反走私综合治理作用，严厉打击非法走私、引入、携带和邮寄等引入外来物种的非法行为并对截获的外来物种实施严格的处置；加强对检疫人员的培训，提升基层工作人员对外来物种的检验检疫能力；完善早期风险预警和应急反应机制，根据有害生物发生、流行及截获情况，及时发布预警通报并采取严格检疫处理、限定入境口岸、限制入境和禁止进境等措施，必要时可封锁口岸，严防有害生物传入和扩散；加大对外通报外来物种力度，加强国外对源头的控制；制定和完善国家重大外来有害生物应急预案，一旦发现重大外来有害生物侵入，立即启动应急预案，采取有力措施尽快控制和扑灭外来有害生物。

外来物种风险评估应运用科学知识保证风险管理过程的科学性，实现风险管理的政治理性化，这需要相关专业人员确保风险评估的科学性和准确性，按照《生物安全法》和《外来入侵物种管理办法》的相关规定，设立外来物种风险评估专家委员会，为外来物种的风险评估和管理提供技术支撑。

四、建立监测控制及生态恢复体系

建立外来入侵物种早期预警、监测和快速反应体系可有效控制外来入侵物种且节约成本。例如美国加利福尼亚州对太平洋藻类进行了入侵早期识别并采取控制措施，并在6个月内根除了太平洋藻类。而西班牙、法国、意大利、摩纳哥、克罗地亚和突尼斯等地中海国家，在该物种入侵时未及时采取措施，导致该地区沿岸数千公顷土地遭入侵而无法根治。

早期预警单位应该进行野外调查和外来入侵物种普查，验证所收到的报告与物种鉴定的结果，以及做出是否需要加强监测的建议。应建立定期普查制度。地方与中央则应分别建立相应的定期报告与公告制度，以便及时汇总信息以发布国家生态安全预警名录，制止外来物种的入侵和蔓延。长期以来，我国对外来物种的发生实际情况是通过全国部署、部门分工协作、地方分级负责和各方共同参与的方式，加强对我国外来入侵物种的普查，摸清我国外来入侵物种的种类、数量、分布情况、危害程度和发生面积等情况，为科学防控外来入侵物种提供基础数据。我国农业农村部会同有关部门建立了外来入侵物种普查和监测制度，每10年组织开展一次全国性外来有害物普查。2021年6月29日，农业农村部、海关总署、自然资源部、国家林业和草原局、生态环境部、财政部、住房和城乡建设部联合印发了《关于印发外来入侵物种普查总体方案的通知》，在全国31个省(自治区、直辖市)组织开展了农业外来入侵物种、森林草原湿地等区域外来入侵物种和主要入境口岸外来入侵物种共3个类别的外来有害生物普查，有望2021—2023年全面摸清我国外来入侵物种的情况。但由于普查工作技术性和专业性的要求较强，而且我国幅员辽阔，外来物种的物候期各不相同，难以保证针对不同物种最容易发现的时间节点进展普查，因此，需要长期跟踪调查，真正全面掌握外来物种的危害情况，为科学防控外来生物提供基础。

在监测的管理方面，目前，我国颁布了《地质环境监测管理办法》《环境监测管理办法》和《水土保持生态环境监测网络管理办法》等生态环境的监测规范和办法。然而，这些规范和办法明显以环境污染防治为主，主要对污染事项进行监测。因此，需加强对外来有害生物监测的规范。

利用现代信息网络技术，为外来入侵物种监测预警提供保障。应大力加强有关信息系统的建设，建立相应的入侵物种数据库、物种鉴定专家数据库和入侵物种信息共享平台，用于共享入侵物种的学名、识别特征、发生的时间和地点、生活习性、传播途径、入侵危害、入侵风险等级和防控措施等。可参考澳大利亚以社区为基础的2 000个监控组，监控200个流域和6 000多个站点的全国性监控网络，在全国重点区域布设监测站点和监测网络，组织开展常态化监测工作，加强外来入侵物种发生区域和入侵高风险区域的监测，准确掌握外来入侵物种动态并按时上报，上级部门分析研判外来入侵物种的发生范围和扩散趋势，评估危害风险等级，及时发布预警预报，提出应对措施，并指导开展防控，将其危害控制在最小的范围。对于已传入并造成危害的入侵物种，应采取迅速有效的生态控制对策，努力做到早发现、早治理。同时，还可以根据相关要求建设重大外来有害生物阻截带，提高对外来有害生物的防控能力。

五、加强科学研究工作，为防控外来生物入侵提供技术支撑

目前实验室对外来物种的鉴定和风险评估周期无法满足外来物种快速处理的需求。由于没有明确的快速风险评估规范，导致对在检疫性有害生物名单或外来入侵物种名录中的物种的处置依据不足。检疫人员的专业领域未完全覆盖所有类别外来物种鉴定的专业需求，无法准确评估外来物种对生物多样性等的影响情况。鉴定技术无法满足对外来物种的快速、精确和高通量鉴定的需求，无法实现口岸快速通过的需求。明确入侵种类、分布、机制，评价入侵种带来的生态危害，研究控制对策和具体技术，是我国目前解决生物入侵的关键。没有科学的研究结果作为指导，没有科学技术的支撑，就不可能从根本上解决外来生物入侵的威胁。国家与地方管理部门早期预警的建立和决策制定，以及防控外来生物入侵的实践证明，加速有害生物风险评估（PRA）体系的建立势在必行。因此，需优化科技资源布局，加强对生物入侵的防控技术研发、防控基础研究和集成示范应用等方面的研究。在防控技术研发方面，需针对口岸查验和防控防治等主要环节，研发快速准确的鉴定方法和高效的诱捕方式以及明确相应的生物天敌，开发相应的产品和设备等；在基础研究方面，需进一步加强对外来物种的认定标准、扩散规律和机制、危害情况和机理、损失估计和环境恢复等方面的研究；在集成示范和生态修复研究上，需开展外来物种综合防控技术示范，建设天敌繁殖基地，制定出相应的防控防治和生态修复等的标准化技术，探索易推广的和可复制的外来生物综合治理模式，为外来有害生物防控提供科学依据、先进技术和决策支持；人才队伍建设上，应大力支持国家现代农业产业技术体系岗位科学家，进一步加强外来物种入侵防控技术研发，将科研成果实现转化，培养专兼职测报员、检疫员，加强技术人员培训培养，扩大基层队伍力量，提升基础队伍水平。

六、加强检疫执法，规范执法程序

检疫执法是一项行政防治措施，抓好产地检疫和监督，重点做好产地检疫、调运检疫和复检工作，将疫情控制在传播扩散的源头。发挥进出境动植物检疫局、农业农村部分布在全国各地的植物保护和植物检疫站、农业技术推广中心，以及林业和草原局的森林保护（检疫）站等的作用，完善检疫网络体系，应对突发的外来生物入侵，强化大范围的统一行动。对检疫执法进行规范，严格遵守相关法律法规的要

求，确保办案过程和结果的公开、公平和公正。按照既定程序执法，不仅能够减少我国受外来生物入侵的威胁，还能够增加公众的信任，让公众更好地监督检疫执法过程，促进检疫执法更加公开公正，促进检疫执法的良性循环。

思考题

1. 外来入侵物种的控制方法有哪些？请简要概述。
2. 请列举在我国农业、林业、草业和园艺等方面入侵的外来有害生物。

第十章

生物安全与生物技术产业

提要：生物技术产业是通过改造动物、植物、微生物等使其具有所期望的品质特性并获取收益的产业，涉及生物医药、农业、生物能源等领域。现代生物技术的发展正在引起世界产业结构的变化，成为国民经济的支柱产业之一，也是国家科技水平的重要标志。

随着全球经济和新技术革命的深入发展，以重组 DNA 技术为代表的现代生物技术已成为解决食物、资源、环境等重大经济和社会问题的重要手段。目前，在全球范围内，生物技术已广泛渗透到传统行业，并形成了多个应用领域。这些不同应用领域中的技术处于不同的产业化阶段，其中有些技术尚处于理论提出阶段，有些技术处于实验室研发阶段，而有些技术已经进入产业化生产阶段。在生物技术诸多应用领域中，目前基础科研和应用技术较为成熟，已经进入产业化生产的，具有一定市场规模的，形成了较为完整产业链的细分产业的总和称为生物技术产业。生物技术产业是国家确定的一项战略性新兴产业，是高新技术产业的典型代表。生物技术产业是以生命科学理论和生物技术为基础，结合信息学、系统科学、工程控制等理论和技术手段，通过对生物体及其细胞、亚细胞和分子的组分、结构、功能与作用机理开展研究并制造产品，或改造动物、植物、微生物等并使其具有所期望的品质特性的产业。现阶段，全球生物技术产业主要有生物医药产业、生物农业产业、生物制造产业、生物能源产业和生物环保产业等。2010 年 10 月 18 日，国务院正式发布了《国务院关于加快培育和发展战略性新兴产业的决定》，该决定明确将生物技术产业列为国家重点支持的七大战略性新兴产业之一。

当前，我国面临着人口老龄化、食品安全、能源资源短缺和生态环境恶化等挑战，因此加快新型药物、作物新品种、绿色种植技术、生物燃料和生物发电、生物环保技术、生物基产品等的开发和应用推广迫在眉睫。同时，我们也要清醒地意识到，随着生命科学和生物技术的发展，生物安全风险日益突出。生物安全风险是需要全人类共同面对的重大治理挑战，如新发突发传染病防控、生物技术安全监管、生物武器与生物恐怖应对、病原生物与实验室生物安全管理等生物安全治理问题不断涌现，对各国完善相关治理理念、治理能力和治理体系提出了普遍性挑战。21世纪第二个十年以来，我国在生物安全治理方面得到了长足发展，生物安全治理能力的现代化水平进入了新的历史阶段。特别是2020年前后，我国对生物安全治理的重视程度显著提高，将生物安全纳入总体国家安全观，标志着我国生物安全治理位阶的历史性跃升。随着生物技术在农业、医药、能源等领域中的迅速发展和日益广泛应用，与此相关的生物安全争论也愈加突出和激烈。生物安全的科技问题与政治、贸易等复杂问题相互交织，已成为各国政府和公众十分关注的社会热点问题。这个问题对于正在稳步发展的我国来说尤为重要，若能妥善处理，则能保障我国生物技术产业的健康发展，跟上世界科技发展的前沿和主流，在新世纪的国际竞争中占据主动地位。因此，大力加强生物安全科技与政策研究，保障生物产业的健康和稳定发展，是摆在我们面前的一项十分重要而又紧迫的任务。

第一节　生物安全性是生物技术产业健康发展的必需保障

党的二十大报告中提出了"推进国家安全体系和能力现代化，坚决维护国家安全和社会稳定"的战略部署，凸显了国家安全能力建设的重要性。

生物安全问题随着现代生物技术特别是重组DNA技术或基因工程的发展而逐渐受到全球社会的关注。1973年，正式建立的重组DNA技术使现代生物技术进入了一个全新的基因工程时代，人类从此可以按照自己的意愿设计和构建生物体，用来改造生物，进而改造整个自然界。这项技术对人类生活和社会进步的重要作用是不言而喻的，但也正是由此开始，重组DNA技术的安全性问题引发了一场又一场激烈的争论。例如，1973年在美国新罕布什尔州举行的一次讨论核酸的会议(Gordon会议)上，建议成立专门委员会管理重组DNA研究，并制定指导性法规。1975年2月，在美国加利福尼亚州的一次国际会议(Asilomar会议)上，各国科学家第一次专门讨论转基因生物安全性问题。此后，生物安全管理就成为基因工程发展中必须考虑的一个重要问题。

一、生物医药领域

生物技术的产业化首先是从医药领域开始的。自1982年美国成功开发基因重组人胰岛素以来，红细胞生成素(EPO)、粒细胞集落刺激因子、干扰素等多种DNA重组药物相继上市，另有150多种产品进入临床试验开发阶段。被喻为第二代基因工程药物的产品，如以转基因动物生产的蛋白药物和疫苗、抑制基因表达的反义药物、通过改造蛋白质生产的高效蛋白药物、小型化抗体靶向药物等，在治疗肿瘤、糖尿病、心血管疾病、肝炎、免疫性疾病、抗感染等方面也已显示出了广阔的前景。经过多年的曲折发展，基因治疗药物取得了鼓舞人心的临床效果，随着越来越多基因治疗产品的上市以及基因治疗技术的快速发展，基因治疗即将迎来高速发展期。随着人类基因组计划的深入研究，利用基因组学开发新型药物将成为新的热点。基因组学技术有助于生物制药公司设计出更加有效和安全的药物，并降低研发的经济和时间成本。

基因治疗(gene therapy)的设想早在1972年就已出现，旨在通过基于DNA的药物，将健康的基因插入细胞中以替代致病基因变体。近年来，研究者们明确了基因治疗的概念，即通过修复致病基因或导入正确基因来实现治疗效果的一种手段称为基因治疗。研究发现，由于父母基因突变的遗传，许多遗传性疾病相继发生。如果在细胞水平纠正这些基因突变，或者保留这个基因突变但是给细胞补充一个正常的基因，则会使这个突变导致的生物学功能丧失。因此，如果应用基因工程技术在患者体内补充一个正常的基因或者把特定基因突变位点的碱基纠正为正常序列，遗传性疾病可能被治愈。这种革命性的医疗技术为治疗肿瘤、遗传性疾病、自身免疫性疾病等带来了新的希望。经过数十年的探索、试验失败、治疗失败等之后，全世界第一个基因治疗的药物“今又生”于2003年由深圳市赛百诺基因技术有限公司开发上市。该药物是将人肿瘤抑制基因 *p53* 和改构的5型腺病毒重组，然而人肿瘤抑制基因 *p53* 只能在首次注射时有可能在体内表达 *p53* 基因，长疗程的连续肿瘤内注射实际上是不可能表达 *p53* 基因的。因此，该药上市后并没有真正临床推广，于2008年停产。直到2017年，美国FDA批准了第一款基因疗法，标志着基因疗法的重新兴起。此后，基因疗法的批准步伐迅速加快，如今全世界已经有超过20款基因疗法上市，涵盖细胞治疗、基因治疗以及核酸疗法，用于治疗癌症、病毒感染、遗传性疾病等。经过近半个世纪，基因疗法已经从概念变成现实，目前全球共有45款基因治疗药物获批上市，其中2022年全球获批上市了9款基因治疗药物。基因治疗与基因编辑治疗作为一种新型的生物技术，目前国内外企业、研发机构、高校等都在进行不断的探索与应用。随着基因治疗临床试验的不断开展和药物的陆续获批，自2016年以来，全球基因治疗高速发展，基因治疗药物市场从约5 040万美元到2020年已经增长到20.75亿美元。基于这样的市场扩张价值，基因治疗药物研发已经成为最受关注的制药领域之一，并且该现象将不断延续，因此吸引了众多药企的关注和投入。

二、农业领域

生物技术产业在农业领域的发展更加迅猛。以转基因作物为例，1983 年世界上第一例转基因作物(烟草)问世，1986 年进入田间试验阶段。到 2002 年 9 月，全球已进行超过 2 万例的田间试验，其中仅美国就达 8 000 多例。有 50 多个国家 60 多种植物的转基因新材料和新品系在功效鉴定、遗传稳定性和生物安全性田间试验中表现出抗病虫、抗除草剂、改善品质、增加营养和附加值、医疗保健、环境治理等方面的良好性能，展现出广阔的应用前景。1994 年延熟保鲜转基因番茄在美国批准上市，1996 年转基因作物商品化应用进入迅猛发展时期，1999 年全球种植面积达到 3 990 万 hm^2，2000 年和 2001 年在有激烈争议的情况下种植面积仍比上年分别增加 11%和 19%，分别达到 4 420 万 hm^2 和 5 260 万 hm^2。种植的国家增加到 13 个，其中美国、阿根廷、加拿大、中国分列前 4 位。据国际农业生物技术应用服务组织发布的《2018 年全球生物技术/转基因作物商业化发展态势》报告显示，2018 年全球转基因作物种植面积已超 1.9 亿 hm^2，创 1996 年转基因作物开始商业化种植以来的新高。其中，转基因大豆种植面积达到 9 590 万 hm^2，占全球转基因作物种植面积的 50%，其次是玉米(5 890 万 hm^2)、棉花(2 490 万 hm^2)和油菜(1 010 万 hm^2)。从全球单一作物的种植面积看，2018 年转基因大豆的应用率为 78%，转基因棉花、转基因玉米和转基因油菜的应用率分别为 76%、30%和 29%。目前，全球共有 25 个国家种植转基因作物，但美国、阿根廷、巴西和中国种植的转基因作物占全世界转基因作物的 99%，主要种植的作物包括玉米、大豆、油菜、土豆和棉花。

从全球上万例转基因植物田间试验和数千万公顷转基因作物商业应用的数据来看，尚未发现转基因作物对生态环境造成严重负面影响，并且全球数亿人食用了几千种转基因食品和食品成分，也没有引发健康问题。从本质上讲，转基因技术与常规育种是一样的，两者都是在原有品种的基础上对其部分性状进行修饰。有人认为由于基因来源扩大，转基因技术可能会带来某种潜在风险。但因为在转基因植物育种中所用的基因是已知有明确功能的基因，这与远缘杂交育种中的高度随机过程相比，其结果应可更精确地预测，在应用上也应更安全。近年来围绕转基因植物及食品对人类健康与环境安全的问题，国际上争论的焦点主要有：①转基因生物、食品和药物对人是否安全；②是否会破坏自然生态系统；③是否会造成生物多样性减少；④生物技术专利是否会使大型生物技术公司垄断市场；⑤生物技术法规是否有利于保护消费者权益和保护生态环境；⑥第三世界国家的基因资源是否应受到保护；⑦患者或消费者是否应该享有知情权和选择权（使用权和拒绝使用权）。引发争论的主要原因，首先是经济利益和国家权益，其次才是科学技术问题。WTO规则允许各国以技术为依据，限制外国产品的进口，即技术壁垒或技术性贸易措施，因此生物安全法规就能在很大程度上限制外国转基因技术和产品进口的技术性贸易措施。利益冲突、习俗、极端主义和缺乏科学依据的报道（如Pusztai事件、斑蝶事件、墨西哥玉米事件）导致科学问题与国际贸易、集团利益、公众态度等因素相互交织，成为复杂的经济和社会问题。然而，尽管有非常多的争论，发达国家在转基因生物研发上的投资不仅没有削减，反而大幅度地增加，同时，全球种植转基因作物的面积和国家的数量逐年增加，转基因作物产业化发展的趋势已经不可逆转。面对国际间经济与科技竞争加剧的新形势，如何加强转基因生物的安全管理，对转基因生物产业化采取何种政策，确是关系到我国经济发展、社会稳定和国际竞争力的重大战略问题，亟须认真研究，迅速果断决策。

三、生物能源领域

生物能源是一个与化石能源相对应的一种能源形式。从广义上来说，它包括自然界植物和有机物形成的各种能源，包括人类早期利用能源的一些形式，如秸秆燃料、沼气等；而狭义上的生物能源，指的是以某些农副产品为原料，借助工业手段转化而得的能源产品，如燃料乙醇、生物柴油等。它是由自然界植物及有机质形成的各种能源，作为重要的可再生资源，生物质资源具有分布广、总量大、污染小和可再生等特点，开发潜力巨大，可广泛应用于能源、环保、医药、制造、农业等方面。近年来，各国对生物燃料生产越来越关注，其中原料的生产和预处理过程对于生物燃料生产的成本起到决定作用。因此，如何合理开发利用生物质资源、降低生产成本、生产廉价的生物燃料（特别是纤维素乙醇和藻类生物柴油）成为各国生物能源研究的重点。

众所周知，在恩格尔定律的作用下，人们对农产品的需求很容易饱和，这也是长期以来农业效益低下的主要原因。然而，生物能源产业打破了农产品与能源之间的关联，大大拓展了农产品的需求空间，这完全可能给农业带来一场根本性的革命。具体到中国，生物能源产业的发展，有利于开发利用农村边际性土地资源，促进农民增收，同时使中国的种植业由现在的“粮、经、饲”三元结构升级为“粮、经、饲、能”四元结构，为农业发展打开新空间。这种全新的转变显然是解决“三农”问题的一个重大契机。美国作为全球最大的玉米生产国，在2005—2006年度，玉米产量的14%被用于燃料乙醇的生产。2011—2012年度，乙醇用玉米使用量达50亿蒲式耳（1蒲式耳＝25.4 kg），约占美国玉米产量的30%，之后5年美国有大约

1/3 的玉米产量用于生产燃料乙醇。玉米需求的增加，导致“与其他农产品争地”的矛盾开始凸显，全球农业生产和贸易格局都发生了变化。

生物燃料在原料开发、生产工艺、示范放大和商业化等方面都面临许多挑战，其中生物质原料是生物燃料开发的主要瓶颈之一。过去的农业生物学家主要通过改变基因来提高农作物的抗虫和抗逆能力，以及增加作物产量和营养成分含量等。现在，科学家们开始了另一种改造作物基因的研究：对作物进行特殊的基因改造，使其能够专门用于生物燃料生产，在油价飘升和环境污染越来越严重的今天，生物能源成为转基因技术应用的新领域。转基因技术在生物燃料原料研发方面具有明显的优势和巨大的前景。

第二节　各国生物安全管理和研究现状

国际上有关生物技术安全管理政策法规的制定始于 20 世纪 70 年代中后期，到 80 年代中后期，在少数经济发达国家开始建立并正式实施，到 90 年代，美国、加拿大、澳大利亚、日本以及欧盟成员国陆续建立起了比较完善的生物安全管理体系。

一、国外生物安全管理模式

目前，各国在实验室安全方面，均制定了比较完善的指南和规范，而在转基因产品安全管理方面还没有统一的国际标准，在管理方式上各国间存在明显差异。根据监控原则和管理方式的不同，国际上主要有以下 3 种管理模式。

1. 以美国为代表的以产品为基础的管理模式

美国是最早制定生物技术安全管理制度的国家。美国认为转基因生物与非转基因生物没有本质的区别，监控管理的对象应是生物技术产品，而不是生物技术本身。只要转基因生物的基本表现特征与传统生物相同，且组织构成等层面不存在本质区别，便能视为两者在安全性上是等同的，无须进行区别对待。不同转基因产品所导入的基因、操作方式及预期用途各不相同，因此，对一种转基因生物的安全性评估并不能直接应用于其他转基因生物。换言之，虽然某些转基因生物通过了安全性评估，但不能简单类推，即并不意味着其他种类的转基因生物也同样具有安全性。因此，不同产品在上市前需适用不同的评价管理办法。

早在 1976 年，美国国立卫生研究院（NIH）就颁布世界上第一部《重组 DNA 分子研究准则》，将重组 DNA 实验按照潜在危险性程度分为生物安全 1～4 级，并设立了生物安全委员会等机构负责提供咨询服务、确定重组 DNA 实验的安全级别并监督安全措施的实施等。1980 年以后,经多方论证,美国没有为转基因生物单独立法,而是采取了利用现有法规审批生物技术产品的策略。1986 年,美国总统办公厅科技政策办公室发布了《生物技术协调管理框架》,并于 1992 年进行了修订,阐明了生物安全管理的基本原则,按照产品的最终用途规定了相应的管理部门。以转基因植物为例,根据产品的最终用途,美国农业部负责转基因植物种植生产和农业生态环境的安全管理;美国环保署负责植物农药和涉及农药应用的安全管理;食品药品监督管理局负责转基因食品安全。经过长期严格的管理和积累经验,总体管理程序逐渐简化。从 2000 年开始,受到国内外压力影响,美国政府发布了新的政策,要求加强安全管理,增强审查过程的透明度,让消费者和农民有更多的知情权。

由此可见,美国对转基因生物安全管理采用的是宽松型、许可式的管理模式来管理转基因生物的安全性。在具体管理方面,利用现有的机构设置来进行管理,而不另设专门的机构,将管理内容划归农业部、美国环保署、食品药品监督管理局。在《生物技术协调管理框架》规定下,形成了三部门分工明确,协调合作的监督管理机制。此外,基于实质等同原则,不对转基因生物进行特别监管,而是依据现有法律规范,而非对现有法律体系的重构、修改和添加转基因相关内容。同时,注重公共参与,即在转基因作物的风险评价和管理中,充分重视研发人员、生产者和公众的参与度。

2. 以欧盟为代表的以技术为基础的管理模式

欧盟采取以过程为基础的管理模式,认为重组 DNA 技术有潜在危险,无论是何种基因、哪类生物,只要是通过重组 DNA 技术获得的转基因生物,都要接受专门的安全性评价和监控。因此,欧盟认为风险分析中应用预防原则,即只要不能否定其危险性,就应该被限制。欧盟转基因生物安全管理的法律体系分为指令(directive)和法规(regulation)两个层次,颁布的指令在各成员国采纳后对采纳的国家有效,颁布的法规则直接有效。欧盟按照预防原则对转基因生物进行单独立法管理。其中,欧洲食品安全局负责风险评价,负责转基因产品的审批和市场投放,实施从农田到餐桌各环节的监控,保证转基因产品的可追溯性。

欧盟转基因生物及产品的管理机构分为两个层级,即欧盟层面和各成员国的主管部门。欧盟转基因作物安全监管主体包括:欧盟理事会(EU)、欧洲议会(EP)、欧盟委员会(EC)及欧洲食品安全局(EFSA)。在欧洲转基因作物的安全监管方面,EU 负责总体规划、制定和统一规定,并赋予委员会实施相关法律、保障食品安全、邀请成员国全面参加全程监管、确保监管的信息披露和交流的权力。EP 负责欧盟的立法、监督和咨询,共设有 20 个特别的委员会,负责管理和监督基因工程的工作，包括食物安全和动物卫生理事会。EP通过成员国赋予的“共有决定权”来监管欧盟的工作，并对欧盟决定产生一定的影响。EC是欧盟的一个常设行政机关，其职能是实施欧盟决定，其管理机关包括36个主管部门，其中最重要的是卫生和消费者保护局，其职责是保障消费者的健康、安全和经济权益，其监督工作涵盖了基因工程的全链条，从动植物健康到市场流通的标签管理。鉴于食物可能会威胁到人体的生命安全，卫生和消费者保护局建立了食物及饲料的快速警报体系，鉴于此，卫生和消费者保护局可以搜集有关产品的安全性资讯，并将其危险资讯及时传送给欧盟成员国，以减少其对于使用者的伤害。EFSA的首要任务是对转基因食物和饲料的安全（环保和食用安全）进行独立的、客观的、科学的评价；欧洲理事会则拥有审核和起草决定的权力，并在各个成员国和各个机构之间进行协商。欧盟食物安全理事会成立了科学委员会，由各领域的科研团队组成，根据专家及公众的意见，为转基因安全的管理提供科学建议。在各成员国一级，主要由国家农业部下属的有关食品安全部门负责实施欧盟法律。自2010年起，欧盟成员国大大提高了所有成员国对转基因食品和产品的管理权限，增加了成员国对其管制的灵活性，各成员国对在其领土上的限制和禁令拥有最后的决策权。

自1990年起，一系列针对转基因生物和生物技术的安全管理法规在欧盟及其成员国陆续颁布。先后颁布了转基因生物隔离使用（90/219/EEC）、有意释放（90/220/EEC）和工作人员劳动保护（90/679/EEC）等3个条令，以及关于转基因产品上市、新食品安全等一系列安全管理法规。这些法规不仅适用于转基因生物及其产品，还覆盖了研制技术与生产过程。欧盟各成员国有的直接使用欧盟法规，有的依据这些法规制定了各自的国内法规，如德国建立了专门的《基因法》。欧盟成员国实施严格的生物安全管理制度，综合考虑了科学、经济和社会伦理等多种因素。由于以进口为主，加上极端分子和传统势力的反对声音，1998年欧盟宣布禁止审批转基因植物新品种3年。然而，从2000年开始，欧盟又陆续通过了新的法规或对原法规进行修订，不再禁止新产品的审批和应用，但要求对转基因产品进行严格的安全审批和规范管理，包括对上市的转基因食品和饲料实行标识和跟踪管理。

3. 中间模式

许多国家，包括澳大利亚、日本等国和许多发展中国家，都制定了各自的基因工程法规。澳大利亚比较接近欧盟模式，而日本比较接近美国模式，但它们各自具有独特的特点。发展中国家的生物技术发展和安全管理起步较晚，近年来，不少发展中国家急起直追，技术研发投入增加，加快了立法管理的进程。阿根廷、巴西等拉美国家，印度、泰国、马来西亚、菲律宾等亚洲国家，以及南非、埃及、尼日利亚、肯尼亚等非洲国家都颁布了本国的基因工程法规。

随着转基因生物国际贸易的不断发展，国际间开始协调和制定统一的生物安全管理法规。联合国环境规划署(UNEP)和《生物多样性公约》秘书处组织制定了国际《生物安全议定书》，我国是该议定书的签字国。联合国粮食及农业组织(FAO)和世界卫生组织(WHO)拟将转基因食品纳入国际食品法典的内容，以规范转基因食品的安全管理。联合国工业发展组织(UNIDO)、经济合作与发展组织(OECD)等在生物安全性评价和管理的规范程序与技术标准等方面发挥着积极的作用。

不同国家的生物技术发展水平存在不平衡。在工业发达国家，大量基因工程产品已由实验研究进入试验和商品化生产阶段，而在发展中国家，生物技术尚处于起步阶段。为了对生物安全实行管理，发达国家较早地就制定了安全管理法规和一系列生物安全性评价、监控的技术标准，例如美国、加拿大、澳大利亚、日本和欧盟一些成员国已经形成了对转基因农作物研究、开发、生产、应用和进出口进行全过程生物安全性评价的技术体系。其最主要的原则是以科学为基础，同时考虑社会、伦理等因素。其中，以生物安全作为技术壁垒，来保护本地区、本国家的科研、经济免受外来冲击，则是其立法的重要出发点。管理上强调相关部门的协调配合，在一个总体的生物技术发展协调框架内，有关部门分工合作，共同把关。而许多发展中国家直到今天才开始计划加强生物安全管理工作，但又缺乏相应的技术、经验、人才和设施条件。

在技术方面，美国政府从1983年起就设立专项研究基金，对生物安全研究给予持续的支持。欧盟也于1991年启动了生物安全研究项目，在1998—2002年执行的第5个研究框架中，更是将生物安全提高到“改善欧洲竞争力”的高度，给予重点支持，项目数和经费均占生物技术总量的20%以上，而德国政府还每年拨款1 000万马克专为其长期监测的基地的建设。发达国家及时建立和不断完善的生物安全研究和评价技术体系，为其生物产业发展、国民健康和环境安全提供了重要技术保障。

二、我国生物安全管理现状和对策建议

我国人口众多，资源有限，粮食安全一直是我国重要的战略问题。若进一步增加土地、水资源的投入，一方面会对环境造成巨大的破坏，另一方面也受到资源储备的限制。只有提高农业生产的科技水平，通过科技的创新提高农业生产率，才能缓解农业生产的资源压力，因此现代生物技术是不可忽视的工具。虽然目前存在反对转基因产品的呼声，但迄今为止还没有发现转基因食品对人体及环境造成损害的切实证据。即使是对转基因产品反对最为强烈的欧盟也一直在加紧发展转基

因技术与转基因产品。

作为人口大国和农业大国，中国必须抓住新兴生物技术的发展机遇，但国内转基因技术研究起步稍晚，同发达国家仍有一定差距。在转基因生物安全管理上，参考了国外的一些做法，既包括对产品本身，也包括过程，以科学为依据，以个案审查和分级分阶段管理相结合的办法，规范管理、科学发展，制度设计方面力求适合中国国情、符合国际惯例。国务院于2001年5月23日开始施行《农业转基因生物安全管理条例》，对农业转基因生物安全评价制度、生产许可制度、经营许可制度、产品标识制度、进出口审批制度和监督检查制度做出了相应规范。农业部(现农业农村部)于2002年发布了《农业转基因生物安全评价管理办法》《农业转基因生物进口安全管理办法》《农业转基因生物标识管理办法》3个配套规章。至2011年，国内农业转基因生物安全管理法规体系已基本建成。2016年5月23日农业部又审查批准了《农业转基因生物安全管理通用要求 实验室》等10项标准(中华人民共和国农业部公告第2406号)，2022年农业农村部又制定出台了《农业用基因编辑植物安全评价指南(试行)》，国内农业转基因生物安全管理相关法规体系正日趋完善。

我国政府十分重视转基因生物安全管理问题。自20世纪80年代后期，国家科委就已着手准备起草国家生物安全管理的条例，并于1993年正式发布《基因工程安全管理办法》。农业部据此于1996年发布《农业生物基因工程安全管理实施办法》，成立了农业生物基因工程安全委员会和安全管理办公室。从1997年3月开始，农业部每年2次受理在中国境内从事基因工程研究、试验、环境释放和商品化生产的转基因植物、动物、微生物的安全性评价与审批。随着国内外农业生物技术的迅速发展以及我国加入WTO和全球经济一体化进程的加快，《农业生物基因工程安全管理实施办法》已不能适应新形势下生物安全管理的需要。为了进一步加强农业转基因生物安全管理，保障人类健康和动植物、微生物安全，保护生态环境，促进农业转基因生物技术研究，我国于2001年5月23日以国务院304号令发布了《农业转基因生物安全管理条例》。为了便于有效实施和实际操作，农业部根据《农业转基因生物安全管理条例》有关规定制定了《农业转基因生物安全性评价管理办法》《农业转基因生物进口安全管理办法》和《农业转基因生物标识管理办法》3个配套规章，于2002年1月5日分别以农业部第8号令、第9号令和第10号令发布，自2002年3月20日正式实施。国务院建立农业转基因生物安全管理部际联席会议制度，由农业、科技、环境保护、卫生、外经贸、检验检疫等有关部门的负责人组成，负责研究、协调农业转基因生物安全管理工作中的重大问题。农业农村部负责全国农业转基因生物安全的监督管理工作，负责《农业转基因生物安全管理条例》及配套规章的组织实施。2021 年 4 月 15 日实施的《中华人民共和国生物安全法》，明确将生物技术研究、开发与应用领域的生物安全纳入适用范围。至此，我国农业转基因生物安全管理法规体系大体形成，这些法规的制定，有效规范了农业转基因生物安全评价、进口安全管理、标识管理、加工审批、产品进出境检验检疫等工作。确立了转基因生物安全评价制度、生产许可制度、加工许可制度、经营许可制度、进口管理制度、标识制度等，在转基因产品研究、试验、生产、经营、加工、进出口等活动中发挥了重要的安全保障作用。

与此同时，国家对农业转基因生物安全性研究的投资力度不断加强，仅 2000 年以来就在转基因植物研究与产业化专项、863 计划、973 计划和“十五”科技攻关计划中分别安排了生物安全的专门研究，初步形成了生物安全研究的队伍和技术体系。正因如此，我国转基因生物研究与开发取得了举世瞩目的成绩。具有自主知识产权的转基因抗虫棉新品种已在我国主要种植棉区大规模生产应用，使猖獗一时的棉铃虫危害得到有效控制，农药用量、人畜中毒和环境污染大大减少，害虫天敌和其他有益生物的种类与数量明显增加，产生了显著的社会、经济和生态效益，深受棉农欢迎。转基因疫苗、转基因鱼、生长激素转基因猪、乳腺表达转基因羊已经成功。基因工程多肽药物、疫苗和基因治疗在模仿基础上向创新发展，已能生产近 20 种基因工程药物和疫苗，干扰素 a. 1b 系国际首创，重组人 TNF、bFGF 已申请专利，用转基因微生物生产头孢菌素达到国际先进水平。和世界趋势一样，我国生物技术也处在空前繁荣的发展阶段，特别是随着今后转基因技术、基因组学技术和生物信息技术的蓬勃发展，新一代转基因产品将不仅可以提高农作物对生物灾害（病虫草鼠）和非生物逆境（旱涝寒热盐碱沙）的抗性，减少农药化肥使用，降低生产成本，改善生态平衡，而且可能向市场提供数量更多、品质更好、更富有营养和高附加值的产品，甚至还可能成为生产药物、纤维、塑料和可再生能源的不竭源泉。

根据生物技术发展和安全管理的需要，我们提出以下一些建议。

在转基因产品方面，目前还缺乏国际性的统一标准，各国为了应对迅速增长的转基因产品贸易，纷纷制定了自己的国内法规、措施。我国转基因农产品，尤其是农产品要进入国际市场，就必须满足国际市场对品质、包装、标签等方面的要求，因此，应研究、熟悉有关国际规范，积极探讨应对其他国家尤其是发达国家的转基因食品进口检验制度的方法，并在农产品生产、加工等环节中严格遵守。同时，我们要研究我国主要贸易对象的技术贸易壁垒措施对我国转基因农产品出口的影响，根据市场和产品的特点寻求突破壁垒的对策，推动我国转基因农产品更多地进入国际市场。

（1）制定国家转基因生物产业发展和生物安全政策，大力推进我国农业和医药生物技术的发展。科学技术的发展是不可逆转的，与转基因生物应用相关的安全问题是可以通过科学研究及生物安全管理得到解决的。因此，综合科技、贸易等多方面因素，果断提出适合我国国情的转基因生物产业发展和生物安全政策，选择我国有优势的重点领域，加强源头创新研究，积极开展中试开发，稳步推进产业化进程，将有助于保证我国生物技术发展跟上世界科技发展前沿和主流，在新世纪的国际竞争中占据主动。

(2)进一步加强生物安全技术研究。生物安全性评价和管理是一项科学性和政策性都很强的国家行为，建议除在已有相关科技计划中继续配套安排一定经费外，当前急需设立转基因生物安全研究专项，系统支持生物安全性评价、检测、监测和控制措施的研究，全面加强实施安全管理所必需的技术支撑能力建设，以适应加入 WTO 后国内外生物技术产业发展和生物安全监控的需要。

(3)进一步完善和协调生物安全监控体系。国家行政主管部门要尽快健全和完善转基因生物特别是转基因植物的安全监控体系，通过依法行政，加强对已批准项目的跟踪、监控，这不仅有利于及时发现问题，采取对策，而且可为非转基因产品的出口提供技术保障。

(4)加强对生物技术和生物安全的科学普及和交流工作。加强对现代生物技术和生物安全知识的科学普及教育。对我国转基因生物产业化的报道要实事求是，对国际动向的报道要进行背景研究与科学分析，让公众对生物技术和安全性有更加科学和全面的认识。

思考题

1. 什么是生物技术产业？
2. 国际上生物安全管理模式有哪些？

第十一章

生物安全与生物多样性

提要：生物多样性提供了地球生命的基础，关注生物多样性，学习生物多样性知识，传播生物多样性知识，保护生物多样性是维护生物安全的一项重要内容。生物安全与生物多样性的协调发展需要全社会共同努力。

第一节　生物多样性

一、生物多样性的概念和意义

1. 生物多样性的概念

不同学者对生物多样性进行了不同定义，其中根据联合国《生物多样性公约》，生物多样性定义是："生物多样性是指所有来源的形形色色的生物体，这些来源包括陆地、海洋和其他水生生态系统及其所构成的生态综合体；这包括物种内部、物种之间和生态系统的多样性。"生物多样性是概括性的术语，通常认为有 3 个水平，即遗传多样性、物种多样性和生态系统多样性。有的学者认为生物多样性还有第 4 个水平，即景观多样性。

2. 生物多样性的价值

生物多样性是生命系统的基本特征，是人类赖以生存的生物资源。在 1982 年 10 月 28 日联合国大会第 371 号决议正式颁布了《世界自然宪章》，该宪章表明："人类是自然的一部分；每种生命形式都是独特的，无论对人类的价值如何，都理应受到尊重；从自然获得持久利益，依赖于对基本生态过程和生命支持系统的维持，依赖于生命的多样性；人类必须学会如何维持和增加他们利用自然资源的能力，同时能够保证保存各种物种和生态系统，以造福今世和后代。"并呼吁采取积极对策，以保护自然，进行科学研究，监测物种和生态系统，在保护行动中开展国际合作。各国政府如此重视生物多样性保护，充分说明生物多样性对人类具有重要的价值。

对于生物多样性价值的估算目前尚未有统一的、可接受的生物多样性定价体系，但人们已提出很多草案。生物多样性价值包括直接使用价值、间接使用价值和伦理价值。直接价值又分为产品用于自用的消耗性使用价值和产品用于市场销售的生产使用价值。例如为人类提供了食物纤维、药物燃料和建材等，其使用价值是人们普遍认识的。间接价值与生态系统功能有关，即为人类所提供的生态系统公益。例如 CO_2 和 O_2 平衡、水土保持、土壤形成、净化环境、抗性基因、教育与科学研究等。生物多样性的伦理价值体现在所有物种都是相互依存的，每种生物都有自己的生存权利。

二、生物多样性的内涵

1. 遗传多样性

遗传多样性是生物多样性的重要组成部分。广义的遗传多样性是指地球上生物所携带的各种遗传信息的总和，这些遗传信息存储在生物个体的基因之中。因此，遗传多样性也就是生物的遗传基因的多样性。任何一个物种或一个生物个体都保存着大量的遗传基因，因此，可被看作是一个基因库(gene pool)。一个物种所包含的基因越丰富，它对环境的适应能力越强。基因的多样性是生命进化和物种分化的基础。狭义的遗传多样性主要是指生物种内基因的变化，包括种内显著不同的种群之间以及同一种群内的遗传变异。此外，遗传多样性可以表现在多个层次上，如分子、细胞、个体等。在自然界中，对于绝大多数有性生殖的物种而言，种群内的个体之间往往没有完全一致的基因型，而种群就是由这些具有不同遗传结构的多个个体组成的。

在生物的长期演化过程中，遗传物质的改变(或突变)是产生遗传多样性的根本原因。遗传物质的突变主要有 2 种类型，即染色体数目和结构的变化以及基因位点内部核苷酸的变化。前者称为染色体的畸变，后者称为基因突变(或点突变)。此外，基因重组也可以导致生物产生遗传变异。

2. 物种多样性

物种多样性是指地球上动物、植物、微生物等生物种类的丰富程度。物种多样性包括 2 个方面：一是指一定区域内的物种丰富程度，可称为区域物种多样性。区域物种多样性的测量有以下 3 个指标：①物种总数，即特定区域内所拥有的特定类群的物种数目；②物种密度，指单位面积内的特定类群的物种数目；③特有种比例，指在一定区域内某个特定类群特有种占该地区物种总数的比例。二是指生态学方面的物种分布的均匀程度，可称为生态多样性或群落物种多样性。物种多样性是衡量一定地区生物资源丰富程度的一个客观指标。

3. 生态系统多样性

生态系统多样性是指地球上生态系统组成、功能的多样性以及各种生态过程的多样性，包括生境的多样性、生物群落和生态过程的多样化等多个方面。其中，生境的多样性是生态系统多样性形成的基础，生物群落的多样化可以反映生态系统类型的多样性。

4. 景观多样性

景观多样性是指由不同类型的景观要素或生态系统构成的景观在空间结构、功能机制和时间动态方面的多样化程度。景观多样性主要包括板块多样性、类型多样性和格局多样性 3 种类型。板块多样性是指景观中板块的数量、大小、形状的多样性和复杂性；类型多样性是指景观中不同的景观类型（如农田、森林、草地等）的丰富度和复杂度；格局多样性是指景观类型空间分布的多样性及各类型之间以及板块与板块之间的空间关系和功能联系的多样性。一片区域的景观多样性越丰富，这个地方越稳定，不易受到干扰。

遗传多样性是物种多样性和生态系统多样性的基础，或者说遗传多样性是生物多样性的内在形式。物种多样性是构成生态系统多样性的基本单元。因此，生态系统多样性离不开物种的多样性，也离不开不同物种所具有的遗传多样性，而景观多样性是较生态系统多样性更高一层次的多样性。

三、生物多样性的现状及生物多样性丧失的原因分析

1. 生物多样性的现状

（1）物种的灭绝速率现状

按照达尔文的进化理论，“物竞天择，适者生存”，即物种的形成与灭绝是自然选择的结果。化石记录表明，多数物种的限定寿命平均为 100 万～1 000 万年。而随着人类的出现，物种灭绝的速度开始逐渐加快。物种濒危和灭绝的发展趋势非常明显，越到近代物种灭绝的速度越快。联合国生物多样性大会对物种灭绝速度进行评估，认为现如今地球每天灭绝 72 种生物。而且幸存的物种并不代表绝对的安全，事实上全球大约有 16 300 种动植物物种已经处在灭绝的边缘，41 000 多种生物受到生存的威胁。

（2）濒危物种现状

根据物种数目的下降速度、物种总数、地理分布等规则，世界自然保护联盟濒

危物种红色名录将物种分为了“灭绝”“野外灭绝”“极危”“濒危”“易危”等。据世界自然保护联盟最新发布的红色名录，目前有38 543个物种濒临灭绝，约占所有评估物种的28%。过去40多年里，在中国政府和民间共同努力下，极大地推动了中国濒危物种保护和自然保护的进步。

2. 生物多样性丧失的原因分析

根据联合国的报告和世界自然基金会评估，生物多样性丧失的5大原因：土地用途变化(50%)；生物资源过度开发利用(24%)；入侵物种和疾病(13%)；污染(7%)；气候变化(6%)。

(1)土地用途改变

土地用途改变是20世纪70年代以来陆地和淡水生态系统退化的最大直接驱动因素。主要包括开垦、基础设施建设、城市扩张、采矿、道路扩建、水电大坝以及管线建设等。这些活动造成毁林、生境破碎化等，进而导致生物多样性丧失。海洋和沿海土地利用变化包括沿海挤占生境、近海水产养殖、海水养殖、底拖网捕捞、陆上开荒、沿海城市扩张等。

(2)生物资源过度利用

生物资源过度利用是一些物种成为珍稀濒危物种甚至灭绝或资源物种减少的重要原因。其中，盗猎和贸易直接将很多野生动物推向灭绝的边缘。过去50年中，鱼类和海产品过度利用为海洋生物多样性丧失的最大驱动因素。目前，仅有3%的海洋被认为没有受到来自人类的压力。

(3)入侵物种和疾病

外来入侵物种也是全球生物多样性面临的严重威胁之一。自1980年以来，外来入侵物种累计增加了40%，导致特有物种和生态系统功能的下降。而在一些岛屿上，外来入侵物种则对当地生物多样性造成重大影响。日益频繁的国际贸易和人员流动加速了外来物种的入侵，也加速了全球资源开发和利用以及森林的退化，加剧了一些经济落后但生物多样性丰富地区的生物多样性丧失。

(4)污染

污染不仅直接影响物种和群落结构，还可以通过污染生境，对生物多样性产生深远的影响。塑料、持久性有机污染物、重金属和海洋酸化带来的危害对海洋生物多样性影响尤甚。自1980年以来，海洋塑料污染增加了10倍，至少影响到267个物种。

(5)气候变化

气候变化对物种的分布、物候、种群动态以及物种组合或生态系统结构和功能已经产生了明显影响，而且正在变得越来越严重。47%的受威胁哺乳动物和23%

的受威胁鸟类可能已经受到气候变化的影响，许多无法适应快速气候变化的物种，则面临着更大的威胁。因臭氧损耗而增加的紫外线也对农、林、牧、渔相关的生物多样性造成严重的威胁。

除以上原因外，还有一些因素也影响着生物多样性。例如不合理的造林和绿化以及生物能源种植行动虽然可扩大森林面积、提高覆盖率、减少排放，但如果片面追求覆盖率或绿地占比，采用大面积单一物种，则也会对生物多样性产生负面影响。一些不合理的经济激励措施已经成为导致生物多样性丧失的重要驱动因素。在全球范围内，对生物多样性具有不利影响的补贴一直存在，助长了毁林、过度捕捞、城市无序扩张等破坏生物多样性的行为。地方社区参与度不高也会导致传统知识和遗传资源丧失。地方社区在驯化和维护种质资源、丰富生境和生态系统多样性、利用有价值的植物、管理和监测野生物种和生境等方面具有重要作用。但过去由于地方社区参与不足，导致高度适应的物种、品种及其野生近缘种丧失，降低了对病、虫和气候变化等威胁的抵御力。

四、生物多样性的保护和管理

生物多样性需在上述 4 个层次上都得到保护。保护的重点应是生态系统的完整性和珍稀濒危物种。生态系统多样性既是物种和遗传多样性的保证，又是景观多样性的基础，生态系统的稳定是物种进化和种内遗传变异的保证。

1. 生物多样性保护

(1)生物多样性保护原则

面对全球生物多样性丧失和生态系统退化，中国秉持人与自然和谐共生理念，坚持保护优先、绿色发展，形成了政府主导、全民参与、多边治理、合作共赢的机制。

①坚持尊重自然、保护优先。牢固树立尊重自然、顺应自然、保护自然的理念，在社会发展中优先考虑生物多样性保护，以生态本底和自然禀赋为基础，科学配置自然和人工保护修复措施，对重要生态系统、生物物种及遗传资源实施有效保护，保障生态安全和生物安全。

②坚持绿色发展、持续利用。践行“绿水青山就是金山银山”理念，将生物多样性作为可持续发展的基础、目标和手段，科学、合理和可持续利用生物资源，给自然生态留下休养生息的时间和空间，推动生产和生活方式的绿色转型和升级，从保护自然中寻找发展机遇，实现生物多样性保护和经济高质量发展双赢。

③坚持制度先行、统筹推进。不断强化生物多样性保护国家战略地位，长远谋划顶层设计，分级落实主体责任，建立健全政府主导、企业行动和公众参与的生物多样性保护长效机制。强化中国生物多样性保护国家委员会统筹协调作用，持续

完善生物多样性保护、可持续利用和惠益分享相关法律法规和政策制度,构建生物多样性保护和治理新格局。

④坚持多边主义、合作共赢。加强生物多样性保护,促进人与自然和谐共生,已成为国际交流对话的重要内容。中国坚定支持生物多样性多边治理体系,切实履行《生物多样性公约》及其他相关环境条约义务,积极承担与发展水平相称的国际责任,向其他发展中国家提供力所能及的援助,不断深化生物多样性领域交流合作,携手应对全球生物多样性挑战,为实现人与自然和谐共生美好愿景发挥更大作用。

(2)生物多样性保护的措施

中国坚持在发展中保护、在保护中发展,不断强化就地与迁地保护,加强生物安全管理,持续改善生态环境质量,协同推进生物多样性保护与绿色发展。

①优化就地保护体系。中国不断推进自然保护地建设,启动国家公园体制试点,构建以国家公园为主体的自然保护地体系,率先在国际上提出和实施生态保护红线制度。中国创新生态空间保护模式,将具有生物多样性维护等生态功能极重要区域和生态极脆弱区域划入生态保护红线,进行严格保护。明确了生物多样性保护优先区域,确定中国生物多样性保护优先区域。中国打破行政区域界线,连通现有自然保护地,充分考虑重要生物地理单元和生态系统类型的完整性,划定 35 个生物多样性保护优先区域。保护了重要自然生态系统和生物资源,在维护重要物种栖息地方面发挥了积极作用。

②完善迁地保护体系。中国持续加大迁地保护力度,系统实施濒危物种拯救工程,生物遗传资源的收集保存水平显著提高,迁地保护体系日趋完善,成为就地保护的有效补充,多种濒危野生动植物得到保护和恢复。逐步完善迁地保护体系。建立了植物园、野生动物救护繁育基地以及种质资源库、基因库等较为完备的迁地保护体系。中国高度重视生物资源保护,近年来在生物资源调查、收集、保存等方面取得较大进展。实施战略生物资源计划专项,完善生物资源收集收藏平台,建立种质资源创新平台、遗传资源衍生库和天然化合物转化平台,持续加强野生生物资源保护和利用。实施一批种质资源保护和育种创新项目。中国实施濒危物种拯救工程,对部分珍稀濒危野生动物进行抢救性保护,通过人工繁育扩大种群,并最终实现放归自然。

2. 生物多样性管理

(1)保护区内生物多样性管理

生物多样性有 3 个层次,因此管理也分为遗传多样性、物种多样性和生态系统多样性 3 个不同水平。在这 3 个层次中以物种多样性管理的历史最长、管理的效果最容易测定,因此在生物多样性的管理中占据了重要的地位。

①栖息地的监测和管理。对栖息地进行监测的目的，是及时发现栖息地的质量和数量发生的变化，然后根据变化的趋势制定管理措施，使栖息地能够满足被保护的动植物种类生存和繁衍的需要。

②物种的监测和管理。对物种进行监测的目的，是及时地了解保护区境内物种数的增减、物种分布区范围的变化、物种种群数量的变动、物种生存状态是否得到改善等情况。

(2)迁地保护生物多样性的管理

①迁地保护信息管理的意义和记录系统。迁地保护的生物材料如果没有准确翔实的信息记录，将失去大部分甚至全部科学研究与开发利用价值。传统的用手工做记录卡片的方法效率低，不便于信息的管理、查询和传播。信息技术的飞速发展使记录系统计算机化成为可能。

②植物迁地保护的管理。植物迁地保护的目的是长期保存物种和遗传多样性，防止遗传侵蚀、遗传混杂或发生不适应其原来野生或栽培生境的变异，以便在回归引种时作为物种保有继续进化的遗传基础而长期存在下去，作为种质资源为可持续利用提供多种开发的可能性。

③动物迁地保护的管理。在动物迁地种群的管理中，首先要解决的问题是如何保持种群的遗传变异并防止近亲繁殖的有害影响。

第二节　生物安全与生物多样性的协调发展

一、生物安全与生物多样性息息相关

生物安全与生物多样性之间存在着密切的关系。生物多样性是指生态系统内各种生物的多样性和复杂性，包括物种多样性、遗传多样性和生态系统多样性。生物安全与生物多样性的密切联系正是在这 3 个层次上得以体现。

一方面，生物安全上的危机会对生物多样性造成严重威胁。

(1)在物种多样性层面

生物入侵、病原体传播等生物安全问题可能会导致当地物种的数量减少或灭绝，从而影响物种多样性。

(2)在遗传多样性层面

转基因生物的引入可能会导致基因污染，从而影响当地生物的遗传多样性。

(3)在生态系统多样性层面

生态系统的生物安全问题可能会导致生态系统的破坏，如造成水体污染、土壤

污染，从而影响生态系统的功能。

另一方面，生物多样性的丰富也有助于维护生物安全。在生物多样性丰富的生态系统中，多种物种具有不同的适应性和生态位，相互依存、相互制约，形成生态平衡，更稳定的生态系统能够降低生物入侵、病原体传播等生物安全问题发生的风险。

因此，保护生物多样性是维护生物安全的重要手段之一，而生物安全措施也需要考虑对生物多样性的保护和促进。这需要政府、科学家、社会组织和公众共同努力，制定并实施科学的政策和措施，以保障人类的健康和生态环境的可持续发展。

二、生物安全对生物多样性的影响

生物安全对生物多样性会产生多种影响，包括以下几个方面。

(1)生物入侵

外来物种的引入可能会导致生物入侵，这些入侵物种可能会占领原有物种的生存空间，破坏生态平衡，甚至导致当地物种灭绝。

(2)病原体传播

生物安全问题还包括病原体的传播。病原体的传播可能会导致当地物种的死亡或减少，从而影响生物多样性。

(3)基因污染

转基因生物的引入可能会导致基因污染，这可能会影响当地生物的基因组结构和多样性。

(4)生态系统破坏

生物安全问题还可能导致生态系统的破坏，这可能会对当地生物的生存和繁殖产生负面影响。

总之，生物安全问题对生物多样性的影响是非常复杂的，需要采取科学有效的措施来保护生物多样性。

三、生物安全与生物多样性协调发展

生物安全与生物多样性之间的协调发展需要采取以下措施。

(1)加强监测和预警

通过建立完善的监测和预警机制，及时发现和控制生物入侵、疾病和其他安全威胁，保护生物多样性。

(2)建立生物安全管理体系

建立完善的生物安全管理体系，制定相关法规和标准，加强生物安全管理和监管，防范和控制生物入侵和疾病的传播。

（3）促进科学研究和技术创新

加强生物多样性和生物安全的科学研究和技术创新，提高应对生物安全威胁的能力，同时促进生物多样性的保护和可持续利用。

（4）加强国际合作

加强国际合作，共同应对全球生物安全和生物多样性问题，共同制定和实施相关政策和措施。

（5）提高公众意识和参与度

加强公众教育和宣传，提高公众对生物多样性和生物安全的认识和意识，促进公众参与生物安全和生物多样性的保护。

总而言之，生物安全与生物多样性的协调发展需要政府、科学家、社会组织和公众共同努力，采取科学的政策和措施，保障人类的健康和生态环境的可持续发展。

思考题

1. 简述生物多样性各层次间的相互关系。
2. 简述保护生物多样性的重要意义。
3. 简述如何实现生物安全与生物多样性的协调发展。

第十二章

生物安全国际公约与法律法规

提要：生物多样性是人类赖以生存的条件，是经济社会可持续发展的基础，是生态安全和粮食安全的保障。为保护生物多样性，联合国颁布了多部法规与公约，各国也根据本国国情出台了相应的法律法规。

第一节　国际公约

随着国际交流的日益频繁，外来动植物物种被大量引种，外来有益物种被有意放归自然，但是大量外来有害物种也被无意引入并迅速繁衍扩散，尤其是频繁的国际交流更是加剧了有害生物入侵的风险。1951 年通过的《国际植物保护公约》规定了预防有害生物入侵的措施，是制定防止外来有害生物入侵战略的有力武器。1973 年 3 月 3 日在美国华盛顿签订，1975 年 7 月 1 日正式生效的《濒危野生动植物种国际贸易公约》，旨在通过对贸易做出监管，就公约附录所列物种（包括活体或死体、部分或其衍生物）的进出口制定规范，以保护野生动植物物种不会因国际贸易而遭到过度的开采利用而威胁生存。随后 1992 年里约热内卢通过的《生物多样性公约》对外来生物入侵进一步做了明确的定义。

一、《国际植物保护公约》

《国际植物保护公约》（IPPC）的目的是确保有效预防有害生物的引入与传播，对有害生物采取合理的治理措施。截至 2021 年，全世界共有 184 个国家和地区签署并加入了《国际植物保护公约》，我国于 2005 年加入 IPPC，是第 141 个缔约方。IPPC 总部设在罗马，每一个缔约方都要承担义务，建立全国性的植物保护机构负责这个体系的正常运转。

1. IPPC 管理机构

IPPC 管理机构是植物检疫措施委员会，最高权力机关即年度召开的植物检疫措施委员会全体代表大会。主席团每年至少召开 2 次会议，为 IPPC 提供战略、合作、财务和管理方面的决策建议。植物检疫措施委员会财务委员会提供财务及资源筹措方面的建议，植物检疫措施委员会策略组提供整体战略和业务规划方面的建议。秘书处作为《国际植物保护公约》的常务机构，由联合国粮食及农业组织(FAO)管理，主要负责组织开展《国际植物检疫措施标准》(ISPMs)的制定并推进其实施，加强缔约方履约能力建设，强化国家义务报告等多边交流。

2. IPPC 主要内容

IPPC 的内容包括 23 条，由于国际检疫措施标准的不断修改、完善及增减，更多国际贸易相关协定的签署，IPPC 很难涵盖一些新的贸易发展内容，所以必须结合 ISPMs 中的最新成果。IPPC 主要是希望各缔约方控制有害生物在国际传播的重要性及加强国际合作的必要性，保护植物、动物、人类的健康及环境。IPPC 规定缔约方有义务制定植物与植物制品的进出口规定，对有害生物的出现进行风险分析、监视与监督，并对有害生物进行治理与灭杀，以及对有害生物的出现与传播进行信息交流和通报。

植物检疫证明是 IPPC 的重要内容，每一缔约方应为植物检疫证明做好安排，目的是确保输出的植物、植物产品和其他限定物及其货物符合要求。每一缔约方应按照以下规定为签发植物检疫证书做好安排：①应仅由国家官方植物保护组织或在其授权下进行植物检疫证书的发放和其他有关活动；②植物检疫证书或有关输入缔约方当局接受的相应的电子证书应采用与本公约附件样本中相同的措辞，这些证书应按照有关国际标准填写和签发；③证书涂改而未经证明应属无效。

IPPC 对货物输入也做出了要求，为了防止限定性有害生物传入或扩散，各缔约方应按照适用的国际协定来管理植物、植物产品和其他限定物的进入，可采取如下措施：①对植物、植物产品及其他限定物的输入，采取植物检疫措施，如检验、禁止输入和处理；②对不遵守上述规定者，或将其货物拒绝入境，或扣留，或要求进行处理、销毁，或从缔约方领土上运走；③禁止或限制限定有害生物进入其领土；④禁止或限制植物检疫关注的生物防治剂和声称有益的其他生物进入其领土。缔约方对于可能不能在其境内定殖，但如果进入可能造成经济损失的有害生物可采取本条规定的措施。各缔约方仅在这些措施对防止有害生物传入和扩散有必要且技术上合理时，方可对通过其领土的过境货物实施本规定的措施。不得妨碍输入缔约方为科学研究、教育目的或其他用途输入植物、植物产品和其他限定物及植物有害生物颁布的特别规定，不得妨碍任何缔约方在检测到对其领土造成潜在威胁的有害生物时采取适当的紧急行动或报告检测结果。

二、《濒危野生动植物种国际贸易公约》

威胁野生动植物生存的主要因素包括栖息地丧失、野生动植物国际贸易及商业开发等。人们开发利用野生动植物的主要原动力之一就是通过各种贸易活动实现经济利益，因此保护生物多样性及实现可持续发展的前提即科学有效地管理野生动植物贸易活动。

为促使各国加强国际合作，有效地保护野生动植物资源，1973 年，21 个国家在美国华盛顿签署了《濒危野生动植物种国际贸易公约》(CITES)，1975 年 7 月 1 日正式生效。CITES 的实施效果优于其他综合性环境协定，得益于其建立了一套约束力很强的严格履约体制，主要由以下几方面构成：①管理机构和科学机构。CITES 的缔约方必须指定专门的管理机构和科学机构，管理机构负责日常许可证的签发以及与国内外相关部门的联络，科学机构则负责根据贸易是否会危及物种的生存和资源状况，养殖或培植是否可能成功等提出科学咨询意见。②会议制度。缔约方大会为最高权力机构，除缔约方代表外，相关政府间组织和非政府组织可派观察员参加。③秘书处。在本公约生效 2 年后，由联合国环境规划署执行主任筹组。CITES 是一项在保护野生动植物、控制国际贸易方面影响广泛的国际公约，其宗旨是通过许可证制度，对国际野生动植物及其产品的进出口实行全面控制和管理，促进各国保护和合理开发野生动植物资源。

三、《禁止生物武器公约》

生物武器是随微生物技术和武器技术的发展而出现的，为达战争目的，其利用细菌、病毒及各种毒素和生物活性物质来杀伤人、畜，毁坏建筑和作物。第一次世界大战期间，德国军队使用炭疽和马鼻疽病菌攻击协议国的举动引起各国反对，战后签订了第一个关于禁止使用毒气和细菌武器的国际条约《日内瓦议定书》；第二次世界大战期间，日本、美国等国家进一步研发生物武器，并将其用于战争，随后加拿大、法国等也接连投入生物武器研究，直至核武器出现。但在 1960 年前后，苏联和美国仍继续推进生物武器研究，严重威胁全球生物安全和和平发展。

20 世纪 60 年代以来，国际社会逐渐意识到生物武器的威胁以及《日内瓦议定书》的局限性，于 1971 年在第 26 届联合国大会通过了《禁止细菌(生物)及毒素武器的发展、生产及储存以及销毁这类武器的公约》，即《禁止生物武器公约》(以下简称《公约》)，其是禁止发展、生产、储存、取得和保有除了和平用途之外的生物制剂、毒素及有毒武器并销毁这些生物制剂、毒素及有毒武器，以及禁止设计投送生物战剂工具的多边条约。《公约》由美国、英国、苏联等 12 个国家提出，于 1972 年分别在华盛顿、伦敦和莫斯科开放签署，1975 年 3 月 26 日正式生效，生效时共有 22 个国家加入，我国于 1984 年 11 月 15 日加入《公约》。截至 2024 年 1 月，全球共有 185 个生物武器公约缔约国，包含中国、英国、美国、日本等。

《公约》内容共包含序言和 15 条正文，主要内容包括：缔约国在任何情况下不发展、不生产、不储存或以其他方法取得或保有不属于预防、保护或其他和平用途所正当需要的微生物剂或其他生物剂或毒素；缔约国在《公约》生效后 9 个月内销毁此类生物制剂或转用为和平目的；缔约国不得直接或间接将任何生物制剂进行转让，不得以任何方式协助、鼓励或引导任何国家制造或以其他方法获得此类制剂；缔约国可针对其他国家违反该公约的行为向联合国安理会提出控诉；缔约国间的协商与合作；对面临危险的缔约国的援助；《公约》有效期、生效时间、退约、语言版本、储存等。此外，《公约》共有 3 种机制保证其落实：一是建立信任措施机制；二是召开“说明公约提出或要求的相关问题”会议；三是缔约国对其他违反公约的国家提出控诉机制。

当前，《公约》虽还存在如效力不足、缺少核查机制等问题，但仍具有极大的现实意义，《公约》加强了各国禁止开发和使用生物武器的执行力，在一定程度上约束和防止了生物技术谬用，保护了世界和平和人民健康，推动了国际生物军控进程。

四、《国际植物新品种保护公约》

植物育种是提高农业生产效率，合理利用地球资源，实现可持续发展的重要途径之一。随着植物育种技术的发展，大量植物新品种不断出现，为保护植物育种者的权利，提高育种者生产积极性，推动育种行业发展，各国开始通过制定法律进行新品种的保护。其中最早出现和最为完善的国际公约为《国际植物新品种保护公约》(简称 UPOV 公约)。

UPOV 公约有较长的历史沿革，1957 年召开的植物新品种保护外交大会为该公约的形成奠定了基础。随后，1961 年召开的第二次植物新品种保护外交大会修改了公约草案并形成了相应文本。最终，公约于 1968 年 8 月 10 日正式生效，又分别于 1972 年、1978 年和 1991 年进行了 3 次修订。对 UPOV 公约各成员国来讲，其签订的公约文本不同，主要有 2 个文本，分别为 1978 年文本和 1991 年文本，两个文本也存在诸多差异。1978 年文本是在最初公约草案的基础上经 1972 年和 1978 年 2 次修改形成的，于 1981 年生效。在此基础上，经 1991 年修订，形成了

1991年文本，于1998年正式生效。相比于1978年文本，1991年文本提高了对育种者权利的保护力度，扩大了植物品种权的保护范围，增强了其保护力度，也进一步明确和界定了品种权的概念及范畴。中国于1999年4月23日正式加入UPOV公约1978年文本，是第39个成员国，并在1997年，结合1991文本，在国内发布了《植物新品种保护条例》。截至2022年，UPOV公约共有78个成员（包括2个区域组织），包含97个国家。

UPOV公约是专门保护育种者权益的重要国际公约，旨在通过专利法或专门法的形式，通过协调各成员国之间在植物新品种保护方面的政策、法律和技术，确保各成员国以一整套清晰、明确的原则为基础，对符合新颖性、特异性、一致性和稳定性要求的植物新品种的育种者授予知识产权，保护其合法权益。主要内容涉及保护方式、国民待遇、必须或可以保护的植物属和种、受保护的权利、范围、期限、优先权、品种名称等，共有专利法、专门法和两种法双重保护3种模式。目前，我国仅加入1978年文本，对植物新品种采用专门法保护，授予品种权，对育种方法采用专利法保护，授予专利权。针对我国加入1991年文本面临的问题，应进一步提升自主研发能力，提高测试能力，切实保护农民利益，做好相应法律准备。

五、其他国际公约

国际社会为保护生物多样性和生物安全作出了积极努力，其他旨在保护生物多样性和生物安全的国际公约还包括《亚洲和太平洋区域植物保护协定》《实施卫生与植物卫生措施协定》《名古屋议定书》《陆生动物卫生法典》《水生动物卫生法典》等。《亚洲和太平洋区域植物保护协定》是负责协调亚洲和太平洋区域各国植物保护方面的合作的多边协定，如疫情通报、防治进展、检疫措施等，旨在通过采取一致的行动，防止危险性有害生物在亚太地区的传入和扩散。该协定是《国际植物保护公约》框架下的补充协定，于1956年签订，我国于1990年加入，其内容主要体现在建立区域性的事务委员会、植物进口及植物流动的办法以及协定的管理三个方面。《实施卫生与植物卫生措施协定》（简称SPS协定）是由世界贸易组织制定和实施的一个国际准则，其主要针对动植物安全与检疫问题，旨在保护成员国人类及动植物健康。SPS协定主要内容包括科学合理原则、非歧视原则、协调一致原则、等效性原则、风险评估原则、非疫区原则以及透明度原则7个方面。《名古屋议定书》全称为《生物多样性公约关于获取遗传资源和公正和公平分享其利用所产生惠益的名古屋议定书》（附录2-3），2010年经《生物多样性公约》第十次缔约方大会通过，2014年10月12日生效。《名古屋议定书》旨在通过以适当的方式对遗传资源的获取、相关技术的转让以及资金的提供，公正和公平地分享因使用遗传资源所获得的利益,以保护生物多样性和可持续地利用其组成部分。《陆生动物卫生法典》及《水生动物卫生法典》由世界动物卫生组织(OIE)制定,主要涉及陆生/水生动物疫病的监测和通报、风险分析、疫病预防和控制建议、贸易措施以及动植物检疫证书格式等,旨在防止传染性疾病危害动物或人类健康,避免不公正的贸易壁垒。

第二节　法律法规

外来物种入侵这一全球性的现象,从20世纪50年代开始就已经引起国际社会的广泛关注。经过几十年的努力,国际自然及自然资源保护联盟、国际海事组织等国际组织已制定关于如何引进外来物种,如何预防、控制、消除外来物种入侵等法律法规。本节挑选几个有代表性的国家,分别介绍各国的生物入侵概况及其生物入侵的法律法规策略。

一、中国

外来物种入侵已经对我国的物种、生境、生态系统造成不同程度的威胁,引起生态系统的破坏、生物多样性的下降,甚至是物种的灭绝,导致重大的环境、经济、健康和社会问题,造成巨大的损失。中国的进出境动植物检疫起源于20世纪初,中国加入世界贸易组织(WTO)后,进出境动植物检疫工作更是有了长足发展。我国也为植物检疫制定了相关的管理措施,农业农村部早在1957年12月4日就发布了《国内植物检疫试行办法》,随后为了防止危害植物的危险性病、虫、杂草传播蔓延,保护农业、林业生产安全,1983年1月3日国务院制定并发布了《植物检疫条例》。随着社会环境的不断变化,有害生物的入侵形式也在不断改变,我国于1992年和2017年分别对《植物检疫条例》进行了修订。最近的条例包括24条,涵盖植物检疫管理的各个领域,对进出境和国内的粮食、水果、蔬菜、种子等农产品的调运都作出了详细的规定。中国现有的相关法律也已经涉及外来种的控制问题,主要相关法律有《中华人民共和国进出境动植物检疫法》《中华人民共和国动物防疫法》(附录4-8)《中华人民共和国国境卫生检疫法》(附录4-9)《植物检疫条例》《农作物病虫害防治条例》《中华人民共和国生物安全法》。

1.《中华人民共和国进出境动植物检疫法》

1982年6月,国务院发布了《中华人民共和国进出口动植物检疫条例》,1991年10月30日第七届全国人民代表大会常务委员会第二十二次会议通过《中华人民共和国进出境动植物检疫法》,于1992年4月1日起施行。1996年12月颁布了《中华人民共和国进出境动植物检疫法实施条例》，自1997年1月起施行。《中华人民共和国进出境动植物检疫法》是1949年以来第一部指导和规范进出境动植物检疫工作的基本法律制度，该法律的主要内容包括总则、进境检疫、出境检疫、过境检疫、携带、邮寄物检疫、运输工具检疫、法律责任和附则，其对动植物检疫的目的、制度、任务、工作范围和方式及相关的法律责任等作了明确的规定，规定了报检、申报、检疫审批、隔离检疫、现场检疫、检疫放行或调离、检疫监督、检疫证书、检疫收费等基本检验检疫制度。该法的实施对于维护国家主权和保护动植物健康，促进可持续发展，规范进出境动植物检疫行为等多方面发挥了重要的作用。

2.《中华人民共和国生物安全法》

为了维护国家安全，防范和应对生物安全风险，保障人民生命健康，保护生物资源和生态环境，促进生物技术健康发展，推动构建人类命运共同体，实现人与自然和谐共生，2020年10月17日第十三届全国人民代表大会常务委员会第二十二次会议通过了《中华人民共和国生物安全法》。本法所称生物安全，是指国家有效防范和应对危险生物因子及相关因素威胁，生物技术能够稳定健康发展，人民生命健康和生态系统相对处于没有危险和不受威胁的状态，生物领域具备维护国家安全和持续发展的能力。该法是生物安全领域的基础性、综合性、系统性、统领性法律，其颁布和实施有利于保障人民生命安全和身体健康，有利于维护国家安全，有利于提升国家生物安全治理能力，有利于完善生物安全法律体系。从事下列活动，适用《生物安全法》：防控重大新发突发传染病、动植物疫情；生物技术研究、开发与应用；病原微生物实验室生物安全管理；人类遗传资源与生物资源安全管理；防范外来物种入侵与保护生物多样性；应对微生物耐药；防范生物恐怖袭击与防御生物武器威胁；其他与生物安全相关的活动。

二、美国

美国是世界上遭受外来物种入侵最严重的国家之一，外来物种入侵对美国经济、生态环境都造成了不可估量的毁坏。美国对外来物种入侵的法律管制主要集中在外来动物，主要采取分散立法模式，形成了较为全面的法律体系，具有代表性的处理外来物种入侵事务的联邦法律包括《非本土水生有害物种预防和控制法》《国家入侵物种法》《入侵物种法令》等。

1.《非本土水生有害物种预防和控制法》

为应对1986年斑马贝入侵五大湖事件带来的损失，1990年，美国国会通过了《非本土水生有害物种预防和控制法》，是美国针对外来水生物种经压舱水入侵设立的第一部法律。该法律的主要内容包括预防无意引入、协调调查和信息共享、发展和执行符合环境要求的控制办法、尽量减小对经济和生态的冲击以及制定针对外来物种入侵的调查和科学研究计划。该法律旨在预防水生有害物种的引进以及对已发生的无意引进的控制，强调了水生物种入侵的复杂性，并且压舱水导致的外来物种的转移，发布了关于排放压舱水的强制管理机制，同时成立了海洋外来物种入侵工作组。

2.《国家入侵物种法》

1996 年，美国国会通过了《国家入侵物种法》，是对《非本土水生有害物种预防和控制法》的修订和再授权，旨在防范外来水生生物入侵，保护本地物种。其主要针对水生外来物种入侵的防治，特别是对压舱水的管理做出规定，把压舱水的管理范围扩大至美国的所有水域，要求船舶在进入五大湖的港口前交换压舱水，并制定防止通过压舱水排放引入水生入侵物种的国家指南。这部法律进一步补充了《非本土水生有害物种预防和控制法》，明确地向社会民众给出了关于有害水生生物入侵的方法，进行了有关外来物种知识普及和防范措施实施教育，并且提供了防止外来物种入侵的相关活动专门拨款。

3.《入侵物种法令》

1999 年 1 月克林顿签发《入侵物种法令》，是美国生物入侵立法进程中最重要的一个事件。该总统令授权联邦机构能够采取各种措施应对入侵种的问题，并建立了由总统挂职的国家入侵物种委员会，由农业部部长、商务部部长和内政部部长组成，其成员包括美国国务院、国防部、运输部及美国环保署等部门的负责人员，从此美国告别了生物入侵管理事务多个相关机构各自为政的局面。委员会必须与联邦、州、航运业、环境机构、大学和农场组织等不同单位共同合作，相互协助，抵御入侵物种。该法令要求国家入侵物种委员会制定《国家入侵物种管理计划》，制定了系统的规划，针对领导与合作、防御、早期检测与快速反应、控制和管理、生态恢复、国际合作、研究、信息管理、教育和公共宣传等 9 个方面，作出了具体行动指南。

三、英国

随着全球变化的进行，跨国贸易和旅行更加频繁，再加上气候变化的影响，英国境内也遭受了较为严重的生物入侵事件，据统计，英国境内的外来物种数量高达 1 875 种，且每年以数 10 倍的数量增长。相较于其他发达国家，英国在防止外来物种入侵方面的法律法规较为分散，主要目的在于保护农业发展，其签署了很多涉及生物入侵的国际公约，但并没有针对防止外来物种入侵进行专门立法。从总体上来看，英国尚未对清除和减缓外来物种的影响作出较为完善的法律说明。

1981 年制定的《野生生物和乡村法》对释放非本地物种或纵其逃逸是违法行为作出了说明，这是英国关于外来物种的入侵有相关说明的立法。随后，英国制定了很多关于动植物保护的法律，其中有对外来物种的相关说明，但都不是针对外来物种入侵的专门立法，如《乡村和通行权法》《环境保护法》《鱼种进口法》《动物健康法》《蜜蜂法》《濒危物种法》《危险野生动物法》《森林法》《鹿法》等。在外来物种的引进和管制方面，英国参照欧盟制定的《野生生物贸易规则》，认为进口物种只要满足检疫就不会受到限制；在外来物种的治理方面，英国也没有明确和具体规定和要求，仅在《环境保护法》中对含有重要外来入侵植物日本蓼科杂草虎杖的土壤和废物的控制措施作出了说明。

四、德国

德国位于欧洲中部，北邻北海和波罗的海，南邻阿尔卑斯山，与丹麦、波兰、瑞士、捷克等多国相连，属温带气候。整体上来讲，德国生物入侵不像美国、新西兰等严峻，更倾向于局部暴发，但区域仍会面临严重的外来物种入侵后果以及不断增加的外来物种入侵的威胁。在入侵防控方面，德国是最早进行入侵立法的国家，在尚未建立"生物入侵"概念时就建立了世界上第一个植物检疫法规《禁止栽培葡萄苗进口令》。目前，针对外来物种入侵，尽管德国尚未进行统一立法，但在联邦和州的许多法律中都有针对外来物种入侵问题的相关规定，实行两级立法直接或间接管理生物入侵，其针对外来物种的管理也较为分散，但也在不断研究统一分散管理制度。目前，德国关于外来物种的主要法律包括《自然保护法》《森林法》《植物保护法》《动物保护法》《动物疫病控制法》等。

《联邦自然保护法案》规定野生或非野生的动植物引入时需经过主管部门批准，但并没有对外来物种进行清晰的说明。其他相关法律规定，在农业和林业引种时，需要证明其不含害虫，其他行业引进外来物种要申请许可，野外释放物种也要获得许可，并且建立了初步的风险评估制度。针对外来物种的监测、控制和清除，德国尚未有法律法规涉及。

五、日本

日本领土由北海道、本州、四国、九州 4 个大岛和其他 7 200 多个小岛屿组成，因此也被称为"千岛之国"。岛国生态环境特征使得日本遭受了严重的生物入侵威胁，日本政府也高度重视，设立了一系列防范外来物种入侵的法律法规。日本动植物检疫的立法机关是国会，具体的实施条例、检疫操作规程等由农林水产省颁布，由农蚕园艺局植物防疫科和畜产局卫生科组织实施。日本防止外来物种入侵的法律包括《种苗法》《植物防疫法》《外来种入侵法》《关于防止特定外来生物致生态系统损害的法律》等。

日本第一部《林业种苗法》制定于1939年，经过多次修改，形成了严格的林木种苗管理制度，包括指定种源制度、林木种苗生产标示制度、林木种苗经营许可制度和植物新品种保护制度。2021年4月，日本正式颁布并实施了最新的《种苗法》，严格规定了1 900类水果、蔬菜或其他作物种子、苗木流出国外。《植物防疫法》制定于1950年，旨在对进出口植物及国内植物进行检疫，驱除植物上附着的有害动植物，防止有害动植物蔓延，促进与保证农业生产的安全。《外来种入侵法》制定于2004年，该法在预防外来种的入侵，对外来种从种植、运输到处理的各个阶段都作出了明确规定。2004年也颁布实施了《关于防止特定外来生物致生态系统损害的法律》，该法对日本外来入侵生物实行指定制，将其分为特定外来生物及未判定外来生物，其针对对象只限于因人为因素引入并生存在本土之内的有害外来种，而对于依靠自然力移动的外来生物并没有作出明确规定。

六、澳大利亚

澳大利亚四周环海，东濒太平洋的塔斯曼海和珊瑚海，西、北、南三面临印度洋及其边缘海。自18世纪以来，大量外来物种随移民传入澳大利亚，严重威胁了澳大利亚土著物种多样性及生态健康。澳大利亚也在加强对外来物种的入侵管理方面进行了积极探索，相应法律法规较为完善。澳大利亚主要立法包括《压舱水管理指南》《濒危野生物种保护法》《生物多样性保护国家策略》《国家杂草策略》《检疫法》等。

《压舱水管理指南》制定于1991年，是世界上第一步对压舱水管理进行强制执行的法规性文件，经多次修改后于1999年颁布，其规定可以通过减少有害水生生物的载入以及压舱水的交换从而控制外来物种随压舱水传入。《濒危野生物种保护法》制定于1992年，其主要内容是管理和禁止威胁生物多样性的物种进境，同时也可以管理这些物种的国内及国际贸易。1996年，澳大利亚出于生物多样性保护目的，从整体上制定了《生物多样性保护国家策略》，总结了涉及外来物种的管理、影响以及防控方法等，对外来物种的影响进行了评估，旨在最大限度地减小外来物种引进的风险。为了对抗杂草，澳大利亚和新西兰农业与资源管理委员会、环境与保护委员会及林业部门于1997年共同发布了《国家杂草策略》，经修订后于1999年颁布执行。其规定了外来杂草管理的3个目标，分别为：预防新的杂草问题的产生，在国家层次上减小现有杂草所产生的影响，在国家层次上建立杂草问题的管理体制，提高管理能力；明确了政府、社区、土地所有者和土地使用者各自的责任和义务；并提出了相应行动策略。此外，其针对杂草引进，建立了一套杂草风险评价系统

(WRA),采用问卷调查的方式,对引进的外来植物在野外建立种群的风险、可能产生的影响以及控制和消除的可能性进行评估。《检疫法》制定于 1998 年,规定主要由农林渔业部负责对与人类、动物和植物有关的入境前及入境的监视、检测和控制安排。

七、新西兰

新西兰是位于太平洋西南部的岛国,地理位置位于赤道和南极之间,地貌和气候带多样,具有独特的生物多样性。18 世纪,欧洲殖民者对外来物种的引进给新西兰带来了严重的外来物种入侵问题,使得新西兰成为遭受生物入侵最严重的国家之一。但是在生物入侵立法方面,新西兰走在了世界前列,形成了较为完整的综合性生物安全框架,包括不同层次的政府、各种生态安全行动以及各种生态安全目标。新西兰关于生物入侵的法律主要包括《生物安全法》《新西兰生物安全策略》《危险物品与新生物体法案》等。

《生物安全法》制定于 1993 年,规定任何人不得将新西兰以外的物种及产品带入新西兰,主要目的是防止外来物种入侵。2004 年,新西兰对《生物安全法》进行了修订,进一步制定了针对外来物种严格的检疫制度。2003 年,为应对全球变化带来的生物入侵压力,新西兰政府公布了《新西兰生物安全策略》,其覆盖了生物安全的所有领域,赋予了农业部及林业部更多的权利,提出了防止生物入侵更加切实可行的方案,是对 1993 年《生物安全法》的补充。《危险物品与新生物体法案》制定于 1996 年,其对外来物种进行了严格的定义主要目的是减轻和避免外来物种对环境所造成的有害影响,此外,该部法律还建立了环境风险管理机构和规范,对外来物种进行风险评估,并根据评估结果决定是否最终发放许可证。

第三节　生物安全法律法规相关的焦点问题

生物安全已经成为国际关注的焦点问题,世界各国对生物安全的各项内容都作了详细的规定。由于不同国家的生物技术发展水平和保护自身生物安全的能力有很大差距,所以不同国家对目前国际生物安全法规的内容、形式和措辞等有很大的分歧,所发生的争论和焦点问题主要集中在以下几个方面。

一、提前知情同意

遗传修饰生物体(genetically modified organisms,GMO),也称基因改造生物或者“改性活生物体”(living modified organisms,LMO)。提前知情同意(AIA)是指遗传修饰生物体或者改性活生物体在跨境转移时,出口方把待转移的 GMO/LMO

产品的相关情况在跨境转移之前通报进口方，并获得进口方同意进口的答复。

发达国家主要是 GMO/LMO 产品的出口方，发达国家认为提前知情同意程序不应妨碍国际贸易，进口方和出口方皆可首先发出通报，出口商可以发出通报，对通报的答复应加以严格的时间限定，在限定时间内不予答复作默示同意处理，且提前知情同意程序不应排除国家间在双边协议中另作规定。而发展中国家是 GMO/LMO 产品的进口方，发展中国家保障自身生物安全的能力不足，担心发达国家无节制地转移和使用 GMO/LMO 产品，这些产品可能危害其国家的环境和人身安全，主张严格管制生物技术产品的跨国界转移，坚持由出口方通过国家主管当局渠道首先发出通报，并主张国家间通过双边协议对进口程序另作规定。

二、风险评估和风险管理

风险评估是指评估会造成何种伤害、产生损害的可能性和预期损害程度的措施，风险管理则指用于确保生物体的生产和处理安全无虞的措施。由于发展中国家的风险评估和风险管理能力较低，他们认为国际生物安全法规应定出 LMO 或其产品风险评估和风险管理的最低标准或最低保护规定，且风险评估是 AIA 程序的基础。风险评估的标准包括 LMO 或其产品对接受国环境、生物多样性的保护和持久使用、社会经济与伦理因素以及农业和人类及动物健康造成的风险。风险评估及其财务职责应由出口方的国家主管当局承担，之后由进口方负责分析评估结果，最后的决定由进口方的国家主管当局作出。各国所采用的风险评估和风险管理程序不应成为国际生物安全法规所涉 LMO 越境转移的法律依据，各国享有决定各自风险评估和风险管理措施的主权权利。发达国家应在资金和技术上帮助发展中国家进行生物安全的能力建设，而发达国家已经有了较为完善的风险评估和风险管理规章，他们所面临的风险较发展中国家要小得多，他们更关心的是生物技术的巨大利益，所以他们认为风险评估和风险管理不是国际生物安全法规的必要组成部分。风险评估的首要职责应由进口方代表执行，国际生物安全法规中应规定具有法律效力的风险评估标准。

三、与 GMO/LMO 的安全性有关的资料交换

发达国家认为资料交换是技术转让的一部分，国际生物安全法规中应有保护机密性数据和知识产权的条款。发展中国家认为资料交换是作出 AIA 决定的重要基础之一，各缔约国有义务交流资料，不得以保护机密性数据为由而阻止资料交换。同时，国际生物安全法规中关于机密性的规定不应过泛过滥；应通过国家主管当局或联络点提供资料，并对所提供资料的准确性负责。

四、GMO/LMO 所引起的社会经济问题

社会经济因素包括 LMO 或其产品，引起的问题包括以下几个方面。

(1)对生物多样性和特定农业及资源利用系统的威胁。农民更愿意种植具有优良性状的转基因作物而忽视或抛弃传统作物和天然的生物品种资源，这可能导致传统的和天然的作物品种资源库的丢失或减少，基因基础变窄。单种栽培或类似的生态系统取代多生物栖息地，直接导致生物栖息地的毁坏和生物多样性的丧失。

(2)对生态系统的影响。LMO 或其产品可能向非控制区扩散，对非靶生物及其环境造成威胁，LMO 或其产品对生态系统的长期累积影响目前尚无法估量，其在自然条件下的进化演变方向更是难以确定。

(3)使传统的农民和农产品受排斥，其经济福利、谋生手段、就业机会、市场机会受影响。例如欧美一些国家在奶牛业饲养中使用生长激素等基因工程产品，加剧了牛奶和奶制品生产过剩的局面，使大批小牧场主破产和牧场工人失业。

(4)违反社区的社会、文化、伦理和宗教价值观。例如基因诊断的保密性、人体材料的商品化、人体材料及遗传物质的法律地位、试管婴儿、用于人工授精的“精子银行”及“卵子库”的建立等问题，某些发达国家认为，虽然社会经济因素和现代生物技术的影响是令人关注的重要问题，但是这些问题太复杂，目前尚需进行大量深入的研究，国际生物安全法规中列入此议题为时尚早，而应单独探讨。而一些发展中国家则认为社会经济因素和现代生物技术的影响对于各国都很重要，尤其对拥有丰富的生物多样性遗传资源的发展中国家更是如此，他们坚持认为国际生物安全法规中应列入社会经济问题。

五、责任与赔偿

由于 GMO/LMO 或其产品的活动范围没有政治边界，在一个国家释放的 LMO 可能影响到另一个(些)国家；同时，LMO 能代代相传，难以保证目前没有显示出不利影响的 LMO 在将来不会产生不利影响；另外，责任和赔偿还涉及产品质量、非法转运、未遵守国际生物安全法规相关安全规定而引起的其他一系列问题。一些发达国家反复强调责任与赔偿问题过于复杂，可以从涉及责任与赔偿的相关国际法中寻找证据，不必在国际生物安全法规中涉及此问题。而某些发展中国家认为，确定责任与赔偿是实施国际生物安全法规的前提之一，责任是合法性的基础，若不明确规定赔偿，则这些国际生物安全法规的合法性受到损害。发展中国家认为应参考《巴塞尔公约》的相关规定来处理责任与赔偿问题，甚至提出国际生物安全法规中应设立必要机制来解决相关问题，但他们也拿不出如何纳入这些规定

的最佳方案。

六、非缔约国贸易

随着生物技术的加速发展和贸易全球化程度的日益提高，LMO 或其产品的越境转移活动也日益增多，非缔约国贸易将日益成为重要议题之一。非缔约国贸易问题包括：①缔约国认为非缔约国可能掌握缔约国希望得到的技术及 LMO，如能采取措施确保安全，就不应阻止与非缔约国的贸易，缔约国可与非缔约国缔结双边或区域性协定来处理贸易问题；②非缔约国是否应受《议定书》的约束，很多国家认为非缔约国在与缔约国进行相关贸易时必须遵守《议定书》所有的安全条款，非缔约国与缔约国缔结的协定必须与《议定书》保持一致，否则应禁止与非缔约国贸易。而有些非缔约国认为《议定书》可列有涉及非缔约国的规定，但规定应保持灵活性，不应过分限制，以免对国际贸易造成不必要的障碍和对其构成武断的或不合理的歧视或变相的限制。

七、非歧视

发达国家认为应以平等的方式审评所有的 GMO/LMO 产品，不得对某 GMO/LMO 产品采取比国内生产的或从其他缔约国进口的同样的 LMO 或其产品更加严厉的限制。发展中国家认为这属于接受国的国家主权，并属于该国家主管当局的特权。各国围绕国际生物安全立法所争论的问题还有很多，但焦点是提前知情同意和风险评估、风险管理及资料交换。从上述争论中可以看出，一些发达国家关心的是这些法规的约束范围不要太宽，且不应约束得太严格，以免其妨碍他们从生物技术中获得巨大的经济利益；而某些发展中国家由于自身生物安全能力较弱，强调应谨慎地处理 LMOs 或其产品的安全性问题；他们还认为发达国家是造成风险的罪魁祸首，希望这些法规涉及这些国家应承担的义务和社会经济问题等。

第四节　生物安全法律法规的保障作用

随着全球变化的进行，面对国与国、区域与区域之间频繁交流带来的生物入侵威胁，国际社会和各国都在积极探索应对措施，在这个过程中，科学研究和法律法规成为最重要的工具，也相应成为最直接的衍生物。早在 20 世纪 50 年代，国际社会就制定了《国际植物保护公约》，以防止外来有害生物的传入和扩散，从而保护栽培植物和野生植物。1992 年，为保护生物多样性通过了《生物多样性公约》，同时，各国也在积极制定生物多样性保护和防范外来物种入侵的法律，如美国有《国家入侵法》《入侵物种法令》等，日本有《植物防疫法》《外来种入侵法》等，我国也在 2020 年通过了《中华人民共和国生物安全法》，于 2021 年 4 月 15 日正式施行。生物安全法律法规的制定为各国守护国家生物安全提供了坚实的保障，其作用主要体现在以下 4 个方面。

一、制度保障

在应对生物入侵，守护生物安全的过程中，法律法规的制定提供了明确的制度保障，推动了生物安全的高质量发展。以我国通过的《中华人民共和国生物安全法》为例，其全链条共建立健全了包含生物安全风险监测预警制度、风险调查评估制度、信息共享制度、信息发布制度、名录和清单制度、标准制度、生物安全审查制度、应急制度、调查溯源制度、国家准入制度、境外重大生物安全事件应对制度等 11 项基本制度，各项均明确了工作内容，从而保障各部门组织协调和推进落实相关生物安全工作。以国家建立生物安全名录和清单制度为例，该制度提出，国务院及其有关部门根据生物安全工作需要，对涉及生物安全的材料、设备、技术、活动、重要生物资源数据、传染病、动植物疫病、外来入侵物种等制定、公布名录或者清单，并动态调整。基于此，各行政区可以进一步明确有关生物安全名录和清单的制定内容，并有目的性地开展相关清单和名录的清点、合并、统筹与制定工作。

二、技术保障

国际公约的制定会提供相应标准，以帮助各国在应对生物入侵过程中进行技术规范。以《国际植物保护公约》为例，作为一个国际植物健康协定，其为植物保护提供了一个国际框架，包括建立国际植物检疫措施标准保护植物资源。截至目前，其已建立了多项国际植物检疫措施标准，如 ISPM 2 有害生物风险分析准则、ISPM 12 植物检疫证书准则、ISPM 15 国际贸易中木质包装材料管理准则、ISPM 18 辐照作为植物检疫措施应用的准则等，对相应过程作出了明确的概念规范和流程规定，可以作为帮助各国在进行防范入侵过程中的技术依据。此外，各国除了可以在《国际植物保护公约》的领导下共同参与植物检疫能力建设，共享技术信息、经验和技能，发展中国家还可以获得技术援助，其国家植物保护机构可基于此获得能力提升。

三、确立权责

各项法律法规以及国际公约的制定均会确立权责，从而明确责任与义务，分工协作，共同守护国家生物安全。例如美国通过立法设立了国家入侵物种委员会，由总统挂职，明确了包括美国国务院、国防部、运输部及环保署等部门的负责人员，解决了各自为政的局面，共同协调工作，应对生物入侵。《国际植物保护公约》明确了由植物检疫措施委员会、植物检疫措施委员会主席团、区域性植物保护组织以及国际组织分担管理、执行、协调以及建设相关工作，共担植物保护目标实施。我国《生物安全法》明确了政府等公共管理部门、科研院校、企业事业单位以及公众等在生物安全方面的权利和义务，社会各部门、各界应以此为基础，明确责任义务，提高生物安全意识，维护总体国家安全。

四、保障实效

法律法规最大的特点就是法制性，以立法的手段对相应行为作出了明令禁止，从而使各项措施能及时落实，最直接、最有效地通过强制手段防范外来物种传入，保障遗传资源和生物资源的安全，保障人类健康。以我国《生物安全法》为例，在防范进出境生物安全方面，针对进出境人员、交通运输工具、包装材料、货物等对象，海关对发现的进出境和过境风险，依法进行处置。同时，也有对违法行为进行相关处罚的规定，如“违反本法规定，未经批准，擅自引进外来物种的，由县级以上人民政府有关部门根据职责分工，没收引进的外来物种，并处五万元以上二十五万元以下的罚款”，此外，《生物安全法》还说明，“违反本法规定，构成犯罪的，依法追究刑事责任；造成人身、财产或者其他损害的，依法承担民事责任”，以法律的手段，强制对违法行为作出了禁止。

思考题

1. 我国生物安全法适用于哪些活动？
2. 什么是风险评估？
3. 《生物安全法》中的生物安全的含义是什么？

第十三章

生物多样性公约和 FAO 生物技术议题

提要：本章重点介绍《生物多样性公约》《卡塔赫纳生物安全议定书》(以下称《生物安全议定书》)和《生物多样性公约关于获取遗传资源和公正和公平分享其利用所产生惠益的名古屋议定书》的产生、主要内容及其机构，介绍了联合国粮食及农业组织(FAO)关于生物技术的相关议题。

第一节 《生物多样性公约》及其议定书

一、《生物多样性公约》

生物多样性是各类生态系统和生命形式保持适应能力，具备防止发生灾害和不利条件并实现复原能力的必要条件。生物多样性是人类赖以生存的条件，是经济社会可持续发展的基础，是生态安全和粮食安全的保障。

1.《生物多样性公约》的产生

地球的生物资源对人类的经济和社会发展至关重要，人们越来越认识到生物多样性是全球的重要资产，对当代和后代的人类生存和发展具有重大价值。与此同时，物种和生态系统的威胁从未像今天这样大，物种灭绝仍在以惊人的速度继续。

因此，联合国环境规划署(DNEP)于 1988 年 11 月召开了生物多样性特设专家工作组会议，探讨是否有必要制定一项关于生物多样性的国际公约。1989 年 5 月，成立了技术和法律专家特设工作组，以编写一份关于保护和可持续利用生物多样性的国际法律文书，同时考虑到"发达国家和发展中国家之间分担成本和利益的必要性，以及支持当地人创新的方式和方法”。特设工作组于1991年2月成为政府间谈判委员会，经历13次会议和谈判，于1992年5月22日内罗毕会议上达成最终协议文本。

1992年6月5日，《生物多样性公约》(Convention on Biological Diversity, CBD或简称《公约》)在巴西里约热内卢召开的联合国环境与发展会议(里约“地球首脑会议”)上开放供签署，于1993年12月29日生效。该公约目前有196个缔约国，我国于1992年6月11日签署《公约》，是最早签署和批准《公约》的国家之一。

《公约》的三大目标是保护生物多样性、生物多样性组成部分的可持续利用以及公平合理地分享利用遗传资源所产生的利益。

2.《公约》的主要内容

《公约》的第1～5条约定了公约的目标、用语、原则、管辖范围和合作。公约的目标即按照公约有关条款从事保护生物多样性、持久使用其组成部分以及公平合理分享由利用遗传资源而产生的惠益；实现手段包括遗传资源的适当取得及有关技术的适当转让，但需顾及对这些资源和技术的一切权力，以及提供适当资金。

《公约》第6～20条的实质性条款将保护、可持续利用和公平分享利益的指导目标转化为具有约束力的承诺。这些条款载有关于以下方面的关键规定：保护和持久使用方面的一般措施；查明与监测；就地保护；移地保护；生物多样性组成部分的持久使用；鼓励措施；研究和培训；公众教育和认识；影响评估和尽量减少不利影响；遗传资源的取得；技术的取得和转让；信息交流；技术和科学合作；生物技术的处理及其惠益的分配以及资金上的规定。

除实质性条款外，《公约》还建立了制度安排，通过会议、工作方案、审查和谈判等方式，进一步发展和监测《公约》的执行情况。《公约》第23～25条规定设立了三个机构，分别为缔约方大会(COP)，科学、技术和工艺咨询附属机构(SBSTTA)以及秘书处，构成了公约履约机制中的重要组成部分。此外，《公约》规定缔约方大会可以为执行《公约》设立其认为必要的额外附属机构。《公约》还建立了向发展中国家缔约方提供财政资源的财政机制，在争端的解决等方面也作出了规定。

3.《公约》的机构

《生物多样性公约》为生物多样性行动提供了一个全球法律框架，这个框架主要由以下几个方面构成。

(1)缔约方大会(COP)

缔约方大会(Conference of Parties, COP)是《公约》的理事机构。1994—1996年，COP每年举行一次，后来大会频率有所降低，在2000年修改议事规则后，现在每2年举行一次。COP对各种专题文件进行审议，形成会议决定，要求各缔约方落实。COP 采取协商一致的原则，即决定形成必须经所有缔约方同意，同时，决定文件对缔约方具法律约束力。迄今为止，COP 已举行了 15 次常会和 2 次特别会议。历届 COP 召开时间、地点和主要成果如表 13-1 所示。

表 13-1　历届缔约方大会(COP)召开时间、地点和主要成果

大会	时间	地点	主要成果
COP1	1994.1.28—12.9	巴哈马	通过 1995—1997 年中期工作方案
COP2	1995.11.6—11.17	印度尼西亚	决定将《生物多样性公约》常设秘书处设在加拿大蒙特利尔
COP3	1996.11.4—11.15	阿根廷	决定设立一个多年期农业生物多样性计划
COP4	1998.5.4—5.15	斯洛伐克	通过森林多样性工作方案、海洋和沿海生物多样性工作方案
EXCOP1	1999.2.22—2.23，2000.1.24—11.28	哥伦比亚，加拿大	通过《卡塔赫纳生物安全议定书》
COP5	2000.5.15—5.26	肯尼亚	制定旱地和半湿润地生物多样性工作方案
COP6	2002.4.7—4.19	荷兰	提出全球生物分类倡议
COP7	2004.2.9—2.27	马来西亚	通过生物多样性和旅游业开发的准则
COP8	2006.3.20—3.31	巴西	通过岛屿生物多样性工作方案，审查缺水和半润湿地区生物多样性工作方案
COP9	2008.5.19—5.30	德国	深入审查农业生物多样性工作方案，推动执行《全球植物保护战略》等
COP10	2010.10.18—10.29	日本	通过《生物多样性公约关于获取遗传资源和公正和公平分享其利用所产生惠益的名古屋议定书》《2011—2020 年生物多样性战略计划》和“爱知生物多样性目标”等
COP11	2012.10.8—10.19	印度	就《名古屋议定书》条款和执行展开协商，探讨全球多边惠益分享机制的必要性和模式
COP12	2014.10.6—10.17	韩国	对《2011—2020 年生物多样性战略计划》各项目标执行情况做中期审查，发布第四版《全球生物多样性展望》

续表13-1

大会	时间	地点	主要成果
COP13	2016.12.4—12.17	墨西哥	评估执行《公约》和《2011—2020年生物多样性战略计划》以及实现“爱知目标”的进展情况
COP14	2018.11.17—11.29	埃及	评估《2011—2020年生物多样性战略计划》执行情况
EXCOP2	2020.11.16—11.19	线上	通过《生物多样性公约》2021年工作方案临时预算
COP15第一阶段	2021.10.11—10.15	中国	达成《昆明宣言》
COP15第二阶段	2022.12.7—12.19	加拿大	达成“昆明-蒙特利尔全球生物多样性框架”

(2)附属机构

科学、技术和工艺咨询附属机构(Subsidiary Body on Scientific, Technical, and Technological Advice, SBSTTA或简称科技咨询机构)是根据《公约》第25条成立的,由在相关领域具有专业知识的政府代表以及来自非缔约国政府、科学界、土著人民和地方社区以及其他相关组织的观察员组成,负责就执行《公约》的技术和科学方面向缔约方大会提出建议。

附属履行机构(Subsidiary Body on Implementation, SBI或简称履行机构)是根据缔约方会议的决定设立的,目的是审查《公约》的执行进展情况,并确定加强执行的战略行动,包括如何加强执行手段。它还涉及与《公约》和《议定书》的运作有关的问题。

除此之外,缔约方会议还不时以工作组的形式设立其他附属机构,负责处理出现的具体问题。这些附属机构被称为“特设”机构,为有限和具体的任务和期限而设立的,一般开放供所有缔约方和观察员参加。

缔约方会议还可设立专家组或要求秘书处组织联络小组、讲习班和其他会议。参加这些会议的通常是政府提名的专家,以及国际组织、土著人民和地方社区以及其他机构的代表。这些会议的目的各不相同,例如,专家组可以提供科学评估,联络小组向秘书处提供咨询意见或充当与其他公约和组织合作的平台,而讲习班可以用于培训或能力建设。

(3)秘书处

秘书处是根据《公约》第24条成立的,其主要职能是筹备和服务缔约方大会和

《公约》其他附属机构的会议，并与其他相关国际机构协调。秘书处的主办机构是联合国环境规划署，办公地点设在加拿大蒙特利尔。

(4)信息交换所机制

信息交换所机制(clearing-house mechanism，CHM)是按照《公约》第18条第3款要求成立的，CHM采用电子和纸质资料等方式，以保证所有国家的政府都可以获得开展生物多样性保护所需要的信息和技术。CHM在促进各缔约国履行《公约》义务，推动科学和技术合作方面发挥了重要的作用。

(5)全球环境基金(GEF)

全球环境基金(Global Environment Facility，GEF)是按照《公约》第21条确定的，为发展中国家在开展与《公约》有关活动时提供相应的财务资助，其执行机构有：联合国环境规划署(环境署)、联合国开发计划署(UNDP)和世界银行。根据《公约》提供的指导，作为《公约》的资金机制，GEF旨在帮助发展中国家和经济转型国家履行《公约》的各项义务，并在生物多样性领域取得全球环境效益。

4.《公约》规定的就地保护

就地保护要求每一缔约方尽可能按照如下要求实行：①建立保护区系统或采取特殊措施以保护生物多样性的地区；②制定准则数据以选定、建立和管理保护区；③管理或管制保护区内外对保护生物多样性至关重要的生物资源，以确保持久使用；④在保护区域的邻接地区促进无害环境的持久发展；⑤促进保护生态系统、自然生境和物种群体；⑥制定和实施各项管理计划，促进受威胁物种的复原，重建和恢复已退化的生态系统；⑦防止引进、控制或消除那些威胁到当地物种、生境和生态系统的外来种；⑧制定或采取措施管理或管制由生物技术改变的活生物体在使用和释放时可能产生的危险；⑨提供与生物多样性保护及其组成部分所需的条件；⑩尊重、保存和维持土著和地方社区体现传统生活方式而与生物多样性的保护和持久使用相关的知识、创新和做法并促进其广泛应用；⑪制定或维持相关法律或规章，保护受威胁物种和群体；⑫对生物多样性造成重大不利影响时，进行管制或管理；⑬加强国际合作，尤其向发展中国家提供资助。

2000年1月24—28日，缔约国大会生物安全议定书特别会议重新召开，来自133个政府、非政府组织、工业组织和科学界的750多名人士出席了此次会议。经过9天的谈判，代表们终于通过了《卡塔赫纳生物安全议定书》。《卡塔赫纳生物安全议定书》(以下简称《议定书》)阐述了可能对生物多样性产生负效应的，特别是通过越境转移的改性活生物体的安全转移、处理及利用。《议定书》确定了预先通知协议，进口改性活生物体的程序，包括预防性原则、具体信息及文件要求。《议定书》还包括有关文件、机密情报、信息共享、能力的营造、经费来源等的规定，并对发展中国家和尚没有建立国内法律体系的国家的状况给予了特别关注。虽然该《议定书》正处于各国通过法律程序批准的阶段，但可以肯定，一个涉及生物安全的国际法律规范已基本形成。

二、《卡塔赫纳生物安全议定书》

为了预防和控制转基因生物可能产生的消极影响，国际社会基于《生物多样性公约》框架，通过了《卡塔赫纳生物安全议定书》，即《生物安全议定书》。作为一个国际条约，《生物安全议定书》关注改性活生物体(living modified organism, LOM)，即指任何具有凭借现代生物技术获得的遗传资料新异组合的生物体，旨在管辖其从一国到另一国的转移，从而保护生物多样性不受其潜在危害。《卡塔赫纳生物安全议定书》是第一个为转基因生物跨境转移立法的国际协议，属于《生物多样性公约》的附属协议。

《卡塔赫纳生物安全议定书》为改性活生物体的安全转移、处理和使用确立了规则和程序，主要内容包括改性活生物体的运输条件、相关文件、开展风险评估的原则与方法、预防性措施、风险管理方法以及发生意外释放时采取的步骤，这些内容旨在为进口方提供必要信息，从而帮助其作出知情决定以及进行安全操作。其遵循3个主要原则：一是风险预防原则；二是提前知情同意(AIA)原则；三是规定了改性活生物体的操作、运输及识别。

从本质上来讲，《卡塔赫纳生物安全议定书》提供了一个“生物安全信息交换所”，促进了信息交流，尤其是针对发展中国家。其建立了转基因生物贸易规则，规范了所有对保护和可持续使用生物多样性有负面影响的转基因生物的使用、转移、贸易及处置，同时充分考虑人类健康，是保护生物多样性的重要步骤，也是一项具有重要意义的历史性成就。

1.《生物安全议定书》的产生

生物安全是《公约》阐述的问题之一。这一概念所指的是各国必须保护人类卫生和环境免受现代生物科技产品对其可能造成的有害影响，同时也承认现代生物科技在提高人类生活质量方面具有极大的潜力，特别是在满足食物、农业及卫生保健这些必不可少的需要方面。《公约》明确阐述了现代生物科技在这两方面的孪生关系。一方面，《公约》对于生物多样性保护和持续利用之相关技术的使用和转让(包括生物科技)提出了规定(如第16条第1段和第19条第1～2段)。另一方面，在第8(g)条和第19条第3段中，《公约》本着减少对生物多样性造成威胁的所有可能之总体目标，同时也考虑到人类卫生所面临的风险，力求确立适当的程序以提高生物科技的安全，第8(g)条的规定与缔约方应采取的国家级措施有关；而第19条第 3 段则为解决生物安全问题而须制定的有法律约束力的国际文件奠定了基础。

根据 1995 年 11 月召开的缔约方大会 COP2 决议 Ⅱ/5，缔约方大会设立了一个生物安全特设工作组，以制定一份《生物安全协定草案》，该议定书的主要重点是就那些对生物多样性保护和持续利用项目有不利影响的现代生物科技所产生的任何活的变态生物，在跨国运送方面的有关事项提出规定。自 1996 年 7 月—1999 年 2 月，该工作组举行了 6 次会议，最终形成了议定书草案文本。

根据 COP4 决议Ⅳ/3，1999 年 2 月 22—23 日在哥伦比亚卡塔赫纳召开 COP 第 1 次特别会议 EXCOP1，商讨生物安全议定书，此次会议未能在规定的会期内完成其工作，根据 EXCOP1 决议 EM-Ⅰ/1，COP 暂停了这次特别会议，并同意尽可能在 2000 年 5 月 15—26 日召开的 COP5 之前复会。2000 年 1 月 24—29 日，EXCOP1 于蒙特利尔复会，2000 年 1 月 29 日，EXCOP1 决议 EM-Ⅰ/3 通过了《卡塔赫纳生物安全议定书》，并且批准了临时安排待其生效。《生物安全议定书》在 COP5 上开放供签署。

中国参加了《生物安全议定书》10 轮工作组会议和谈判，对《生物安全议定书》的通过发挥了积极作用。中国于 2000 年 8 月 8 日签署了《生物安全议定书》，2005 年 4 月 27 日国务院核准了《生物安全议定书》，于 2005 年 9 月 6 日正式成为《生物安全议定书》缔约方。目前，《生物安全议定书》缔约方已有 173 个。

《生物安全议定书》的缔结是人类在环保和贸易方面向前迈出的意义重大的一步，它就生物科技工业所需解决的问题提供了一个国际性的条例框架，用以调解贸易和环境保护的各自需要。这份议定书为有利于环保的生物技术的应用创造了一个基础环境，从而使各缔约国能在最大限度地降低生物技术对环境和人类健康可能造成的风险的同时，尽可能从生物科技所能提供的潜力中获得最大的惠益。

2. 《生物安全议定书》的目标

《生物安全议定书》是一项关于现代生物技术产生的改性活生物体从一个国家转移到另一个国家的国际条约，目标是保护生物多样性不受由改性活生物体带来的潜在威胁。它建立了“提前知情同意”（advance informed agreement，AIA）程序，确定了预先防范原则，建立了生物安全信息交换所（BCH，是一个交流放性活生物体信息的在线平台），协助确保在安全转移、处理和使用凭借现代生物技术获得的、可能对生物多样性的保护和可持续使用产生不利影响的改性活生物体领域内采取充分的保护措施，同时顾及对人类健康所构成的风险并特别侧重越境转移问题。

3. 缔约方会议

根据《生物安全议定书》第 29 条第 1 款，《公约》缔约方大会应作为该议定书的缔约方会议（Conference of the Parties serving as the meeting of the Parties to the Protocol,COP-MOP)。2004年之后,COP-MOP同COP一起每2年举行一次。至今,已举办了10次COP-MOP会议。

在此之前,《生物安全议定书》EM-Ⅰ/3决议设立了卡塔赫纳生物安全议定书政府间委员会(Intergovernmental Committee for the Cartagena Protocol on Biosafety,ICCP),负责为议定书缔约方第一次会议COP-MOP1进行必要的筹备工作。ICCP在2000—2003年期间举行了3次会议(ICCP1-3)。ICCP主席团在其成立的4年中举行了10多次监督会议。ICCP向2004年2月23—27日在马来西亚吉隆坡举行的COP-MOP1提交了最后报告。

三、《生物多样性公约关于获取遗传资源和公正和公平分享其利用所产生惠益的名古屋议定书》

1.《名古屋议定书》的产生

“公正和公平地分享利用遗传资源所产生的惠益,包括适当获得遗传资源和适当转让相关技术,同时考虑到对这些资源和技术的所有权利,并提供适当资金”是《公约》三个基本目标之一。《公约》第15条对遗传资源的获取、第8(j)条对传统知识分别作出了相关规定。《公约》承认各国对其管辖范围内自然资源的主权。因此,《公约》缔约方有权决定在其管辖范围内地区获得遗传资源的机会。缔约方也有义务采取适当措施,以分享其使用所产生的惠益。

1998年,COP4决定设立一个获取和惠益分享(Access and Benefit-Sharing,ABS)专家小组,以澄清与ABS有关的原则和概念。2000年,COP5设立了获取和惠益分享问题不限成员名额特设工作组,其任务是制定指导方针和其他办法,协助缔约方执行《公约》的获取和惠益分享条款。

2002年,可持续发展问题世界首脑会议要求在《公约》的框架内就国际制度进行谈判,以期促进和维护公正和公平分享利用遗传资源所产生的惠益。2005年—2010年,工作组共举行了11次会议,就ABS国际制度进行谈判。2010年10月29日在日本名古屋举行的COP10通过了《生物多样性公约关于获取遗传资源和公正和公平分享其利用所产生惠益的名古屋议定书》(简称《名古屋议定书》),并于2014年10月12日生效。

《名古屋议定书》通过帮助确保利益共享,为保护和可持续利用遗传资源创造了激励措施,从而增强了生物多样性对发展和人类福祉的贡献。

2.《名古屋议定书》的作用

《名古屋议定书》大大推进了《公约》的三项目标,为向遗传资源的提供者和使用者提供更大法律上的明确性和透明性提供了坚实的基础。通过缔约方国内立法或管制要求支持遵守的具体义务，以及反映在共同商定的条件中的合同义务，是《名古屋议定书》的重要创新。这些履约规定以及拟订更加可以预测地获取遗传资源的条件的规定，将有助于确保在遗传资源离开提供遗传资源的某一缔约方时惠益的分享。此外，《名古屋议定书》关于获取土著和地方社区所持有的与遗传资源相关的传统知识的规定，将会加强这些社区从利用它们的知识、创新和做法中所产生惠益的能力。

3. 缔约方会议

根据《名古屋议定书》第 26 条第 1 款，《公约》缔约方大会应作为该议定书的缔约方会议(COP-MOP)。2014 年之后，COP-MOP 同 COP 一起每 2 年举行一次。至今，已举办了 4 次会议。

第二节　联合国粮食及农业组织（FAO）关于生物技术的议题

一、FAO 关于生物技术的声明

2000 年 3 月，FAO 在日本举行的"国际食品法典委员会生物技术食品政府间特别工作组"会议上发表了一份有关生物技术的声明。

生物技术为可持续农业、渔业和林业发展以及为食品加工业提供了强有力的手段。当生物技术与其他技术适当结合起来生产食物、农产品及服务时，能够大大有助于满足下一个千年不断增加和日益城市化的人口的需要。

生物技术涵盖的类型很多。《生物多样性公约》对生物技术的定义是："使用生物系统、生物体或其衍生物的任何技术应用，以制作或改变产品或过程以供特定用途。"

广义生物技术涉及农业和粮食生产中普遍采用的多种手段和技术，而狭义生物技术仅指 DNA 新技术、分子生物和繁殖技术应用，涉及各种不同技术，如动植物基因操作和转基因、DNA 分类和克隆。

虽然关于生物技术及其应用的许多方面没有什么争议，但是关于基因修饰生物的辩论则非常激烈。FAO 认为遗传工程具有帮助提高农业、林业和渔业产量及生产力的潜力。基因工程可能使目前不能生产足够粮食养活其人民的那些国家的贫瘠土地提高产量。已经有一些例子说明，基因工程通过新的疫苗有助于减少人畜疾病的传播。对水稻进行基因工程处理使其包含维生素 A 原(β-胡萝卜素)和铁，这可能改善许多低收入群体的健康。

其他生物技术方法已经产生了改进食物质量和保持一致性的生物体，或者在脆弱生态系统中清理漏油和重金属的生物体。组织培养生产的植物，通过向农民提供更加健康的种植材料而提高作物单产。分子辅助选择和 DNA 指纹技术能够更快和更明确地发展所有生物品种的改良基因型。它们还提供新的研究方法，有助于生物多样性的保护和特性描述。新技术将使科学家能够确定数量特性位点，从而提高繁殖效率，解决一些历来很难解决的农学问题，如耐旱及改进根系等。

然而，FAO 还意识到对于某些生物技术所引起的潜在风险的担忧。这些风险大致可分成两类：对人畜健康的影响和环境影响。必须注意减少将毒素从一种生命形式转移到另一种生命形式的风险，减少产生新毒素或者将过敏复合物从一个品种转移到另一个品种的风险，因为这可能导致意外的过敏反应。环境风险包括远缘杂交的可能性，远缘杂交可能导致杂草或野生亲缘种更加迅速生长，其抗病性增强或者环境危害增大，破坏生态系统平衡。由于少量基因修饰栽培种取代传统栽培种，生物多样性也可能丧失。

FAO 支持以科学为依据的评价系统，能够针对性地明确每个基因修饰生物的益处和风险。这需要采取一种谨慎的逐项方法来处理每个产品或过程发放之后的生物安全的法律问题。需要对生物多样性、环境和食品安全的可能影响进行评价，对产品和过程的利益超过其风险的程度进行评估。评价过程还应当考虑到国家管理部门在发放这种产品方面所取得的经验。对于这些产品或过程的发放之后的影响进行认真监测也很有必要，以确保其对人类、动物和环境的持续安全。

目前，生物技术研究方面的投资集中在私营部门，面向有产品购买力的高收入国家的农业。鉴于生物技术具有增加粮食供应及解决粮食不安全和易受害问题的潜在作用，FAO 认为应努力确保发展中国家，特别是资源贫乏农民从生物技术研究获取更大利益，同时继续获得各种遗传资源。FAO 认为，可通过增加公共供资及公共部门与私营部门之间的对话来满足这一需要。

FAO 继续帮助其成员国，特别是发展中国家从农业、林业和渔业领域的生物技术应用中获利，例如涉及 33 个国家的拉丁美洲和加勒比植物生物技术组织。这个组织还帮助发展中国家更加有效和公平地参加国际商品和食品贸易。FAO 提供技术信息和援助，并对全球主要新技术发展问题进行社会经济和环境分析。一旦需要，FAO 作为一个“诚实中间机构”提供讨论论坛。

例如，FAO 与 WHO 共同为食品法典委员会提供秘书处，食品法典委员会设立了一个生物技术食品政府间特设工作组，各国政府指定的专家将在该工作组内制定关于生物技术食品或者通过生物技术方法将特性引入食品的标准、准则或建议。食品法典委员会还正在考虑生物技术食品的标签问题，使消费者能够在知情的情况下作出选择。

另一个例子是,FAO 粮食和农业遗传资源委员会是一个常设政府间论坛。在这一论坛,各国正在制定生物技术行为守则,旨在尽可能增加现代生物技术的利益,减少风险。该守则将以科学为基础,并将考虑到生物技术的环境、社会经济和道德影响。如同在药物方面的应用情况一样,对这些道德问题需要负责任地加以考虑。因此,本组织正在努力建立一个国际粮食和农业领域道德专家委员会。

FAO 正在不断努力确定关于应用现代技术以增加动植物生产力和产量的潜在利益和可能的风险。然而,制定这些技术的政策的责任在于成员国政府本身。

二、FAO 关于生物技术的成果

联合国粮食及农业组织在其网站上发布了近 20 多年来有关生物技术的活动(https://www.fao.org/biotech/biotech-news/zh/)和出版物(https://www.fao.org/biotech/fao-documents/zh/),涵盖了有关粮食和农业的各个方面(农作物、林业、渔业/水产养殖、畜牧业、农产品加工业)以及广泛的生物技术领域(分子标记的应用、人工授精、三倍体化、生物肥料、微组织繁殖、基因组学、转基因等)。

例如,较早的成果有:1999 年 1 月 25—29 日在罗马举办的粮农组织农业委员会第十五届会议,出版了名为"Biotechnology"的文件(FAO,1999a)。1999 年 11 月 12—23 日在罗马举办的粮农组织第三十届会议,出版了名为"Information Note on Biosafety"的文件(FAO,1999b)。

最近的主要成果有:FAO 出版了一个《以食品安全为重点的食品生物技术信息工具包》,作为协助各国解决普通公众对食品生物技术和食品安全问题的基础,支持他们提高对食品生物技术和食品安全科学的认识,并为讨论和决策提供依据(https://www.fao.org/food-safety/news/news-details/en/c/1470882/)。工具包中包含了一本为整套文件提供指导的手册(FAO,2021),以及其他 10 本小册子,分别涵盖了背景知识和指南、基本原理、潜在利益的基本原理、转基因食品安全评估、法规、人类健康、环境、实际用途和应用、当前创新和公众参与。

FAO 粮食和农业遗传资源委员会出版了《与粮食和农业遗传资源的表征、可持续利用和保存相关的生物技术的最新发展》的文件(FAO,2022a)。这份文件的内容涵盖了粮食和农业遗传资源的所有方面以及林业、动物、水产、微生物、无脊椎动物和植物与粮食和农业相关的各个方面。

FAO 发表了题为《基因编辑和农粮系统》的论文(FAD,2022b)。由首席科学家办公室指导的作者团队撰写的这篇 86 页的论文由以下 6 章组成:导论;动植物育种的进展;基因编辑——潜在危害、利益和对环境及社会的影响;治理和监管;私营和公共部门的作用以及变革性伙伴关系;未来的方向。

思考题

1.《生物多样性公约》的主要目标是什么？
2. AIA和COP各代表什么？
3. 如何理解FAO关于生物技术的声明.

参 考 文 献

[1] 陈静怡,刘瑞华,王丽丽,等．磷高效转基因水稻连续种植对土壤微生物功能多样性的影响．天津农学院学报,2019,26(2):1-7.

[2] 陈克,姚文国,章正,等．小麦矮腥黑穗病在中国定殖风险分析及区划研究．植物病理学报,2002,32(4):312-318.

[3] 陈灵芝,钱迎倩．生物多样性科学前沿．生态学报,1997,17(6):565-572.

[4] 陈灵芝,马克平．生物多样性科学:原理与实践．上海:上海科学技术出版社,2001.

[5] 程军栋．我国转基因生物安全法律法规研究．分子植物育种,2022,20(4):1-7.

[6] 程军栋．中外转基因生物安全法律法规比较及借鉴．分子植物育种,2022,20(6):1845-1849.

[7] 崔宁波,郑雪梅．转基因作物产业化风险管理的国际比较及其借鉴．江苏农业科学,2018,46(23):1-5.

[8] 范巧兰,陈耕,李永山,等．转 *Bt* 基因棉花不同生育期对土壤微生物的影响．山西农业科学,2010,38(12):34-36.

[9] 方焱,李志红,秦萌,等．南亚果实蝇对我国南瓜产业的潜在经济损失评估．植物检疫,2015,29(3):28-33.

[10] 高飞雨．转基因技术生物安全管理机制发展的对策与建议．农学学报,2022,12(7):89-93.

[11] 关武祥．提升生物安全治理能力．中国生物工程杂志,2022,42(5):14-15.

[12] 关正君,鲁顺保,霍艳林,等．转 *Bt* 基因抗虫作物对非靶标害虫的影响．生物多样性,2018,26(6):636-644.

[13] 郭佳惠,孔云,李刚,等．转基因作物对土壤无脊椎动物的影响．生态学杂志,2016,35(10):2838-2844.

[14] 郭利磊,朱家林,孙世贤,等．转基因作物的生物安全:基因漂移及其潜在生态风险的研究和管控．作物杂志,2019,189(2):8-14.

[15] 国际农业生物技术应用服务组织．2019 年全球生物技术/转基因作物商业化发展态势．中国生物工程杂志,2021,41(1):114-119.

[16] 国际食品法典委员会．重组 DNA 植物衍生食品安全性评估指南:XG·

45-2003.

[17] 韩欣娆,朱耿平,门永亮,等. 基于集合模型的草地贪夜蛾的潜在分布预测. 生物安全学报,2021,30(1):65-71.

[18] 何康来,王振营. 草地贪夜蛾对 Bt 玉米的抗性与治理对策思考. 植物保护,2020,46(3):1-15.

[19] 胡建军,张蕴哲,卢孟柱,等. 欧洲黑杨转基因稳定性及对土壤微生物的影响. 林业科学,2004,40(5):105-109.

[20] 胡玉琪,刘金悦,盛泽文,等. 转基因大豆 MON 87701RR2Y 和 MON 87701 杂草化的风险评估. 大豆科学,2020,39(3):390-400.

[21] 黄昆仑. 生物技术食品安全风险评估实践. 北京:科学出版社,2020

[22] 黄亚丽,叶婧,蒋细良,等. 真菌遗传转化系统的研究进展. 微生物学通报,2007,34.

[23] 黄振,张吉,张鹏. 外来有害生物入侵现状与对策. 农业工程,2018,8(1):116-118.

[24] 姜媛媛,纪艺,来勇敏,等. 转 *cry1Ab/cry2Aj* 基因玉米双抗 12-5 对意大利蜜蜂成虫的影响. 浙江农业学报,2019,31(11):1834-1840.

[25] 姜媛媛,纪艺,来勇敏,等. 转 *Cry* 抗虫基因玉米对家蚕的安全性评价. 浙江农业学报,2020,32(11):2042-2049.

[26] 鞠瑞亭. 生物入侵:人类社会新面临的生态环境危机. 科技视界,2022,12(19):1-3.

[27] 康宇立,朱涛,麻晓春. 中美转基因生物安全监管体系对比. 生命世界,2018,(9):6-7.

[28] 雷鸣. 基于 SOM 的玉米有害生物在我国的定殖可能性研究. 北京:中国农业大学,2016.

[29] 李计顺,潘佳亮,刘超,等. 2020 年全国松材线虫病疫情流行情况分析. 中国森林病虫,2021,40(4):1-4.

[30] 李俊生,关潇,吴刚,等. 转基因作物对土壤生态系统影响的研究概况. 湖北植保,2012,134(6):50-53.

[31] 李雷,肖乐铨,王园园,等. 复合性状转 *cry2A*/bar* 基因水稻 T2A-1 与杂草稻 F_1、F_2、F_3 的适合度. 南京农业大学学报,2023,46(2):266-277.

[32] 李荣兴,郭静,李秋澄,等. 转基因抗草甘膦大豆叶片降解对土壤微环境的影响. 中国生物防治学报,2023,39(1):88-97.

[33] 李亚荣,张帅,雒珺瑜,等. *Cry2Ab* 蛋白对龟纹瓢虫的安全性研究. 生物安

全学报,2019,28(3):195-199.
[34] 李韵.《TBT 协定》视阈下转基因食品可追溯制度研究. 上海:上海交通大学,2019.
[35] 李志红,秦誉嘉. 有害生物风险分析定量评估模型及其比较. 植物保护,2018,44(5):134-145.
[36] 李志红,赵紫华,秦誉嘉. 等. 我国玉米外来物种入侵防控技术研究与应用. 植物保护学报,2022,49(5):1283-1298.
[37] 栗小丹. 发展我国生物能源产业的意义与对策,长春理工大学学报,2011,6(9):90-91.
[38] 梁晋刚,贺晓云,武玉花,等. 中国农业转基因生物安全标准体系现状与展望. 农业生物技术学报,2020,28(5):911-917.
[39] 梁晋刚,张正光. 转基因作物种植对土壤生态系统影响的研究进展. 作物杂志,2017,179(4):1-6.
[40] 梁雪. 论转基因食品危害与管控分析. 现代食品,2020(1):157-158+162.
[41] 梁忆冰,詹国平,徐亮,等. 进境花卉有害生物风险初步分析. 植物检疫,1999(1):19-24.
[42] 刘锦文. 转基因生物环境安全法律规制研究. 荆州:长江大学,2020.
[43] 刘培培,江佳富,路浩,等. 加快推进生物安全能力建设,全力保障国家生物安全. 中国科学院院刊,2023,38(3):414-423.
[44] 龙定沛,郝占章,刘丹丹,等. 家蚕条件基因打靶技术的建立及应用研究进展. 蚕业科学,2018,44:1-15.
[45] 罗云波. 生物技术食品安全的风险评估与管理. 北京:科学出版社,2016.
[46] 雒珺瑜,张帅,王春义,等. 有害生物对转 *Bt* 抗虫植物抗性检测方法研究进展. 中国棉花,2014,41(6):7-10.
[47] 吕文诚. 葡萄花翅小卷蛾在中国的潜在地理分布. 北京:中国农业大学,2012.
[48] 马兴莉,李志红,胡学难,等. 橘小实蝇、瓜实蝇和南亚果实蝇对广东省造成的经济损失评估. 植物检疫,2013,27(3):50-56.
[49] 马月,刘娜,谢彦博,等. 转基因抗虫玉米对节肢动物多样性影响研究进展. 中国生物防治学报,2022,38(5):1135-1142.
[50] 马占鸿. 农业生物安全概论. 北京:中国农业大学出版社,2009.
[51] 农业部农业转基因生物安全管理办公室. 你了解我吗:农业转基因生物知识连环画册. 2 版. 北京:中国农业出版社,2013.

[52] 潘绪斌．有害生物风险分析．北京:科学出版社,2020.
[53] 秦宇．转基因作物种植法律制度研究．武汉:华中农业大学,2022.
[54] 秦誉嘉,蓝帅,赵紫华,等．迁飞性害虫草地贪夜蛾在我国的潜在地理分布．植物保护,2019,45(4):43-47.
[55] 秦誉嘉．橘小实蝇在全球的种群结构、定殖风险及潜在分布研究．北京:中国农业大学,2017.
[56] 邱良妙,刘其全,林仁魁,等．转 Bt 基因水稻对主要非靶标昆虫的生态安全性研究进．福建农业学报,2018,33(3):326-333.
[57] 饶玉燕,尤扬,朱水芳,等．玉米褪绿斑驳病毒入侵损失指标体系及直接经济损失评估．植物检疫,2010,24(2):5-8.
[58] 施雯,耿宇鹏,欧晓昆．遗传多样性与外来物种的成功入侵:现状和展望．生物多样性,2010,18(6):590-597.
[59] 宋思扬,左正宏．生物技术概论．5 版．北京:科学出版社,2020.
[60] 孙宏禹,秦誉嘉,方焱,等．基于@RISK 的瓜实蝇对我国苦瓜产业的潜在经济损失评估．植物检疫,2018,32(6):64-69.
[61] 万方浩,郭建英,王德辉．中国外来入侵生物的危害与管理对策．生物多样性,2002(1):119-125.
[62] 万方浩,郑小波,郭建英．重要农林外来入侵物种的生物学与控制. 北京:科学出版社,2005.
[63] 王罡,张艳贞,魏松红,等．花粉管通道法将 Bt 毒蛋白基因导入优良玉米自交系．吉林农业大学学报,2002,24(4):40-44.
[64] 王海光,祝慧云,马占鸿,等．小麦矮腥黑穗病研究进展与展望．中国农业科技导报,2005,7(4):21-27.
[65] 王平安,吴刘记,杨艳坤,等．转基因植物抗病毒策略及其风险分析．河南农业科学,2011,40(2):19-24.
[66] 王欣玉,刘勇波．转基因植物与近缘种之间基因流的研究进展．应用生态学报,2020,31(9):3207-3215.
[67] 王秀君,郎志宏,陆伟,等．利用花粉管通道法将耐草甘膦基因 mG2-epsps 导入玉米自交系的研究初报．中国农业科技导报,2008,10:56-62.
[68] 王永模,邓嘉昕,张金鑫,等．多年种植 Bt 稻后外源蛋白在土壤中的积累．应用生态学报,2022,33(1):119-125.
[69] 王园园,李云河,陈秀萍,等．抗虫转基因植物对非靶标节肢动物生态影响的研究进展．生物安全学报,2011,20(2):100-107.

[70] 王园园,刘琳莉,李雷,等. 复合性状转 *cry2A */bar* 基因水稻 T2A-1 的生存竞争能力. 南京农业大学学报,2020,43(5):862-868.
[71] 王月琴,何康来,王振营,等. 靶标害虫对 Bt 玉米的抗性发展和治理策略. 应用昆虫学报,2019,56(1):12-23.
[72] 魏淑秋,章正,郑耀水. 应用生物气候相似距对小麦矮化腥黑穗病在我国定殖可能性的研究. 北京农业大学学报,1995,21(2):127-131.
[73] 吴孔明. 提高政治站位 强化责任担当 加强国家生物安全风险防控和治理体系建设. 旗帜,2021(12):30-32.
[74] 夏婷婷,况明生. 我国生物入侵与生态安全研究. 太原师范学院学报(自然科学版),2008(3):143-147.
[75] 冼晓青,王瑞,陈宝雄,等."世界 100 种恶性外来入侵物种"在我国大陆的入侵现状. 生物安全学报,2022,31(1):9-16.
[76] 徐若梅. 全球转基因作物商业化的发展态势与启示. 安徽农业大学学报(社会科学版),2018,27(4):6.
[77] 徐旭丹,刘强,黄伟,等. 外来养殖鱼类的入侵风险评估及防控对策——以尼罗罗非鱼为例. 生物安全学报,2022,31(3):278-288.
[78] 许建香,李宁. 转基因动物生物安全研究与评价. 生物工程学报,2012,28:267-281.
[79] 许志刚. 植物检疫学. 北京:高等教育出版社,2008.
[80] 薛达元. 转基因生物安全与管理. 北京:科学出版社,2009.
[81] 薛菲,孙春玉,蒋世翠,等. 植物转基因技术及其应用,吉林蔬菜,2014,5:39-41.
[82] 薛良义. 转基因生物及其检测技术. 北京:科学出版社,2012.
[83] 闫静,王晓蕾,张玉池,等. 抗除草剂转基因油菜与野芥菜的抗性回交 3 代子 3 代的适合度. 中国农业科学,2018,51(1):105-118.
[84] 颜世磊,赵蕾,孙红炜,等. 大田环境下转 Bt 基因玉米对土壤酶活性的影响. 生态学报,2011,31(15):4244-4250.
[85] 杨树果. 全球转基因作物发展演变与趋势. 中国农业大学学报,2020,25(9):14.
[86] 杨晓伟,李云河,韩兰芝."高剂量/庇护所"策略在 Bt 玉米靶标害虫抗性治理中的应用及成效. 植物保护,2022,48(4):59-67.
[87] 余潇枫. 外来有害生物入侵与生物安全共治. 人民论坛,2022(15):22-25.
[88] 曾士迈. 植保系统工程导论. 北京:北京农业大学出版社,1994.

[89] 张富丽,尹全,毛建霏,等. 转 *Bt* 基因棉秸秆还田利用对土壤肥力的影响. 中国生态农业学报(中英文),2020,28(5):734-744.

[90] 张吉平,苗露,伍盘龙,等. 人类活动和气候因子对中国外来入侵物种分布的影响. 中国科学:生命科学,2023,53(4):543-551.

[91] 张凯,陈彦宾,张昭,等. 中国"十四五"重大病虫害防控综合技术研发实施展望. 植物保护学报,2022,49(1):69-75.

[92] 张庆玲,王建,强胜,等. 抗草甘膦转基因油菜与野芥菜回交 3 代子 1 代和子 2 代的适合度研究. 南京农业大学学报,2017,40(3):434-443.

[93] 张顺合,张志华,陈冬东. 外来有害植物入侵对我国生态安全的影响. 植物检疫,2015,29(4):4-7.

[94] 张伟溪,王颜波,丁昌俊,等. 成龄转基因银中杨试验林外源基因水平转移及土壤微生物连年监测. 林业科学,2022,58(1):52-61.

[95] 张壮.《生物安全法》调整对象研究. 保定:河北大学,2022.

[96] 赵曼,汤金荣,牛琳琳,等. 不同 Bt 杀虫蛋白通过食物链对大草蛉的影响. 中国生物防治学报,2019,35(4):557-562.

[97] 周明华,丁志平,王明生,等. 我国外来物种入侵防控工作现状综述. 植物检疫,2023,37(2):1-7.

[98] 周明华,吴新华,顾斌,等. 中国进出境植物疫情监测工作现状及相关建议. 植物检疫,2021,35(5):1-9.

[99] 周晓静,向臻,强学杰,等. 南阳转 *Bt* 棉田刺吸式害虫的调查研究. 中国农业信息,2017,202(7):66-67.

[100] 周雪平,张杰,黄昌军,等. 植物抗病虫功能基因组学学科发展研究. 2012—2013 植物保护学学科发展报告. 北京:中国科学技术出版社,2014.

[101] 朱水芳. 植物检疫学. 北京:科学出版社,2019.

[102] 祝旋,姜媛媛,来勇敏,等. 转 *cry1Ab/cry2Aj* 和 *g10evo-epsps* 基因玉米双抗 12-5 对家蚕的安全性评价. 农业生物技术学报,2020,28(7):1269-1276.

[103] 邹雨坤,张静妮,杨殿林,等. 转 *Bt* 基因玉米对根际土壤细菌群落结构的影响. 生态学杂志,2011,30(1):98-105.

[104] Ali I,Zhang S,Muh ammad M S,et al. Bt proteins have no detrimental effects on larvae of the green lacewing,*Chrysopa pallens* (Rambur) (Neuroptera: Chrysopidae). Neotropical Entomology,2018,47(3):336-343.

[105] Al-Babili S,Beyer P. Golden Rice—five years on the road—five years to go? Trends In Plant Sci,2005,10(12):565-573.

[106] Azevedo R A,Lea P J. Lysine metabolism in higher plants. Amino Acids,2001,20(3):261-279.

[107] Bawden C S,Powell B C,Walker S K,et al. Sheep transgenesis with keratin and non-keratin genes: expression in the wool follicle for modified fibre properties and growth rates. Exp Dermatol,1999,8(4):342-343.

[108] Bawden C S,Powell B C,Walker S K,et al. Expression of a wool intermediate filament keratin transgene in sheep fibre alters structure. Transgenic Res,1998,7(4):273-287.

[109] Borja M,Rubio T,Scholthof H B,et al. Restoration of wild-type virus by double recombination of tombusvirus mutants with a host transgene. Molecular Plant-Microbe Interactions,1999,12(2):153-162.

[110] Bressan E A, de Carvalho I A S, Borges M, et al. Assessment of gene flow to wild relatives and nutritional composition of sugarcane in Brazil. Frontiers in Bioengineering and Biotechnology,2020,8:598.

[111] Brookes G,Barfoot P. Farm income and production impacts of using GM crop technology 1996—2016. GM Crops Food,2018,9:59-89.

[112] Bryce W F,George B. Will transgenic crops generate new viruses and new diseases? Science,1994,263(5152):1395-1396.

[113] Busi R,Powles S B. Transgenic glyphosate-resistant canola(*Brassica napus*) can persist outside agricultural fields in Australia. Agriculture,Ecosystems and Environment,2016,220:28-34.

[114] Cardi T,Neal Stewart C,Jr. Progress of targeted genome modification approaches in higher plants. Plant Cell Rep,2016,35(7):1401-1416.

[115] Chan A W,Chong K Y,Martinovich C,et al. Transgenic monkeys produced by retroviral gene transfer into mature oocytes. Science,2001,291(5502):309-312.

[116] Chawla R,Shakya R,Rommens CM. Tuber-specific silencing of asparagine synthetase-1 reduces the acrylamide-forming potential of potatoes grown in the field without affecting tuber shape and yield. Plant Biotechnol J,2012,10(8):913-924.

[117] Cook D C,Carrasco L R,Paini D R,et al. Estimating the social welfare effects of New Zealand apple imports. Australian Journal of Agricultural and Resource Economics,2011,55(4):599-620.

[118] Cremer J,Treptow C,Eggeling L,et al. Regulation of enzymes of lysine biosynthesis in *Corynebacterium glutamicum*. J Gen Microbiol, 1988, 134(12):3221-3229.

[119] Darbro J, Halasa Y, Montgomery B, et al. An economic analysis of the threats posed by the establishment of *Aedes albopictus* in Brisbane, Queensland. Ecological Economics,2017,142:203-213.

[120] Dill GM. Glyphosate-resistant crops:History,status and future. Pest Manag Sci,2005,61(3):219-224.

[121] Duan J J, Marvier M, Huesing J, et al. A meta-analysis of effects of Bt crops on honey bees(Hymenoptera:Apidae). PLoS ONE,2008,3(1):e1415.

[122] Dutt M,Barthe G,Irey M,et al. Transgenic citrus expressing an *Arabidopsis* NPR1 gene exhibit enhanced resistance against Huanglongbing(HLB; Citrus Greening). PLoS one,2015,10(9):e0137134.

[123] Elakhdar A,Fukuda M,Kubo T. *Agrobacterium*-mediated transformation of Japonica rice using mature embryosand regenerated transgenic plants. Bio-protocol,2021,11:e4143.

[124] Espinoza C,Schlechter R,Herrera D,et al. Cisgenesis and intragenesis:new tools for improving crops. Biol Res,2013,46(4):323-331.

[125] Fan Z,Mu Y,Li K,et al. Safety evaluation of transgenic and genome-edited food animals. Trends Biotechnol,2022,40(4):371-373.

[126] Fang J,Xu X,Wang P,et al. Characterization of chimeric *Bacillus thuringiensis* Vip3 toxins. Appl Environ Microbiol,2007,73(3):956-961.

[127] Fang Y, Zhang X, Wei H, et al. Predicting the invasive trend of exotic plants in China based on the ensemble model under climate change:a case for three invasive plants of Asteraceae. Science of the Total Environment, 2021,756:143841.

[128] FAO. 2000. FAO Statement on Biotechnology. In:Agricultural Biotechnology. Rome,FAO. http://www. fao. org/biotech/fao-statement-on-biotechnology/

[129] FAO. Gene editing and agrifood systems. 2022b. https://doi. org/10. 4060/cc3579en

[130] FAO. Handbook-Using the information toolkit. Information toolkit on food biotechnologies with a focus on food safety. 2021. https://doi. org/10. 4060/cb2336en

[131] FAO. Recent developments in biotechnologies relevant to the characterization, sustainable use and conservation of genetic resources for food and agriculture. FAO Commission on Genetic Resources for Food and Agriculture. 2022a. https://doi.org/10.4060/cb8956en

[132] Ferreira S A, Pitz K Y, Manshardt R, et al. Virus coat protein transgenic papaya provides practical control of Papaya ringspot virus in Hawaii. Plant Dis, 2002, 86(2): 101-105.

[133] Fitza K N E, Garnas J R, Lombardero M J, et al. The global diversity of Deladenus siricidicola in native and non-native populations. Biological Control, 2019, 132: 57-65.

[134] Games D, Adams D, Alessandrini R, et al. Alzheimer-type neuropathology in transgenic mice overexpressing V717F beta-amyloid precursor protein. Nature, 1995, 373(6514): 523-527.

[135] Gould F. Sustainability of transgenic insecticidal cultivars: Integrating pest genetics and ecology. Annual Review of Entomology, 1998, 43: 701-726.

[136] Green JM. The benefits of herbicide-resistant crops. Pest Manag Sci, 2012, 68(10): 1323-1331.

[137] Greene A E, Allison R F. Recombination between viral RNA and transgenic plant transcripts. Science, 1994, 263(5152): 1423-1425.

[138] Guo J, Yang L, Liu X, et al. Characterization of the exogenous insert and development of event-specific PCR detection methods for genetically modified Huanong No. 1 papaya. J Agric Food Chem, 2009, 57(16): 7205-7212.

[139] Hall L, Topinka K, Huffman. J, et al. Pollen flow between herbicide-resistant *Brassica napus* is the cause of multiple-resistant *B. napus* volunteers. Weed Science, 2000, 48(6): 688-694.

[140] Hamdan M F, Karlson C K S, Teoh E Y, et al. Genome editing for sustainable crop improvement and mitigation of biotic and abiotic stresses. Plants (Basel), 2022a, 11(19): 2625.

[141] Hamdan M F, Mohd Noor S N, Abd-Aziz N, et al. Green revolution to gene revolution: technological advances in agriculture to feed the world. Plants (Basel), 2022b, 11(10): 1297.

[142] Haverkort A J, Boonekamp P M, Hutten R, et al. Durable late blight resistance in potato through dynamic varieties obtained by cisgenesis: Scientific

and societal advances in the DuRPh Project. Potato Res,2016,59:35-66.

[143] Holme I B,Wendt T,Holm P B. Intragenesis and cisgenesis as alternatives to transgenic crop development. Plant Biotechnol J,2013,11(4):395-407.

[144] Hoss S,Nguyen H T,Menzel R,et al. Assessing the risk posed to free-living soil nematodes by a genetically modified maize expressing the insecticidal Cry3Bb1 protein. Science of the Total Environment, 2011, 409 (13):2674-2684.

[145] Jiménez-Valverde A. Insights into the area under the receiver operating characteristic curve(AUC)as a discrimination measure in species distribution modelling. Global Ecology and Biogeography,2012,21(4):498-507.

[146] Kawata M,Murakami K,Ishikawa T. Dispersal and persistence of genetically modified oilseed rape around Japanese harbors. Environmental Science and Pollution Research,2009,16(2):120-126.

[147] Kerr D E,Plaut K,Bramley A J,et al. Lysostaphin expression in mammary glands confers protection against staphylococcal infection in transgenic mice. Nat Biotechnol,2001,19(1):66-70.

[148] Kohonen T. Self-organized formation of topologically correct feature maps. Biological Cybernetics,1982,43:59-69.

[149] Kramer-Schadt S,Niedballa J,Pilgrim J D,et al. The importance of correcting for sampling bias in MaxEnt species distribution models. Diversity and Distributions,2013,19(11):1366 1379.

[150] Krause S M B, Nather A, Ortiz Cortes V, et al. No tangible effects of field-grown cisgenic potatoes on soil microbial communities. Front Bioeng Biotechnol,2020,8:603145.

[151] Krebs C,Mahy G,Matthies D,et al. Taxa distribution and RAPD markers indicate different origin and regional differentiation of hybrids in the invasive *Fallopia* complex in central-western Europe. Plant Biology, 2010, 12 (1):215-223.

[152] Kumar K,Gambhir G,Dass A,et al. Genetically modified crops: current status and future prospects. Planta,2020,251(4):91.

[153] Lai L,Kolber-Simonds D,Park K W,et al. Production of alpha-1,3-galactosyltransferase knockout pigs by nuclear transfer cloning. Science,2002,295 (5557):1089-1092.

[154] Legere A. Risks and consequences of gene flow from herbicide-resistant crops:Canola (*Brassica napus* L) as a case study. Pest Management Science,2005,61(3):292-300.

[155] Liu Z,Cai Y J,Wang Y,et al. Cloning of macaque monkeys by somatic cell nuclear transfer. Cell,2018,172:881-887.

[156] Losey J E,Rayor L S,Maureen E,et al. Transgenic pollen harms monarch larvae. Nature,1999,399(6733):214.

[157] Lu Y,Wu K,Jiang Y,et al. Widespread adoption of Bt cotton and insecticide decrease promotes biocontrol services. Nature,2012,487(7407):362-365.

[158] Ma X,Zhang Q,Zhu Q,et al. A robust CRISPR/Cas9 system for convenient, high-efficiency multiplex genome editing in monocot and dicot plants. Mol Plant,2015,8(8):1274-1284.

[159] Mao H,Li S,Chen B,et al. Variation in cis-regulation of a NAC transcription factor contributes to drought tolerance in wheat. Mol Plant, 2022, 15 (2):276-292.

[160] McPherson S A,Perlak F J,Fuchs R L,et al. Characterization of the coleopteran specific protein gene of *Bacillus thuringiensis* var. *tenebrionis*. Nat Biotechnol, 1988,6:61-66.

[161] Mega R,Abe F,Kim J S,et al. Tuning water-use efficiency and drought tolerance in wheat using abscisic acid receptors. Nat Plants, 2019, 5 (2):153-159.

[162] Menz J,Modrzejewski D,Hartung F,et al. Genome edited crops touch the market:A view on the global development and regulatory environment. Front Plant Sci,2020,11:586027.

[163] Merow C,Smith M J,Silander J A. A practical guide to MaxEnt for modeling species' distributions: what it does, and why inputs and settings matter. Ecography,2013,36(10):1058-1069.

[164] Metje-Sprink J,Sprink T,Hartung F. Genome-edited plants in the field. Curr Opin Biotechnol,2020,61:1-6.

[165] Miller W A,Koev G. Are there risks associated with transgenic resistance to luteoviruses? Plant Disease,1997,81(7):700-710.

[166] Miskin R,Masos T. Transgenic mice overexpressing urokinase-type plasminogen activator in the brain exhibit reduced food consumption, body

weight and size, and increased longevity. J Gerontol A Biol Sci Med Sci, 1997,52(2):B118-124.

[167] Morin L, Paini D R, Randall R P. Can global weed assemblages be used to predict future weeds? PLoS ONE, 2013, 8(2): e55547. doi: 10. 1371/journal. pone. 0055547 PMID: 23393591.

[168] Muir W M, Howard R D. Assessment of possible ecological risks and hazards of transgenic fish with implications for other sexually reproducing organisms. Transgenic Res, 2002, 11(2): 101-114.

[169] Murphy D, Carter D A, Smith DR. Transgene design. Methods Mol Biol, 1993, 18: 115-118.

[170] Nishu N, Masih S, Kamal S, et al. Chapter 23: Transgenic animals in research and industry. In Animal Biotechnology. 2nd edition. Academic Press, 2020, 463-480.

[171] Nonaka S, Arai C, Takayama M, et al. Efficient increase of γ-aminobutyric acid (GABA) content in tomato fruits by targeted mutagenesis. Sci Rep, 2017, 7(1): 7057.

[172] Paine J A, Shipton C A, Chaggar S, et al. Improving the nutritional value of Golden Rice through increased pro-vitamin A content. Nat Biotechnol, 2005, 23(4): 482-487.

[173] Paini D R, Worner S P, Cook D C, et al. Threat of invasive pests from within regional borders. Nature Communications, 2010a, 1: 115. doi: 10. 1038/ncomms1118 PMID: 21081913.

[174] Paini D R, Worner S P, Cook D C, et al. Using a self-organizing map to predict invasive species: Sensitivity to data errors and a comparison with expert opinion. Journal of Applied Ecology, 2010b, 47: 290-298.

[175] Palmiter R D, Brinster R L, Hammer R E, et al. Dramatic growth of mice that develop from eggs microinjected with metallothionein-growth hormone fusion genes. Nature, 1982, 300(5893): 611-615.

[176] Perlak F J, Fuchs R L, Dean D A, et al. Modifcation of the coding sequence enhances plant expression of insect control protein genes. Proc Natl Acad Sci USA, 1991, 88: 3324-3328.

[177] Petitpierre B, Kueffer C, Broennimann O, et al. Climatic niche shifts are rare among terrestrial plant invaders. Science, 2012, 335(6074): 1344-1348.

[178] Phillips S J, Dudík M, Schapire R E. A maximum entropy approach to species distribution modeling. Proceedings of the Twenty-First International Conference on Machine Learning. ACM, 2004:83.

[179] Polymeropoulos M H, Lavedan C, Leroy E, et al. Mutation in the alpha-synuclein gene identified in families with Parkinson's disease. Science, 1997, 276 (5321):2045-2047.

[180] Powell B C, Walker S K, Bawden C S, et al. Transgenic sheep and wool growth: possibilities and current status. Reprod Fertil Dev, 1994, 6(5):615-623.

[181] Pruss G, Ge X, Shi X M, et al. Plant viral synergism: The potyviral genome encodes a broad-range pathogenicity enhancer that transactivates replication of heterologous viruses. Plant Cell, 1997, 9(6):859-868.

[182] Puchta H. Applying CRISPR/Cas for genome engineering in plants: the best is yet to come. Curr Opin Plant Biol, 2017, 36:1-8.

[183] Puchta H. Broadening the applicability of CRISPR/Cas9 in plants. Sci China Life Sci, 2018, 61(1):126-127.

[184] Pursel V G, Wall R J, Solomon M B, et al. Transfer of an ovine metallothionein-ovine growth hormone fusion gene into swine. J Anim Sci, 1997, 75(8):2208-2214.

[185] Qin Y J, Paini D R, Wang C, et al. Global establishment risk of economically important fruit fly species (Tephritidae). PLoS ONE, 2015, 10(1): e0116424. doi:10. 1371/journal. pone. 0116424.

[186] Qin Y J, Stejskal V, Tomas V, et al. Global analysis of the geographic distribution and establishment risk of stored Coleoptera species using a self-organizing map. Entomologia Generalis, 2023:337-347.

[187] Raybould A, Poppy G M. Commercializing genetically modified crops under EU regulations: objectives and barriers. GM Crops & Food, 2012, 3(1):9-20.

[188] Reid W, Sadowska M, Denaro F, et al. An HIV-1 transgenic rat that develops HIV-related pathology and immunologic dysfunction. Proc Natl Acad Sci U S A, 2001, 98(16):9271-9276.

[189] Ricroch A E, Martin-Laffon J, Rault B, et al. Next biotechnological plants for addressing global challenges: the contribution of transgenesis and new breeding techniques. N Biotechnol, 2022, 66:25-35.

[190] Rommens CM. All-native DNA transformation: a new approach to plant

genetic engineering. Trends Plant Sci,2004,9(9):457-464.

[191] Sagar D, Masih S, Schell T, et al. *In vivo* immunogenicity of Tax(11-19) epitope in HLA-A2/DTR transgenic mice: implication for dendritic cell-based anti-HTLV-1 vaccine. Vaccine,2014,32(26):3274-3284.

[192] SahooR K, Tuteja N. Development of *Agrobacterium*-mediated transformation technology for mature seed-derived callus tissues of indica rice cultivar IR64,GM Crops Food,2012,3,123-128.

[193] Saxena D, Flores S, Stotzky G, et al. Bt toxin is released in root exudates from 12 transgenic corn hybrids representing three transformation events. Soil Biology and Biochemistry,2002,34(1):133-137.

[194] Schouten H J, Krens F A, Jacobsen E. Cisgenic plants are similar to traditionally bred plants: international regulations for genetically modified organisms should be altered to exempt cisgenesis. EMBO Rep, 2006, 7 (8):750-753.

[195] Singh S K, Paini D R, Ash G J, et al. Prioritising plant-parasitic nematode species biosecurity risks using self organising maps. Biological Invasions, 2013,16:1515-1530. doi:10. 1007/s10530-013-0588-7.

[196] Sohn S I, Thamilarasan S K, Panclian S B, et al. Interspecific hybridization of transgenic *Brassica napus* and *Brassica rapa*: an overview. Genes (Basel),2022,13(8):1442.

[197] Staehcli P, Haller O, Boll W, et al. Mx protein: constitutive expression in 3T3 cells transformed with cloned Mx cDNA confers selective resistance to influenza virus. Cell,1986,44(1):147-158.

[198] Stephens E, Losey J E, Leslie L, et al. The impact of Cry3Bb Bt-maize on two guilds of beneficial beetles. Agriculture, Ecosystems and Environment,2012,156:72-81.

[199] Sung S, Kwon Y S, Lee D K, et al. Predicting the potential distribution of an invasive species, *Solenopsis invicta* Buren (Hymenoptera: Formicidae), under climate change using species distribution models. Entomological Research,2018,48(6):505-513.

[200] Tabashnik B E, Gould F, Carrière Y. Delaying evolution of insect resistance to transgenic crops by decreasing dominance and heritability. Journal of Evolutionary Biology,2004,17(4):904-918.

[201] Tang Y P, Shimizu E, Dube G R, et al. Genetic enhancement of learning and memory in mice. Nature, 1999, 401(6748): 63-69.

[202] Taylor A S, Cook D C. An economic assessment of the impact on the Western Australian viticulture industry from the incursion of grapevine downy mildew. Journal of Plant Diseases & Protection, 2018, 125(4): 1-7.

[203] Tepfer M, Jacquemond M, Garcia-Arenal F. A critical evaluation of whether recombination in virus-resistant transgenic plants will lead to the emergence of novel viral diseases. New Phytologist, 2015, 207(3): 536-541.

[204] Tie W W, Zhou F, Wang L, et al. Reasons for lower transformation efficiency in indica rice using *Agrobacterium tumefaciens*-mediated transformation: lessons from transformation assays and genome-wide expression profiling. Plant Mol Biol, 2012, 78: 1-18.

[205] Timmons A M, O'brien E, Charters Y M, et al. Assessing the risks of wind pollination from fields of genetically modified *Brassica napus* ssp. *oleifera*. Euphytica, 1995, 85: 417-423.

[206] Trione E J, Hall M J. Dwarf bunt of wheat in China: potential sites from satellite studies. Agronomy Journal, 1986, 78(1): 148-150.

[207] Van T L, Melissa S, Paula E M, et al. Efficient *Agrobacterium*-mediated transformation of the elite-Indica rice variety komboka. Bio-protocol, 2020, 10: e3739.

[208] Vasil I K, Vasil V. Transformation of wheat via particle bombardment. Methods Mol Biol, 2006, 318: 273-283.

[209] Vasil V, Castillo A M, Fromm M E, et al. Herbicide resistant fertile transgenic wheat plants obtained by microprojectile bombardment of regenerable embryogenic callus. Bio-Technology, 1992, 10: 667-674.

[210] Vauterin M, Frankard V, Jacobs M. Functional rescue of a bacterial dapA auxotroph with a plant cDNA library selects for mutant clones encoding a feedback-insensitive dihydrodipicolinate synthase. Plant J, 2000, 21(3): 239-248.

[211] Vieilledent G, Cornu C, Sanchez A C, et al. Vulnerability of baobab species to climate change and effectiveness of the protected area network in Madagascar: towards new conservation priorities. Biological Conservation, 2013, 166: 11-22.

[212] Waltz E. GABA-enriched tomato is first CRISPR-edited food to enter market. Nat Biotechnol,2022,40(1):9-11.

[213] Wang K,Frame B. Biolistic gun-mediated maize genetic transformation. Methods Mol Biol,2009,526:29-45.

[214] Wang Y,Hu W,Wu G,et al. Genetic analysis of "all-fish" growth hormone gene transferred carp (*Cyprinus carpio* L.) and its F_1 generation. Chin Sci Bull,2001,46:1174-1177.

[215] Wang Z,Wang L,Wang Z,et al. Non-random transmission of parental alleles into crop-wild and crop-weed hybrid lineages separated by a transgene and neutral identifiers in rice. Scientific Reports,2017,7(1):10436.

[216] Weeks J T,Anderson O D,Blechl A E. Rapid production of multiple independent lines of fertile transgenic wheat (*Triticum aestivum*). Plant Physiol,1993,102:1077-1084.

[217] Whelan A I,Gutti P,Lema M A. Gene editing regulation and innovation economics. Front Bioeng Biotechnol,2020,8:303.

[218] Worner S P,Gevrey M. Modelling global insect pest species assemblages to determine risk of invasion. Journal of Applied Ecology,2006,43:858-867.

[219] Wu J,Yu M,Xu J,et al. Impact of transgenic wheat with wheat yellow mosaic virus resistance on microbial community diversity and enzyme activity in rhizosphere soil. PLoS One,2014,9(6):e98394.

[220] Yamamoto T,McLaughlin R E. Isolation of a protein from the parasporal crystal of *Bacillus thuringiensis* var. Kurstaki toxic to the mosquito larva,*Aedes taeniorhynchus*. Biochem Biophys Res Commun,1981,103(2):414-421.

[221] Yao W,Ruan M,Qin L,et al. Field performance of transgenic sugarcane lines resistant to *Sugarcane mosaic virus*. Front Plant Sci,2017,8:104.

[222] Ye X,Al-Babili S,Kloti A,et al. Engineering the provitamin A (beta-carotene) biosynthetic pathway into (carotenoid-free) rice endosperm. Science,2000,287(5451):303-305.

[223] Yin K,Gao C,Qiu J L. Progress and prospects in plant genome editing. Nat Plants,2017,3:17107.

[224] Yu H,Yang Q,Fu F,et al. Three strategies of transgenic manipulation for crop improvement. Front Plant Sci,2022,13:948518.

[225] Zeilinger A R,Andow D A,Iwahlen C,et al. Earthworm populations in a

northern U. S. Cornbelt soil are not affected by long-term cultivation of Bt maize expressing Cry1Ab and Cry3Bb1 proteins. Soil Biology and Biochemistry, 2010, 42(8): 1284-1292.

[226] Zhang K, Raboanatahiry N, Zhu B, et al. Progress in genome editing technology and its application in plants. Front Plant Sci, 2017, 8: 177.

[227] Zhang X, Li Z, Yang H, et al. Novel transgenic pigs with enhanced growth and reduced environmental impact. Elife, 2018, 7: e34286.

[228] Zhao H, Xian X, Zhao Z, et al. Climate change increases the expansion risk of *Helicoverpa zea* in China according to potential geographical distribution estimation. Insects, 2022, 13(1): 79.

[229] Zhi M, Zhang J, Tang Q, et al. Generation and characterization of stable pig pregastrulation epiblast stem cell lines. Cell Res, 2022, 32: 383-400.

[230] Zhong C, Song Y, Wang Y, et al. Growth hormone transgene effects on growth performance are inconsistent among offspring derived from different homozygous transgenic common carp (*Cyprinus carpio* L.). Aquaculture, 2012, 356-357: 404-411.

[231] Zhu Z, Li G, He L, et al. Novel gene transfer into the fertilized eggs of gold fish (*Carassius auratus* L. 1758). J Appl Ichthyol, 1985, 1: 31-34.

附　录

附录1　中国第一批外来入侵物种名单

1. 紫茎泽兰(图1)

学名:*Eupatorium adenophorum* Spreng.

(*Ageratina adenophora*(Spreng.)R. M. King & H. Rob.)

英文名:crofton weed

中文异名:解放草、破坏草

分类地位:菊科 Compositae

图1　紫茎泽兰

鉴别特征:茎紫色,被腺状短柔毛,叶对生,卵状三角形,边缘具粗锯齿。头状花序,直径可达6 mm,排成伞房状,总苞片3～4层,小花白色,高1～2.5 m。

生物学特性:多年生草本或亚灌木,行有性和无性繁殖。每株可年产瘦果1万粒左右,借冠毛随风传播。根状茎发达,可依靠强大的根状茎快速扩展蔓延。能分泌化感物,排挤邻近多种植物。

原产地:中美洲;在世界热带地区广泛分布。

中国分布现状:分布于云南、广西、贵州、四川(西南部)、台湾,垂直分布上限为2 500 m。

引入扩散原因和危害:1935年在云南南部发现,可能经缅甸传入。在其发生区常形成单种优群落,排挤本地植物,影响天然林的恢复;侵入经济林地和农田,影响栽培植物生长;堵塞水渠,阻碍交通,全株有毒性,危害畜牧业。

控制方法:①生物防治。泽兰实蝇对植株高生长有明显的抑制作用,野外寄生率可达50%以上。②替代控制。用臂形草、红三叶草、狗牙根等植物进行替代控制有一定成效。③化学防治。2,4-D、草甘膦、敌草快、麦草畏等10多种除草剂对紫茎泽兰地上部分有一定的控制作用，但对于根部效果较差。

2. 薇甘菊（图 2）

学名：*Mikania micrantha* H. B. K.

英文名：mile-a-minute weed

分类地位：菊科 Compositae

鉴别特征：茎细长，匍匐或攀缘，多分枝；茎中部叶三角状卵形至卵形，基部心形；花白色，头状花序。

生物学特性：多年生草质或稍木质藤本，兼有性和无性两种繁殖方式。其茎节和节间都能生根，每个节的叶腋都可长出一对新枝，形成新植株。

原产地：中美洲；现已广泛分布于亚洲和大洋洲的热带地区。

中国分布现状：现广泛分布于香港、澳门和广东珠江三角洲地区。

图 2　薇甘菊

引入扩散原因和危害：1919 年曾在香港出现，1984 年在深圳发现。薇甘菊是一种具有超强繁殖能力的藤本植物，攀上灌木和乔木后，能迅速形成整株覆盖之势，使植物因光合作用受到破坏窒息而死，薇甘菊也可通过产生化感物质来抑制其他植物的生长。对 6～8 m 或以下林木，尤其对一些郁密度小的次生林、风景林的危害最为严重可造成成片树木枯萎死亡而形成灾难性后果。该种已被列为世界上最有害的 100 种外来入侵物种之一。

控制方法：使用除莠剂“草坝王”（Bentazon）和“毒莠定”（TORDON）处理薇甘菊种子，或喷施森草净、灭薇净化学除草剂，或采用田野菟丝子、紫红短须螨生物防除。

3. 空心莲子草（图 3）

学名：*Alternanthera philoxeroides*（Mart.）Griseb

英文名：alligator weed

中文异名：水花生、喜旱莲子草

分类地位：苋科 Amaranthaceae

鉴别特征：水生型植株无根毛，茎长达 1.5～2.5 m；陆生型植株可形成直径达 1 cm 左右的肉质贮藏根，有根毛，株高一般 30 cm，茎秆坚实，节间最长 15 cm，直径

3～5 mm，髓腔较小。叶对生，长圆形至倒卵状披针形。头状花序具长 1.5～3 cm 的总梗。花白色或略带粉红，雄蕊 5 枚。

生物学特性：多年生草本，以茎节行营养繁殖；旱地型肉质贮藏根受刺激时可产生不定芽。生长高峰期每天可生长 2～4 cm。花期 5—10 月，常不结实。

原产地：南美洲；世界温带及亚热带地区广泛分布。

中国分布现状：几乎遍及我国黄河流域以南地区。

引入扩散原因和危害：1892 年在上海附近岛屿出现，20 世纪 50 年代作为猪饲料推广栽培，此后逸生导致草灾，表现在①堵塞航道，影响水上交通；②排挤其他植物，使群落物种单一化；③覆盖水面，影响鱼类生长和捕捞；④危害农田作物，使产量受损；⑤田间沟渠大量繁殖，影响农田排灌；⑥入侵湿地、草坪，破坏景观；⑦滋生蚊蝇，危害人类健康。

图 3　空心莲子草

控制方法：①用原产南美的专食性天敌昆虫莲草直胸跳甲(*Agasicles hygrophila*)防治水生型植株效果较好，但对陆生型的效果不佳；②机械、人工防除适用于密度较小或新入侵的种群；③草甘膦、农达、水花生净等除草剂用作化学防除，短期内对地上部分有效。

4. 豚草(图 4)

学名：*Ambrosia artemisiifolia* L.

英文名：ragweed

分类地位：菊科 Compositae

鉴别特征：高 1 m 以下，茎下部叶对生，上部叶互生，叶一至二回羽裂，边缘具小裂片状齿。雄花序总苞碟形，排成总状，雌花序生雄花序下或生上部叶腋。

图 4　豚草

生物学特性：一年生草本，生于荒地、路边、沟旁或农田中，适应性广，种子产量高，每株可产种子 300～62 000 粒。瘦果先端具喙和尖刺，主要靠水、鸟和人为携带传播。豚草种子具二次休眠特性，抗逆力极强。

原产地：北美洲；在世界各地区归化。

中国分布现状：东北、华北、华中和华东等地约 15 个省（自治区、直辖市）。

引入扩散原因和危害：1935 年发现于杭州，为一种恶性杂草，其危害性表现在①花粉是人类花粉病的主要病原之一；②侵入农田，导致作物减产；③释放多种化感物质，对禾本科、菊科等植物有抑制、排斥作用。

控制方法：①用豚草卷蛾进行生物防治有良好效果；②苯达松、虎威、克芜踪、草甘膦等可有效控制豚草生长；③用紫穗槐、沙棘等进行替代控制有良好的效果。

图 5　毒麦

5. 毒麦（图 5）

学名：*Lolium temulentum* L.

英文名：darnel ryegrass

分类地位：禾本科 Gramineae

鉴别特征：茎丛生，高 20～120 cm。叶线状披针形，长 6～40 cm，宽 3～13 cm。穗狭，长 5～40 cm，主轴波状曲折，两侧沟状，具 8～19 个互生的小穗，每小穗含（2～6）个花。第二颖具 5～9 脉，芒长 7～15 mm。颖果长椭圆形，长 4～6 mm，绿而具紫褐晕。

生物学特征：越年生或一年生草本，适应性广，分蘖力较强。其籽实比小麦早熟，熟后随颖片脱落。种子繁殖。

原产地：欧洲地中海地区；现广布世界各地。

中国分布现状：除西藏和台湾外，各省（自治区、直辖市）都曾有过报道。

引入扩散原因和危害：随麦种传播。1954 年在保加利亚进口的小麦中发现，可造成麦类作物严重减产。麦种受真菌（*Stromatinia temulenta* Prill. & Del.）侵染产生毒麦碱（temuline），能麻痹中枢神经。人食用含 4% 毒麦的面粉，就能引起中毒。毒麦作为饲料时也可导致家畜、家禽中毒。

控制方法：人工拔除。

6. 互花米草（图 6）

学名：*Spartina alterniflora* Loisel.

英文名：smooth cordgrass

分类地位：禾本科 Gramineae

鉴别特征：秆高 1～1.7 m，直立，不分枝。叶长达 60 cm，基部宽 0.5～1.5 cm，稍干时内卷，先端渐狭成丝状；叶舌毛环状，长 1～1.8 cm。圆锥花序由 3～13 个长 3～15 cm 直立的穗状花序组成；小穗长 10～18 mm，覆瓦状排列。颖先端多尖，具 1 脉，第一颖短于第二颖，无毛或沿脊疏生短柔毛；花药长 5～7 mm。

图 6　互花米草

生物学特性：多年生草本，生于潮间带。植株耐盐耐淹，抗风浪。种子可随风浪传播。根系分布深达 60 cm 的滩涂中，单株一年内可繁殖几十甚至上百株。

原产地：美国东南部海岸；在美国西部和欧洲海岸归化。

中国分布现状：上海（崇明岛）、浙江、福建、广东、香港。

引入扩散原因和危害：1979 年引入，曾取得了一定的经济效益，如互花米草的鲜草可用作牛、羊、兔、鹅、鱼的饲料或作为配合饲料，还可以发展海滩牧场，互花米草还可作为燃料、食品和化工原料、造纸原料以及用于培养食用菌等。但引入至今逐渐在一些地方变成了害草，表现在①破坏近海生物栖息环境，影响滩涂养殖；②堵塞航道，影响船只出港；③影响海水交换能力，导致水质下降，并诱发赤潮；④威胁本土海岸生态系统，致使大片红树林消失。

控制方法：除草剂能清除地表以上部分，但对滩涂中的种子和根系效果较差。

7. 飞机草（图 7）

学名：*Eupatorium odoratum* L.（*Chromolaena odorata*（L.）R. M. King & H. Rob.）

英文名：fragrant eupatorium

中文异名：香泽兰

分类地位：菊科 Compositae

鉴别特征：高达 3～7 m，根茎粗壮，茎直立，分枝伸展。叶对生，卵状三角形，先端短渐尖，边缘有粗锯齿，有明显的 3 脉，两面粗糙，被柔毛及红褐色腺点，挤碎后有刺激性的气味；头状花序排成伞房状；总苞圆柱状，

图 7　飞机草

长1 cm，总苞片3～4层。花冠管状，淡黄色，柱头粉红色。瘦果狭线形，有棱，长5 mm，棱上有短硬毛，冠毛污白色，有糙毛。

生物学特性：丛生型的多年生草本或亚灌木，瘦果能借冠毛随风传播，而成熟季节恰值干燥多风的旱季，故扩散、蔓延迅速。种子的休眠期很短，在土壤中不能长久存活。在海南岛一年开花2次，第一次4—5月，第二次9—12月。

原产地：中美洲；在南美洲、亚洲、非洲热带地区广泛分布。

中国分布现状：台湾、广东、香港、澳门、海南、广西、云南、贵州。

引入扩散原因和危害：飞机草在20世纪20年代早期曾作为一种香料植物引种到泰国栽培，1934年在云南南部被发现。为害多种作物，并侵犯牧场。当高度达15 cm或更高时，就能明显地影响其他草本植物的生长，能产生化感物质，抑制邻近植物的生长，还能使昆虫拒食。叶有毒，含香豆素。用叶擦皮肤会引起红肿、起泡，误食嫩叶会引起头晕、呕吐，还能引起家畜和鱼类中毒，并是叶斑病原（*Cercospora* sp.）的中间寄主。

控制方法：先用机械或人工拔除，紧接着用除草剂处理或种植生命力强、覆盖好的作物进行替代，此外，用天敌昆虫香泽兰灯蛾（*Pareuchaetes pseudooinsulata*）控制有一定效果。

8. 凤眼莲（图8）

学名：*Eichhornia crassipes*（Mart.）Solms

英文名：water hyacinth

中文异名：凤眼蓝、水葫芦

分类地位：雨久花科 Pontederiaceae

图8　凤眼莲

鉴别特征：水上部分高30～100 cm，或更高。茎具长匍匐枝。叶基生呈莲座状，宽卵形至肾状圆形，光亮，具弧形脉；叶柄中部多少膨大，内有多数气室。花紫色，上方一片较大，中部具有黄斑。蒴果卵形。

生物学特性：多年生草本，浮水或生长在泥沼中。繁殖方式以无性为主，依靠匍匐枝与母株分离方式，植株数量可在5 d内增加1倍。一株花序可产生300粒种子，种子沉积水下可存活5～20年。常生于水库、湖泊、池塘、沟渠、流速缓慢的河道、沼泽地和稻田中。

原产地:巴西东北部;现分布于全世界温暖地区。

中国分布现状:辽宁南部、华北、华东、华中和华南的19个省(自治区、直辖市)有栽培,在长江流域及其以南地区逸生为杂草。

引入扩散原因和危害:1901年从日本引入台湾作为花卉,20世纪50年代作为猪饲料推广后大量逸生。堵塞河道,影响航运、排灌和水产品养殖;破坏水生生态系统,威胁本地生物多样性;吸附重金属等有毒物质,死亡后沉入水底,构成对水质的二次污染;覆盖水面,影响生活用水;滋生蚊蝇。

控制方法:①人工打捞;②专食性天敌昆虫布袋莲象甲(*Neochetina eichhorniae*)和布奇水葫芦象甲(*N. bruchi*)有控制效果;③除草剂在短时间内有效。

9. 假高粱(图9)

学名:*Sorghum halepense*(L.)Pers.

英文名:Johnson grass

中文异名:石茅、阿拉伯高粱

分类地位:禾本科 Gramineae

图9 假高粱

鉴别特征:具根状茎延长,具分枝。秆直立,高1～3 m,叶宽线形,叶舌具缘毛。圆锥花序大型,淡紫色至紫黑色;分枝轮生,与主轴交接处有白色柔毛;小穗成对,其中一个具柄,另一个无柄,长3.5～4 mm,无芒,被柔毛。颖果棕褐色,倒卵形。

生物学特性:多年生草本,生于田间、果园,以及河岸、沟渠、山谷、湖岸湿处。花期6—7月,果期7—9月,种子和根茎繁殖。

原产地:地中海地区;现广布于世界热带和亚热带地区,以及加拿大、阿根廷等高纬度国家。

中国分布现状：台湾、广东、广西、海南、香港、福建、湖南、安徽、江苏、上海、辽宁、北京、河北、四川、重庆、云南。

引入扩散原因和危害：20 世纪初曾从日本引到台湾南部栽培，同一时期在香港和广东北部发现归化，种子常混在进口作物种子中引进和扩散。是高粱、玉米、小麦、棉花、大豆、甘蔗、黄麻、洋麻、苜蓿等 30 多种作物地里的杂草，不仅通过生态位竞争使作物减产，还可能成为多种致病微生物和害虫的寄主。此外，该种可与同属其他种杂交。

控制方法：①对混在进口种子中的种子，可用风选等方法去除；②配合伏耕和秋耕除草，将其根茎置于高温、干燥环境下杀死；③用暂时积水的方法，抑制其生长；④用草甘膦或四氟丙酸等除草剂防治。

10. 蔗扁蛾（图 10）

学名：*Opogona sacchari*（Bojer）

英文名：banana moth

中文异名：香蕉蛾

分类地位：鳞翅目 Lepidoptera 辉蛾科 Hierox-estidae

图 10　蔗扁蛾

鉴别特征：成虫体长 7.5～10 mm。翅披针形。前翅有 2 个明显的黑褐色斑点和许多细褐纹。触角丝状。足粗壮而扁，跗节最长，后足胫节有 2 对距。卵椭圆形，淡黄色，长约 0.5 mm。幼虫乳白色，透明。被蛹，亮褐色，背面暗红褐色，首尾两端多呈黑色。

生物学特性：一年发生 3～4 代，在 15 ℃时生活周期约为 3 个月，在温度较高的条件下，可达 8 代之多。幼虫活动能力极强，行动敏捷，蛀食寄主植物皮层、茎秆，咬食新根。以幼虫在寄主生活的土中越冬，翌年幼虫上树危害，多在 3 年以上巴西木的干皮内蛀食。卵散产或成堆，每雌虫产卵 50～200 粒。食性广，寄主植物达 60 余种。

原产地：非洲热带、亚热带地区。

中国分布现状：已传播到 10 余个省（自治区、直辖市）。在南方的发生更严重，在这些地区凡能见到巴西木（即香龙血树，*Dracaena fragrans* Ker-Gawl.）的地方几乎都有蔗扁蛾发生危害。

引入扩散原因和危害：随寄主植物很容易扩散和传播，已在欧洲、南美洲、西印度群岛、美国等地区发现。巴西木是其重要寄主植物。1987年，蔗扁蛾随进口的巴西木进入广州，随着巴西木在我国的普及，蔗扁蛾也随之扩散。20世纪90年代传播到了北京。蔗扁蛾食性十分广泛，威胁香蕉、甘蔗、玉米、马铃薯等农作物及温室栽培的植物，特别是一些名贵花卉等。感染植物轻则局部受损，重则将整段干部的皮层全部蛀空。

控制方法：幼虫越冬入土期是防治此虫的有利时机。可用菊杀乳油等速杀性的药剂灌浇茎的受害处，并用敌百虫制成毒土撒在花盆表土内。大规模生产温室内，可挂敌敌畏布条熏蒸，或用菊酯类化学药剂喷雾防治。当巴西木茎局部受害时，可用斯氏线虫局部注射进行生物防治。

11. 湿地松粉蚧(图11)

学名：*Oracella acuta*(Lobdell)

英文名：lobdelly pine mealybug

中文异名：火炬松粉蚧

分类地位：同翅目 Homoptera 粉蚧科 Pseudococcidae

鉴别特征：若虫椭圆形至不对称椭圆形，长1.02～1.52 mm。3对足。末龄后期虫体分泌蜡质物形成白色蜡包，覆盖虫体。雄成虫分有翅型和无翅型两种。与当地松粉蚧区别是湿地松粉蚧雌成虫梨形，腹部向后尖削，触角7节，当地松粉蚧雌成虫纺锤形，触角8节。

图11 湿地松粉蚧

生物学特性：若虫和雌成虫刺吸松梢汁液为害，为害时主要集中在枝梢端部，特别粗壮的枝梢虫口数量最多。仅在越冬时部分若虫藏匿于老针叶叶鞘内。产卵数量大，对温度条件要求不严格，可忍受一定的低温。

原产地：美国。

中国分布现状：广东、广西、福建等地有报道。

引入扩散原因和危害：1988年随湿地松无性系繁殖材料进入广东省台山，到1994年，已扩散蔓延至广东省多个市县，破坏了27.7万 hm^2 的松林。据估计，湿地松粉蚧目前正以每年70 000 hm^2 的速度进行散布。近40年来，中国自美洲引入不少松树优良种，种植最广的有湿地松、火炬松和加勒比松，这些寄主为湿地松粉蚧的扩散提供了便利。它同时对当地的马尾松(*Pinus massoniana*)、南亚松

(*Pinus latteri*)等也构成了严重威胁,广东中部沿海的低海拔地带危害已相当严重,危害区正在迅速扩散。该虫可以忍受冬季低温,说明有继续向北扩散的可能性。

控制方法:国内进行了不少的化学药剂和微生物防治实验,取得一定的杀虫效果,但在生产上还未能进行大面积使用。

12. 强大小蠹(图 12)

学名:*Dendroctonus valens* LeConte

英文名:red turpentine beetle

中文异名:红脂大小蠹

分类地位:鞘翅目 Coleptera 小蠹科 Scolytidae

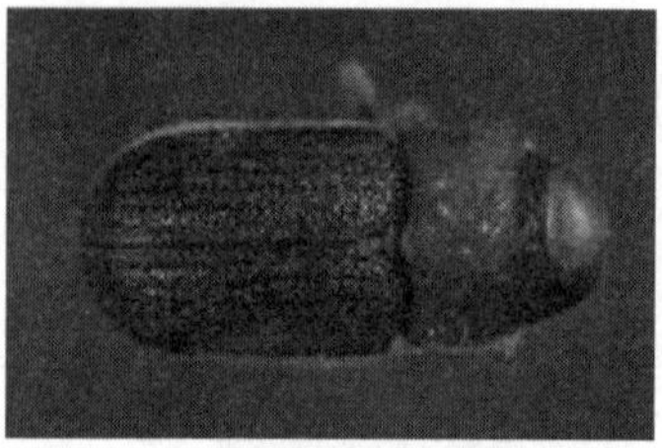

图 12 强大小蠹

鉴别特征:成虫圆柱形,长 5.7～10.0 mm,淡色至暗红色。雄虫长是宽的 2.1 倍,成虫体有红褐色,额不规则凸起,前胸背板宽。具粗的刻点,向头部两侧渐窄,不收缩;虫体稀被排列不整齐的长毛。雌虫与雄虫相似,但眼线上部中额隆起明显,前胸刻点较大,鞘翅端部粗糙,颗粒稍大。

生物学特性:主要危害已经成材且长势衰弱的大径立木,在新鲜伐桩和伐木上危害尤其严重。一年发生 1～2 代,虫期不整齐,一年中除越冬期外,在林内均有红脂大小蠹成虫活动,高峰期出现在 5 月中、下旬。雌成虫首先到达树木,蛀入内外树皮到形成层,木质部表面也可被刻食。在雌虫侵入之后较短时间里,雄虫进入坑道。当达到形成层时,雌虫首先向上蛀食,连续向两侧或垂直方向扩大坑道,直到树液流动停止。一旦树液流动停止,雌虫向下蛀食,通常达到根部。侵入孔周围出现凝结成漏斗状块的流脂和蛀屑的混合物。各种虫态都可以在树皮与韧皮部之间越冬,且主要集中在树的根部和基部。

原产地:美国、加拿大、墨西哥、危地马拉和洪都拉斯等美洲地区。

中国分布现状:现分布于山西、陕西、河北、河南等地。

引入扩散原因和危害:1998 年在我国山西省阳城、沁水首次发现,推测引入与 20 世纪 80 年代后期山西从美国引进木材有关。与北美洲发生情况不同的是,它不仅攻击树势衰弱的树木,也对健康树进行攻击,导致发生区内寄主的大量死亡。1999 年年底,该虫在河北、河南、山西发生面积 52.6 万 hm^2,其中严重危害面积 13 万 hm^2,个别地区油松死亡率高达 30%,已导致 600 多万株的松树枯死。在山西,2000 年的调查统计,危害面积达 16.3 万 hm^2,其中成灾面积 9.1 万 hm^2,已有

342.4 万株成材油松受害枯死。

控制方法：清除严重受害树，并对伐桩进行熏蒸等处理，消灭残余小蠹和避免其再次在伐桩上产卵危害。在成虫侵入期采用菊酯类农药在树基部喷雾，可防止成虫侵害。

13. 美国白蛾(图 13)

学名：*Hyphantria cunea* (Drury)

英文名：fall webworm，American white moth

中文异名：秋幕毛虫、秋幕蛾

分类地位：鳞翅目 Lepidoptera 灯蛾科 Arctiidae

鉴别特征：成虫白色，体长 12～15 mm。雄虫触角双栉齿状。前翅上有几个褐色斑点。雌虫触角锯齿状，前翅纯白色。卵球形。幼虫体色变化很大，根据头部色泽分为红头型和黑头型两类。蛹长纺锤形，暗红褐色，茧褐色或暗红色，由稀疏的丝混杂幼虫体毛组成。

图 13　美国白蛾

生物学特性：美国白蛾在辽宁等地一年发生 2 代。以蛹在树皮下或地面枯枝落叶处越冬，幼虫孵化后吐丝结网，群集网中取食叶片，叶片被食尽后，幼虫移至枝杈和嫩枝的另一部分织一新网。

原产地：北美洲。

中国分布现状：现分布于辽宁、河北、山东、天津、陕西等地。

引入扩散原因和危害：1940 年传入欧洲，现已传入欧洲 10 多个国家以及日本、朝鲜半岛、土耳其。1979 年传入我国辽宁丹东一带，1981 年由渔民自辽宁捎带木材传入山东荣成县，并在山东相继蔓延，1985 年在陕西武功县发现并形成危害，1995 年在天津发现。目前，该虫每年对北京市园林绿化树种也造成严重损失。主要通过木材、木包装等进行传播，还可通过飞翔进一步扩散。其繁殖力强，扩散快，每年可向外扩散 35～50 km。可为害果树、林木、农作物及野生植物等 200 多种植物，在果园密集的地方以及游览区林荫道发生严重时可将全株树叶食光，造成部分枝条甚至整株死亡，幼虫喜食桑叶，对养蚕业构成威胁，此外也严重威胁林果业和城市绿化，造成惊人的损失。此外，被害树长势衰弱，易遭其他病虫害的侵袭，并降低抗寒抗逆能力。

控制方法：利用人工、机械、化学等方法控制其危害，如利用黑光灯诱杀成蛾，人工剪除网幕;秋冬季人工挖蛹;喷施溴氰菊酯、灭幼脲等化学和生物杀虫剂等。

14. 非洲大蜗牛(图 14)

学名:*Achating fulica*(Fochrussac)

英文名:giant African snail

中文异名:褐云玛瑙螺、东风螺、菜螺、花螺、法国螺

分类地位:柄眼目 Stylomnatophora 玛瑙螺科 Achatinidae

图 14 非洲大蜗牛

鉴别特征:贝壳长卵圆形,深黄色或黄色,具褐色白色相杂的条纹;脐孔被轴唇封闭,壳口长扇形;壳内浅蓝色螺层数为 6.5~8;软体部分深褐色或牙黄色,贝壳高 10 cm 左右。足部肌肉发达,背面呈暗棕色,黏液无色。

生物学特性:喜栖息于植被丰富的阴暗潮湿环境及腐殖质多的地方。6—9 月最活跃,晨昏或夜间活动。食性杂而量大,幼螺多为腐食性。雌雄同体,异体交配,生长迅速,5 个月即可交配产卵。繁殖力强,一次产卵数达 100~400 枚。寿命长,可达 5~7 年。抗逆性强,遇到不良环境时,很快进入休眠状态,在这种状态下可生存几年。

原产地:非洲东部沿岸坦桑尼亚的桑给巴尔、奔巴岛,马达加斯加岛一带。

中国分布现状:现已扩散到广东、香港、海南、广西、云南、福建、台湾等地。

引入扩散原因和危害:作为人类的食物、宠物以及动物饲料等引入,除原产地外,已扩散至南亚、东南亚、日本、美国等地,扩散速度很快。20 世纪 20 年代末 30 年代初,在福建厦门发现,可能是由一新加坡华人所带的植物引入的。后被作为美味食物,被引入多个南方省份。除人为主动引入外,其卵和幼体可随观赏植物、木材、车辆、包装箱等传播,卵期可混入土壤中传播。它们咬断各种农作物幼芽、嫩枝、嫩叶、树茎表皮,已经成为为害农作物、蔬菜和生态系统的有害生物。这种螺也是人畜寄生虫和病原菌的中间宿主。

控制方法:作为食物、宠物以及动物饲料而人工养殖非洲大蜗牛的养殖场必须建立隔离制度;养殖结束后必须进行彻底的灭螺处理。除药物防治外,应使用各种方法尽量对其杀灭。

15. 福寿螺(图 15)

学名:*Pomacea canaliculata* Spix

英文名:apple snail, golden apple snail, Amazonian snail

中文名：大瓶螺、苹果螺、雪螺

分类地位：中腹足目 Mesogastropoda 瓶螺科 Ampullariidae

鉴别特征：贝壳较薄，卵圆形，淡绿橄榄色至黄褐色，光滑。壳顶尖，具5～6个增长迅速的螺层。螺旋部短圆锥形，体螺层占壳高的5/6。缝合线深。壳口阔且连续，高度占壳高的2/3，胼胝部薄，蓝灰色。脐孔大而深。厣角质，卵圆形，具同心圆的生长线。厣核近内唇轴缘。壳高8 cm以上，壳径7 cm以上，最大壳径可达15 cm。

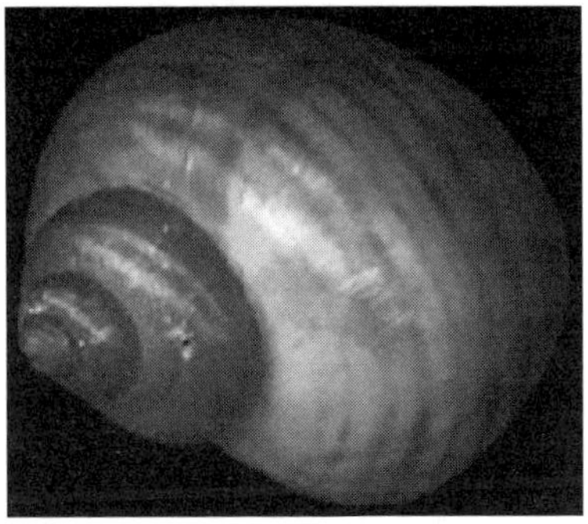

图15 福寿螺

生物学特性：喜栖于缓流河川及阴湿通气的沟渠、溪河及水田等处。底栖性，雌雄异体。食性杂。有蛰伏和冬眠习性。3月上旬开始交配，在近水的挺水植物茎上或岸壁上产卵，初产卵块呈鲜艳的橙红色，在空气中卵渐成浅粉色。一只雌性福寿螺通常一年产2 400～8 700个卵，孵化率可高达90%。其繁殖速度比亚洲稻田中当地近缘物种快10倍左右。虽然是水生种类，但可以在干旱季节埋藏在湿润的泥中度过6～8个月。一旦发洪水或被灌溉时，它们又能再次活跃起来。

原产地：亚马孙河流域。

中国分布现状：广泛分布于广东、广西、云南、福建、浙江等地。

引入扩散原因和危害：作为高蛋白食物最先被引入台湾；1981年引入广东，1984年前后已在该省作为特种经济动物广为养殖，后又被引入其他省份养殖。但由于养殖过度，口味不佳，市场并不好，而被大量遗弃或逃逸，并很快从农田扩散到天然湿地。福寿螺食量极大，并可啃食很粗糙的植物，还能刮食藻类，其排泄物能污染水体。对水稻生产造成的损失显然大大超过其作为美食的价值。除威胁入侵地的水生贝类、水生植物和破坏食物链构成外，福寿螺也是卷棘口吸虫、广州管圆线虫的中间宿主。

控制方法：重点抓好越冬成螺和第一代成螺产卵盛期前的防治，压低第二代的发生量，并及时抓好第二代的防治。以整治和破坏其越冬场所，减少冬后残螺量，以及人工捕螺摘卵、养鸭食螺为主，辅之药物防治。

16. 牛蛙(图16)

学名：*Rana catesbeiana* Shaw

英文名：bull frog，American bullfrog

图 16　牛蛙

中文异名：美国牛蛙

分类地位：无尾目 Anura(Salientia)蛙科 Ranidae

鉴别特征：体大粗壮，体长 152～170 mm。头长宽相近，吻端钝圆，鼻孔近吻端朝向上方，鼓膜甚大。背部皮肤略显粗糙。卵粒小，卵径 1.2～1.3 mm。蝌蚪全长可在 100 mm 以上。

生物学特性：在水草繁茂的水域生存和繁衍。成蛙除繁殖季节集群外，一般分散栖息在水域内。蝌蚪多底栖生活，常在水草间觅食活动。食性广泛且食量大，包括昆虫及其他无脊椎动物，还有鱼、蛙、蝾螈、幼龟、蛇、小型鼠类和鸟类等，甚至有互相吞食的行为。一年可产卵 2～3 次，每次产卵 1 万～5 万粒。3～5 年性成熟。寿命 6～8 年。

原产地：北美洲落基山脉以东地区，北到加拿大，南到佛罗里达州北部。

中国分布现状：几乎遍布北京以南地区(包括台湾)，除西藏、海南、香港和澳门外，均有自然分布。

引入扩散原因和危害：因食用而被广泛引入世界各地，1959 年引入我国。牛蛙适应性强，食性广，天敌较少，寿命长，繁殖能力强，具有明显的竞争优势，易于入侵和扩散。本地两栖类则面临减少和绝灭的危险，甚至已经影响到生物多样性，如滇池的本地鱼类，同时对一些昆虫种群也存在威胁。早期的养殖和管理方法不当是造成其扩散的主要原因。国内贸易和消耗加工过程中缺乏严格管理，在长途贩运和加工过程中逃逸现象普遍。

控制方法：加强牛蛙饲养管理以及对餐饮业的控制，以免入侵范围进一步扩大。改变饲养方式，由放养改为圈养。在蝌蚪阶段进行清塘性处理来控制种群数量。捕捉和消耗牛蛙成体资源，以控制其在自然生境中的数量。

附录 2　国际生物安全议定书

附录 2-1 《生物多样性公约》

附录 2-2 《卡塔赫纳生物安全议定书》

附录 2-3 《生物多样性公约关于获取遗传资源和公正和公平分享其利用所产生惠益的名古屋议定书》

附录 3　中华人民共和国生物安全法

附录 4 我国生物安全管理相关规定

附录 4-1 《农业转基因生物安全管理条例》

附录 4-2 《农业转基因生物安全评价管理办法》

附录 4-3 《农业转基因生物标识管理办法》

附录 4-4 《农业转基因生物进口安全管理办法》

附录 4-5 《农作物病虫害防治条例》

附录 4-6 《一类农作物病虫害名录》

附录 4-7 《中华人民共和国进出境动植物检疫法》

附录 4-8 《中华人民共和国动物防疫法》

附录 4-9 《中华人民共和国国境卫生检疫法》

附录 4-10 《植物检疫条例》

附录 4-11　《中华人民共和国种子法》

附录 4-12　《中华人民共和国农产品质量安全法》

附录 4-13　《中华人民共和国食品安全法》

附录 5　中华人民共和国进境植物检疫性有害生物名录